I0073012

Gernot Stroth

Endliche Gruppen

De Gruyter Studium

Gernot Stroth

Endliche Gruppen

Eine Einführung

DE GRUYTER

Mathematics Subject Classification 2010
20B05, 20B15, 20B20, 20D05, 20D06, 20D08, 20D25, 20E07, 20E32, 20F12

Autor
Prof. Dr. Gernot Stroth
Martin-Luther-Universität Halle-Wittenberg
Naturwissenschaftliche Fakultät II
Institut für Mathematik
06099 Halle (Saale)
gernot.stroth@mathematik.uni-halle.de

ISBN 978-3-11-029157-5
e-ISBN 978-3-11-029165-0

Library of Congress Cataloging-in-Publication Data
A CIP catalog record for this book has been applied for at the Library of Congress.

Bibliografische Information der Deutschen Nationalbibliothek
Die Deutsche Nationalbibliothek verzeichnet diese Publikation in der Deutschen Nationalbibliografie; detaillierte bibliografische Daten sind im Internet über http://dnb.dnb.de abrufbar.

© 2013 Walter de Gruyter GmbH, Berlin/Boston
Satz: le-tex publishing services GmbH, Leipzig
Druck und Bindung: Hubert & Co. GmbH & Co. KG, Göttingen
♾ Gedruckt auf säurefreiem Papier
Printed in Germany

www.degruyter.com

Vorwort

Dieses Buch ist aus mehreren Vorlesungen des Autors hervorgegangen. In den letzten Jahren, nach der Umstellung auf das Bachelor-Master-System, wurde die Vorlesung als Fortsetzung der einsemestrigen Algebra gehalten. Insofern werden die gruppentheoretischen Inhalte, die normalerweise Teil einer Algebravorlesung sind, und damit auch alle in den Büchern [59] oder [60] gefunden werden können, hier nicht mehr behandelt. Diese sind z. B. Dedekind-Identität, Normalteiler, Homomorphiesätze, Satz von Lagrange, Auflösbarkeit, Ordnung eines Gruppenelementes, der Satz von Sylow und die Einfachheit der alternierenden Gruppen A_n, $n \geq 5$.

In diesem Buch sind alle Gruppen endlich. Auch wenn es nicht immer ausdrücklich erwähnt wird, wird dies immer vorausgesetzt werden. Dennoch gelten einige Sätze auch ohne diese Voraussetzung, bzw. können auf den unendlichen Fall erweitert werden. Es wurde aber davon abgesehen, dies in jedem Einzelfall zu erwähnen. Der Schwerpunkt liegt ohnehin auf der Gruppentheorie, die im Rahmen von endlichen einfachen Gruppen wichtig ist.

Ein kleiner Überblick über den Inhalt. Wir starten dort, wo Gruppentheorie beginnt, mit den Permutationsgruppen, und zeigen schließlich, dass abstrakte Gruppentheorie und Theorie der Permutationsgruppen nur zwei Seiten der gleichen Medaille sind. Danach beschäftigen wir uns mit den wesentlichen Strukturen und Techniken, wie dem Arbeiten mit Kommutatoren. Die Konstruktion von neuen Gruppen aus gegebenen steht dann in dem Abschnitt, der sich der Erweiterungstheorie widmet, im Vordergrund. Nächstes Ziel sind die Fittinggruppe und ihre Verallgemeinerung, wozu nilpotente Gruppen studiert werden müssen. Die verallgemeinerte Fittinggruppe teilt die Strukturtheorie in zwei Teile ein, den der p-Gruppen und ihrer Automorphismen und den der einfachen Gruppen. Die Theorie der p-Gruppen wird in diesem Buch nicht thematisiert, allerdings widmen wir uns sehr ausführlich der Theorie der p'-Automorphismen von p-Gruppen. Hier spielt der Satz von Schur-Zassenhaus mit seinen Folgerungen eine zentrale Rolle. Auch der Fixpunktsatz von Wielandt wird hier bewiesen. Danach wird die Suche nach nicht trivialen Normalteilern thematisiert. Dazu betrachten wir die Resultate zu Fusion und Transfer, die uns Normalteiler mit abelscher Faktorgruppe liefern. Schließlich wird der ZJ-Satz bewiesen, der einen gewissen p-Normalteiler garantiert. Dieser Abschnitt gipfelt dann in dem Satz von Thompson, dass eine Gruppe mit einem fixpunktfreien Automorphismus von Primzahlordnung nilpotent ist. Danach wenden wir uns den einfachen Gruppen zu. Es werden die Ordnungsformeln von Brauer-Fowler, Thompson und Bender bewiesen und an Beispielen gezeigt, wie man sie einsetzen kann. Im letzten Kapitel beweisen wir zunächst die Einfachheit der projektiven linearen Gruppen und geben einen Überblick über orthogonale, symplektische und unitäre Gruppen. Danach werden die großen Mathieu-Gruppen konstruiert. Die Konstruktion der Gruppe M_{22} wird dann zur Konstruktion der sporadischen Higman-Sims-Gruppe benutzt. Das Kapitel schließt mit einem eher historischen Überblick über die Entdeckungen der endlichen einfachen Gruppen im 20. Jahrhundert bis hin zum Klassifikationssatz.

Das Buch war mehrmals Gegenstand einer 4-stündigen Vorlesung Gruppentheorie. Dabei lag der Schwerpunkt immer darauf, dass die Studierenden schon recht bald mit einfachen Gruppen in Kontakt kommen, also zahlreiche und teilweise komplizierte Beispiele kennen lernen. Das Buch macht einen Vorschlag, wie das im Rahmen einer Vorlesung gemacht werden kann. Natürlich bedeutet dies dann auch, dass gewisse Gebiete ausgespart werden müssen. Selbst wenn man sich nur auf die endlichen einfachen Gruppen beschränkt, fehlen Gebiete wie Signalisator-Funktoren, Amalgam-Theorie und Fusionssysteme. Dem Leser, der über den Stoff dieses Buches hinaus an diesen Gebieten interessiert ist, seien die Bücher von Hans Kurzweil und Bernd Stellmacher [47], Michael Aschbacher [4] und David Craven [18] empfohlen. Wer, durch 5.4 angeregt, mehr über die endlichen einfachen Gruppen wissen will, der sei auf das Buch von Robert Wilson [72] verwiesen.

Da das letzte Kapitel nur auf relativ wenig vorher aufbaut, könnte ein 2-stündiger Kurs, den ich auch schon so gehalten habe, aus 1.1 bis 1.7, also bis zur verallgemeinerten Fittinggruppe und dann 5.1 bis 5.3 bestehen. Falls Zeit bleibt, kann man dann noch die Ordnungsformeln aus Kapitel 4 anhängen.

An dieser Stelle möchte ich mich bei denen bedanken, die zum Entstehen dieses Buches beigetragen haben. Allen voran sind dies Frau Rebecca Waldecker und ein mir unbekannter Referent, die das Manuskript kritisch gelesen haben und sehr viele wertvolle Hinweise gegeben haben. Mein Dank geht auch an Frau Helbich für die nicht immer leichte Umsetzung meines Manuskriptes in TeX-files und die Gestaltung der Diagramme und Abbildungen. Die historischen Hinweise stammen zum großen Teil aus Wikipedia. Den unbekannten Autoren dieser Plattform möchte ich hiermit danken. Dem Verlag danke ich für die hilfreiche und angenehme Zusammenarbeit.

Halle (Saale), im Oktober 2012 — Gernot Stroth

Inhalt

Vorwort — V

1 Grundlagen — 1
1.1 Permutationsgruppen — **1**
1.2 Kommutatoren — **17**
1.3 Direkte und semidirekte Produkte — **26**
1.4 Abelsche Gruppen — **32**
1.5 Normalreihen — **36**
1.6 Nilpotente Gruppen — **40**
1.7 Die verallgemeinerte Fittinggruppe — **48**
1.8 Die Frattinigruppe — **52**
1.9 Übungen — **56**

2 Automorphismen — 59
2.1 Die Sätze von Gaschütz, Schur und Zassenhaus — **59**
2.2 p'-Automorphismen von p-Gruppen — **71**
2.3 Fixpunkte von Automorphismen — **82**
2.4 Übungen — **91**

3 Fusion und Transfer — 93
3.1 Transfer — **93**
3.2 Fusion — **98**
3.3 Ein Satz von Baer — **103**
3.4 Die Sätze von Glauberman und Thompson — **105**
3.5 Übungen — **123**

4 Involutionen — 125
4.1 Der Satz von Brauer und Fowler — **125**
4.2 Ordnungsformeln — **128**
4.3 Übungen — **134**

5 Einfache Gruppen — 135
5.1 Die lineare Gruppe — **135**
5.2 Die Mathieu-Gruppen — **143**
5.3 Die Gruppe HiS — **156**
5.4 Die Chevalley- und Steinberg-Gruppen — **160**
5.5 Übungen — **171**

Literaturverzeichnis — 175

Index — 179

1 Grundlagen

In diesem Kapitel wollen wir uns mit grundlegenden Struktureigenschaften endlicher Gruppen beschäftigen. Darüber hinaus werden auch wichtige Techniken, mit denen man in Gruppen arbeiten kann, zur Verfügung gestellt. Wir werden mit konkreten Gruppen, den Permutationsgruppen, beginnen, aber bald feststellen, dass diese von den abstrakt definierten Gruppen nicht weit entfernt sind. In den darauffolgenden Abschnitten geht es zum einen um das Rechnen in Gruppen, zum anderen darum, wie man aus gegebenen Gruppen neue zusammensetzen kann. Schließlich werden wir mit der Fittinggruppe und einer Verallgemeinerung davon Untergruppen studieren, die die Struktur einer Gruppe wesentlich bestimmen.

1.1 Permutationsgruppen

In diesem Abschnitt wollen wir Gruppen von bijektiven Abbildungen von Mengen in sich selbst studieren. Obwohl dies eine sehr spezielle Klasse von Gruppen zu sein scheint, werden wir bald sehen, dass sich jede endliche Gruppe in dieser Form betrachten lässt, d. h. wir betreiben durchaus Gruppentheorie in ihrer allgemeinsten Form. Historisch ist allerdings der abstrakte Gruppenbegriff aus dem der Permutationsgruppen erwachsen. Für eine Menge Ω wollen wir mit Σ_Ω die Gruppe aller bijektiven Abbildungen von Ω in sich selbst, die sog. symmetrische Gruppe auf Ω, bezeichnen. Spielt die Struktur von Ω keine Rolle und ist $|\Omega| = n$, so schreiben wir auch Σ_n. Wir starten mit der Definition des Operierens.

Definition 1.1.1. Seien G eine Gruppe und Ω eine Menge. Jedem Paar (g, a) mit $g \in G$ und $a \in \Omega$ sei ein Element $g \circ a \in \Omega$ zugeordnet. Wir sagen dann, dass G auf Ω bzgl. $\circ$ (als Permutationsgruppe) operiert, falls für alle $a \in \Omega$ und $g, h \in G$ stets
(a) $1 \circ a = a$ und
(b) $(gh) \circ a = g \circ (h \circ a)$
gilt.

Ein einfaches erstes Resultat, das direkt aus der Definition folgt, ist:

Lemma 1.1.2. *Es operiere G auf Ω bzgl. $\circ$. Sei $\alpha : G \to \Sigma_\Omega$ eine Abbildung. Für alle $a \in \Omega$ sei*

$$\alpha(g)a = g \circ a.$$

Dann ist α ein Homomorphismus von G in Σ_Ω mit

$$\ker \alpha = \{g \in G \mid g \circ a = a \text{ für alle } a \in \Omega\}.$$

Beweis. Wir halten ein $g \in G$ fest und zeigen zunächst, dass $\alpha(g)$ eine bijektive Abbildung von Ω in sich selbst ist.

$$\alpha(g) \text{ ist injektiv:} \tag{1}$$

Sei dazu $\alpha(g)a = \alpha(g)b$ für ein Paar $a, b \in \Omega$. Dies liefert $g \circ a = g \circ b$ und dann $g^{-1} \circ (g \circ a) = g^{-1} \circ (g \circ b)$, also $1 \circ a = 1 \circ b$ und dann $a = b$.

$$\alpha(g) \text{ ist surjektiv:} \tag{2}$$

Sei dazu $a \in \Omega$. Dann ist auch $g^{-1} \circ a \in \Omega$. Also ist

$$a = 1 \circ a = g \circ (g^{-1} \circ a) = \alpha(g)(g^{-1} \circ a) \in \operatorname{Bild} \alpha(g).$$

Mit (1) und (2) folgt nun, dass $\alpha(g) \in \Sigma_\Omega$ ist.

Als Nächstes zeigen wir, dass α ein Homomorphismus ist:
Seien dazu $g_1, g_2 \in G$ und $a \in \Omega$ beliebig. Dann ist

$$\begin{aligned}\alpha(g_1 g_2)a = (g_1 g_2) \circ a = g_1 \circ (g_2 \circ a) &= \alpha(g_1)(g_2 \circ a) \\ &= \alpha(g_1)\alpha(g_2)a.\end{aligned}$$

Da dies für beliebiges a gilt, ist $\alpha(g_1 g_2) = \alpha(g_1)\alpha(g_2)$. □

Wir haben somit in Lemma 1.1.2 gesehen, dass die Operation von G auf Ω einen Homomorphismus in die Gruppe Σ_Ω liefert. Wir nennen diesen Homomorphismus α auch die Permutationsdarstellung oder einfach Darstellung von G auf Ω.

Der Kern in Lemma 1.1.2 kann durchaus nicht trivial sein. So operiert

$$G = \langle (1,2), (3,4) \rangle \leq \Sigma_4$$

auf $\{1,2,3,4\}$ in der natürlichen Weise. Es operiert aber G auch auf $\{1,2\}$. Die Darstellung $\alpha : G \to \Sigma_{\{1,2\}}$ hat den Kern $\langle (3,4) \rangle$.

Dies zeigt, dass bei einer Operation von G auf Ω verschiedene Elemente in G durchaus die gleiche bijektive Abbildung auf Ω induzieren können.

Definition 1.1.3. Es operiere G auf Ω. Wir definieren eine Relation $\sim$ auf Ω wie folgt:

Für alle $a, b \in \Omega$ ist $a \sim b$ genau dann, wenn es ein $g \in G$ mit $g \circ a = b$ gibt.

(Es ist $\sim$ eine Äquivalenzrelation, wie man leicht nachrechnet.)

Sei $\Omega = \bigcup_{i=1}^{t} \Omega_i$ die Zerlegung in Äquivalenzklassen von $\sim$. Die Ω_i nennen wir die Bahnen von G auf Ω. Wir nennen G transitiv auf Ω, falls $\sim$ nur eine Äquivalenzklasse hat. Ist dann $|\Omega| = n$, so sagen wir auch, dass G transitiv vom Grad n ist.

Für $a \in \Omega$ setzen wir

$$G_a = \{g | g \in G, g \circ a = a\}.$$

Wir nennen G_a den Stabilisator von a in G. Man rechnet schnell nach, dass G_a eine Untergruppe von G ist.

Sind $a_1, \ldots, a_r \in \Omega$, so setzen wir $G_{a_1,\ldots,a_r} = \bigcap_{i=1}^r G_{a_i}$. Dies ist der Stabilisator der Elemente a_i für alle $i \in \{1, \ldots, r\}$.

Satz 1.1.4. *Es operiere G auf Ω.*

(a) *Seien T eine Bahn von G auf Ω und $a \in T$. Dann gilt $|G : G_a| = |T|$. Ist insbesondere G transitiv, so ist $|G : G_a| = |\Omega|$ für alle $a \in \Omega$.*

(b) *Ist $g \in G$ und sind $x, y \in \Omega$ mit $g \circ x = y$, so ist $G_y = gG_xg^{-1}$.*

Beweis. (a) Wir definieren eine Abbildung

$$\tau : \{gG_a | g \in G\} \to T = \{g \circ a | g \in G\}$$

durch:

$$\text{Ist } g \in G, \text{ so setzen wir } \tau(gG_a) = g \circ a.$$

$$\tau \text{ ist eine Abbildung:} \tag{1}$$

Seien dazu $g, h \in G$ mit $gG_a = hG_a$. Dann ist $g^{-1}h \in G_a$. Das ergibt

$$a = (g^{-1}h) \circ a = g^{-1} \circ (h \circ a)$$

und dann

$$g \circ a = h \circ a, \text{ also } \tau(gG_a) = \tau(hG_a).$$

$$\tau \text{ ist injektiv:} \tag{2}$$

Seien $g, h \in G$ mit $\tau(gG_a) = \tau(hG_a)$. Dann ist $g \circ a = h \circ a$ und somit $(g^{-1}h) \circ a = a$, also $g^{-1}h \in G_a$, was dann $gG_a = hG_a$ liefert.

$$\tau \text{ ist surjektiv:} \tag{3}$$

Sei $g \circ a \in T$. Dann ist $g \circ a = \tau(gG_a)$.

Also ist τ eine bijektive Abbildung von der Menge der Nebenklassen von G_a in G auf die Bahn T, was $|G : G_a| = |T|$ liefert.

(b) Sei $h \in G_y$. Dann ist $h \circ y = y$. Also ist $h \circ (g \circ x) = y$. Anwendung von g^{-1} auf diese Gleichung liefert $(g^{-1}hg) \circ x = g^{-1} \circ y = x$. Es folgt $g^{-1}hg \in G_x$ und damit $h \in gG_xg^{-1}$. Also ist $G_y \leq gG_xg^{-1}$.

Ist umgekehrt $h \in gG_xg^{-1}$, so ist $g^{-1}hg \in G_x$. Also ist $(g^{-1}hg) \circ x = x$ und dann $h \circ (g \circ x) = g \circ x$. Da $y = g \circ x$ ist, erhalten wir $h \circ y = y$, was $h \in G_y$ liefert. Somit ist $gG_xg^{-1} \leq G_y$ und die Behauptung ist bewiesen. □

Wir wollen nun eine sehr spezielle Operation betrachten. Es wird sich herausstellen, dass dies eine sehr wichtige Operation ist. Dazu definieren wir für eine nicht leere Teilmenge A von G und jedes $g \in G$:

$$A^g = g^{-1}Ag.$$

Ist $A = \{a\}$, so schreiben wir statt A^g auch $a^g = g^{-1}ag$.

Es sei nun Ω eine Menge von nicht leeren Teilmengen von G mit der Eigenschaft: Sind $A \in \Omega$ und $g \in G$, so ist auch $A^g \in \Omega$. Dann haben wir eine Operation auf Ω, die durch

$$g \circ A = A^{g^{-1}} = gAg^{-1} \quad \text{für alle } g \in G$$

definiert ist.

Um zu zeigen, dass dies eine Operation ist, haben wir

$$1 \circ A = A \quad \text{und} \quad (gh) \circ A = g \circ (h \circ A) \quad \text{für alle} \quad g, h \in G$$

zu zeigen. Die erste Gleichung ist klar. Seien also $g, h \in G$. Dann ist

$$\begin{aligned}(gh) \circ A = A^{(gh)^{-1}} &= (gh)A(gh)^{-1} = g(hAh^{-1})g^{-1} = \\ &= \left(A^{h^{-1}}\right)^{g^{-1}} = g \circ (h \circ A).\end{aligned}$$

Wir nennen diese eben beschriebene Operation auch *Operation durch Konjugation.*

Lemma 1.1.5. *Sei A eine nicht leere Teilmenge von G. Setze $\Omega = \{A^g | g \in G\}$ und $N_G(A) = \{g | g \in G, A^g = A\}$. Dann ist $N_G(A)$ eine Untergruppe von G und*

$$|G : N_G(A)| = |\Omega|.$$

Beweis. Es ist Ω eine Bahn unter G bezüglich der oben definierten Operation. Nach Satz 1.1.4 ist dann

$$|G : G_A| = |\Omega|.$$

Weiter ist

$$G_A = \{g | g \in G, g \circ A = A\} = \{g | g \in G, A^{g^{-1}} = A\} = N_G(A).$$

Somit ist $N_G(A)$ eine Untergruppe von G. □

Bemerkung 1.1.6. Wir nennen $N_G(A)$ den Normalisator von A in G. Ist A eine Untergruppe von G, so ist A normal in $N_G(A)$ und $N_G(A)$ ist die größte Untergruppe von G, in der A normal ist. Daher der Name Normalisator.

Betrachten wir noch den Spezialfall

$$\Omega = \{g | g \in G\}.$$

Dies bedeutet, dass nur die G zugrunde liegende Menge verwendet wird. Dann operiert G auf Ω durch Konjugation, also $h \circ g = g^{h^{-1}}$ für jedes $h \in G$ und $g \in \Omega$. Die Bahnen bezüglich der Operation auf Ω nennen wir Konjugiertenklassen von G. Wollen wir ausdrücken, dass zwei Elemente $x, y \in \Omega = G$ in der gleichen Konjugiertenklasse liegen, also konjugiert sind, so schreiben wir $x \sim y$, liegen sie in verschiedenen Konjugiertenklassen, so schreiben wir $x \not\sim y$. Sei also $G = \bigcup_{i=1}^{k} K_i$ die Bahnenzerlegung. Es ist $K_i = \{g_i^g | g \in G\}$, für ein geeignetes $g_i \in K_i$. Halten wir ein i fest, so ist

$$\begin{aligned} N_G(\{g_i\}) &= \{g | g \in G, g_i^g = g_i\} \\ &= \{g | g \in G, gg_i = g_i g\}. \end{aligned}$$

Wir schreiben dann statt $N_G(\{g_i\})$ auch $C_G(g_i)$ und nennen diese Gruppe den Zentralisator von g_i in G.
Offenbar ist $|G| = \sum_{i=1}^{k} |K_i|$. Wir wenden nun Lemma 1.1.5 auf die Bahnen K_i an und erhalten so $|G : C_G(g_i)| = |K_i|$. Dies liefert dann das folgende Lemma:

Lemma 1.1.7 (Klassengleichung). *Seien $g_1, \ldots, g_n$ Vertreter für die Konjugiertenklassen von G. Dann gilt*

$$|G| = \Sigma_{i=1}^{k} |G : C_G(g_i)|.$$

Eine weitere Folgerung aus Satz 1.1.4 ist:

Lemma 1.1.8. *Seien p eine Primzahl und G eine p-Gruppe, also $|G| = p^n$ für ein geeignetes $n \in \mathbb{N} \cup \{0\}$. Sei Ω eine endliche Menge, auf der G operiert. Ist p kein Teiler von $|\Omega|$, so hat G einen Fixpunkt auf Ω. Dies bedeutet, dass es ein $a \in \Omega$ gibt, so dass für alle $g \in G$ stets $g \circ a = a$ gilt.*

Beweis. Sei $\Omega = \bigcup_{i=1}^{k} \Omega_i$ die Bahnenzerlegung von Ω. Für jedes $i = 1, \ldots, k$ wählen wir ein $a_i \in \Omega_i$. Nach Satz 1.1.4 ist $|\Omega_i| = |G : G_{a_i}|$ für alle $i = 1, \ldots, k$. Da G eine p-Gruppe ist, gibt es für alle $i = 1, \ldots, k$ ein $n_i \in \mathbb{N} \cup \{0\}$, so dass $|G : G_{a_i}| = p^{n_i}$ ist. Es ist $\Sigma_{i=1}^{k} |\Omega_i| = |\Omega|$. Da $|\Omega|$ nicht durch p geteilt wird, gibt es ein i, so dass $|\Omega_i|$ nicht durch p geteilt wird. Also ist p kein Teiler von $|G : G_{a_i}| = |\Omega_i| = p^{n_i}$. Das liefert $p^{n_i} = 1$ und dann $G = G_{a_i}$. Damit ist a_i der gesuchte Fixpunkt. □

Definition 1.1.9. Sei G eine Gruppe. Dann setzen wir

$$Z(G) = \{g \mid g \in G, gh = hg \text{ für alle } h \in G\}.$$

Wir nennen $Z(G)$ das Zentrum von G.

Lemma 1.1.10. *Seien G eine p-Gruppe und $1 \neq N$ ein Normalteiler von G. Dann ist $Z(G) \cap N \neq 1$. Insbesondere hat jede von 1 verschiedene p-Gruppe ein nicht triviales Zentrum.*

Beweis. Setze $\Omega = \{n | 1 \neq n \in N\}$. Dann ist $|\Omega| = |N| - 1$. Da $|N|$ eine von 1 verschiedene p-Potenz ist, ist p kein Teiler von $|\Omega|$. Sind $g \in G$ und $n \in N$, so ist $n^g \in N^g = N$, da N normal in G ist. Also operiert G auf Ω. Nach Lemma 1.1.8 hat G einen Fixpunkt n auf Ω. Es ist für alle $g \in G$ dann $n^g = n$. Das liefert $1 \neq n \in Z(G) \cap N$.

Für die zweite Aussage setzen wir $G = N$. □

Der Beweis von Lemma 1.1.10 zeigt eine typische Vorgehensweise in der Gruppentheorie. Es soll eine Aussage über abstrakte Gruppen, hier p-Gruppen, bewiesen werden. Wir betrachten dazu eine geeignete Menge, auf der die Gruppe, über die wir etwas beweisen wollen, operiert. Dadurch wird die Gruppe zu einer Permutationsgruppe. Auf diese wenden wir unsere Kenntnisse über Gruppenoperationen an.

Um dieses Verfahren aber wirklich effektiv einsetzen zu können, müssen wir unsere Kenntnisse über Permutationsgruppen erweitern.

Bemerkung 1.1.11. Wir studieren jetzt eine spezielle Operation. Seien H eine Untergruppe von G und $\Omega = \{gH | g \in G\}$ die Menge der Nebenklassen von H in G. Wir definieren eine Operation von G auf Ω durch

$$x \circ (gH) = (xg)H, \qquad \text{für alle } x \in G \text{ und } gH \in \Omega.$$

Man nennt dies die *Permutationsdarstellung von G auf den Nebenklassen von H*.

Ist $y \in G$, so ist

$$(xy) \circ (gH) = (xy)gH = x(ygH) = x \circ (ygH) = x \circ (y \circ (gH)).$$

Somit ist dies eine Operation im Sinne der Definition 1.1.1.

Sei nun $\alpha : G \to \Sigma_\Omega$ wie in Lemma 1.1.2, also

$$\alpha(x)(gH) = (xg)H, \text{ für alle } x \in G \text{ und } gH \in \Omega.$$

Dann ist

$$\begin{aligned} \ker \alpha &= \{x \in G \mid xgH = gH \text{ für alle } g \in G\} \\ &= \{x \in G \mid g^{-1}xg \in H \text{ für alle } g \in G\} \\ &= \{x \in G \mid x \in H^{g^{-1}} \text{ für alle } g \in G\} \\ &= \bigcap_{g \in G} H^g. \end{aligned}$$

Dies führt zu der folgenden Definition:

Definition 1.1.12. Sei G eine Gruppe und H eine Untergruppe. Wir setzen

$$\mathrm{Core}_G(H) = \bigcap_{g \in G} H^g.$$

Es ist $\mathrm{Core}_G(H)$ der größte in H liegende Normalteiler von G, wie wir gleich zeigen werden.

Lemma 1.1.13 (Cayley[1]). *Seien G eine Gruppe und H eine Untergruppe von G. Setze $K = \mathrm{Core}_G(H)$. Dann ist K normal in G. Ist $|G : H| = n$, so ist G/K zu einer Untergruppe von Σ_n isomorph. Insbesondere ist n ein Teiler von $|G/K|$ und $|G/K|$ teilt $n!$. Ist G einfach und $n \neq 1$, so ist G zu einer Untergruppe von Σ_n isomorph.*

Beweis. Sei wieder $\Omega = \{gH | g \in G\}$ mit der Operation von G mit zugehörigem α wie oben angegeben. Dann ist $K = \mathrm{Core}_G(H) = \ker \alpha$, also

$$G/K = G/\ker \alpha \cong \mathrm{Bild}\, \alpha \leq \Sigma_n.$$

Somit ist $|G/K|$ ein Teiler von $|\Sigma_n| = n!$. Da $K \leq H$ ist, ist n ein Teiler von $|G/K|$.

Sei nun G einfach. Es ist K ein Normalteiler von G. Da $K \leq H \neq G$ ist, ist dann $K = 1$. Das liefert $G \cong G/K \cong \mathrm{Bild}\, \alpha$. □

Korollar 1.1.14. *Ist G eine Gruppe, so ist G zu einer Untergruppe von $\Sigma_{|G|}$ isomorph.*

Beweis. Wähle in Lemma 1.1.13 die Untergruppe $H = 1$. Dann ist $K = 1$. □

Korollar 1.1.14 besagt, dass wir jede Gruppe als Permutationsgruppe auffassen können. Die Gruppentheorie ist also nichts weiter als das Studium der symmetrischen Gruppen und ihrer Untergruppen. Allerdings ist $|\Sigma_{|G|}| = |G|!$, so dass für großes G die Gruppe $\Sigma_{|G|}$ viel zu kompliziert ist, um G zu studieren. Man denke nur an eine Gruppe $G = SL_2(3)$ mit 24 Elementen. Die Gruppe Σ_{24} hat 24! viele Elemente, da ist dann G verschwindend klein. Insofern ist Korollar 1.1.14 mehr von theoretischer als von praktischer Bedeutung.

Wenn man Operationen einer gegebenen Gruppe betrachtet, so benötigt man einen Gleichheitsbegriff (Äquivalenz). Diesen wollen wir jetzt definieren.

Definition 1.1.15. Seien Ω_1 und Ω_2 zwei Mengen, auf denen die Gruppe G operiert. Wir sagen, dass die Operationen äquivalent sind, falls es eine bijektive Abbildung

$$\alpha : \Omega_1 \to \Omega_2 \qquad \text{mit} \quad g \circ (\alpha(\omega)) = \alpha(g \circ \omega) \quad \text{für alle } \omega \in \Omega_1, g \in G$$

gibt. Eine solche Abbildung α nennen wir dann auch eine Äquivalenz.

---

1 Arthur Cayley, *16.8.1821 in Richmond upon Thames, Surrey; †26.1.1895 in Cambridge. Cayley arbeitete zunächst lange Zeit als Notar. In dieser Zeit verfasste er ca. 250 mathematische Arbeiten auf den Gebieten der Analysis, Algebra, Geometrie, Astronomie und Mechanik. Erst 1863 erhielt er einen Ruf auf einen Lehrstuhl für Mathematik in Cambridge. Er gilt als einer der Begründer der Invariantentheorie. Cayley führte den Begriff einer abstrakten Gruppe mit Hilfe von Gruppentafeln ein. Sei mathematisches Werk umfasst fast 1000 Arbeiten. Cayley erfuhr viele Ehrungen. Er war Ehrendoktor einer Reihe von Universitäten und wurde schliesslich auch Präsident der London Mathematical Society. Auf dem Mond ist der Cayley-Krater nach ihm benannt.

Der nächste Satz besagt, dass wir in Bemerkung 1.1.11 mit den Permutationsdarstellungen auf den Nebenklassen von Untergruppen schon alle transitiven Permutationsdarstellungen (bis auf Äquivalenz) einer Gruppe G gesehen haben.

Satz 1.1.16. *Sei G transitiv auf einer Menge Ω. Wir wählen $x \in \Omega$ und setzen $H = G_x$. Sei weiter $\tilde{\Omega} = \{gH | g \in G\}$ die Menge der Nebenklassen von H in G. Dann ist die Permutationsdarstellung von G auf $\tilde{\Omega}$ äquivalent zu der auf Ω.*

Beweis. Wir definieren eine Äquivalenz $\alpha : \tilde{\Omega} \to \Omega$ durch

$$\alpha(gH) = g \circ x \text{ für alle } gH \in \tilde{\Omega}.$$

$$\alpha \text{ ist eine Abbildung:} \tag{1}$$

Seien dazu $gH, \tilde{g}H \in \tilde{\Omega}$ mit $gH = \tilde{g}H$. Dann ist $g = \tilde{g}h$ mit $h \in H$. Also ist

$$g \circ x = (\tilde{g}h) \circ x = \tilde{g} \circ (h \circ x) = \tilde{g} \circ x, \text{ da } h \in G_x \text{ ist.}$$

$$\alpha \text{ ist bijektiv:} \tag{2}$$

Sei $y \in \Omega$. Da G transitiv ist, gibt es ein $g \in G$ mit $g \circ x = y$. Also ist $\alpha(gH) = y$, und somit ist α surjektiv.
Sind $gH, \tilde{g}H \in \tilde{\Omega}$ mit $\alpha(gH) = \alpha(\tilde{g}H)$, also $g \circ x = \tilde{g} \circ x$, so ist $(\tilde{g}^{-1}g) \circ x = x$. Somit ist $\tilde{g}^{-1}g \in G_x = H$. Das liefert $\tilde{g}H = gH$. Also ist α injektiv.

$$\alpha \text{ ist eine Äquivalenz:} \tag{3}$$

Seien $\tilde{g} \in G$ und $gH \in \tilde{\Omega}$. Dann ist

$$\tilde{g} \circ \alpha(gH) = \tilde{g} \circ (g \circ x) = (\tilde{g}g) \circ x = \alpha((\tilde{g}g)H).$$ □

Dieser Satz besagt, dass wir für das Studium der transitiven Operationen einer gegebenen Gruppe nicht irgendwelche Mengen Ω betrachten müssen, sondern diese schon alle innerhalb der Gruppe finden können. Die transitiven Operationen sind genau die Permutationsdarstellungen auf den Nebenklassen der Untergruppen von G.

Nun ergibt sich die Frage, ob wir an den Untergruppen erkennen können, dass Permutationsdarstellungen zu verschiedenen Untergruppen äquivalent sind. Der nächste Satz gibt hierauf eine Antwort.

Satz 1.1.17. *Sei G eine Gruppe.*

(a) *Jede transitive Permutationsdarstellung von G ist äquivalent zu einer Permutationsdarstellung auf den Nebenklassen einer geeigneten Untergruppe von G.*

(b) *Seien $\beta : G \to \Sigma_\Omega$ und $\beta' : G \to \Sigma_{\Omega'}$ transitive Permutationsdarstellungen von G. Dann sind β und β' genau dann äquivalent, wenn für alle $x \in \Omega$ und $x' \in \Omega'$ die Gruppen G_x und $G_{x'}$ in G konjugiert sind.*

Beweis. (a) Dies steht bereits in Satz 1.1.16.

(b) Sei $\alpha : \Omega \to \Omega'$ eine Äquivalenz. Seien weiter $x \in \Omega$ und $a \in G_x$. Dann ist

$$a \circ (\alpha(x)) = \alpha(a \circ x) = \alpha(x).$$

Also ist $G_x \subseteq G_{\alpha(x)}$. Da $\alpha^{-1} : \Omega' \to \Omega$ auch eine Äquivalenz ist, ist dann auch $G_{\alpha(x)} \subseteq G_{\alpha^{-1}(\alpha(x))}$ und somit $G_{\alpha(x)} \subseteq G_x$. Damit haben wir

$$G_x = G_{\alpha(x)}.$$

Sei nun $x' \in \Omega'$. Da G transitiv auf Ω' ist, gibt es ein $g \in G$ mit

$$g \circ (\alpha(x)) = x'.$$

Mit Satz 1.1.4 (b) ist dann

$$G_{x'} = G_{\alpha(x)}^{g^{-1}} = G_x^{g^{-1}}.$$

Somit sind $G_{x'}$ und G_x konjugiert.

Sei nun umgekehrt G_x zu $G_{x'}$ in G konjugiert. Es gibt also ein $g \in G$ mit $G_{x'}^g = G_x$ bzw. $G_{x'} = G_x^{g^{-1}}$. Nach Satz 1.1.4 (b) ist dann $G_{x'} = G_y$ mit $y = g \circ x$. Damit sind nach Satz 1.1.16 die Darstellungen auf Ω und Ω' beide äquivalent zu der Darstellung auf den Nebenklassen von $G_{x'}$. in G. Somit sind sie äquivalent. □

Es sind nicht alle Darstellungen von Gruppen transitiv. Dennoch genügt es, sich mit den transitiven zu beschäftigen, wie wir jetzt zeigen wollen.

Definition 1.1.18. Es operiere G auf der Menge Ω mit den Bahnen $\Omega_i, i \in I$. Seien $\alpha : G \to \Sigma_\Omega$ die Permutationsdarstellung und α_i die Einschränkung von α auf $\Omega_i, i \in I$. Dann ist $\alpha_i : G \to \Sigma_{\Omega_i}$ eine Darstellung im Sinne von Lemma 1.1.2. Es ist α_i eine transitive Darstellung und wir nennen die $\alpha_i, i \in I$, die Familie der transitiven Konstituenten von α.

Direkt aus der Definition folgt:

Lemma 1.1.19. *Es operiere G auf Ω. Die transitiven Konstituenten $\alpha_i, i \in I$, sind durch die Darstellung α eindeutig bestimmt. Ist weiter α' eine Darstellung von G mit Konstituenten $\alpha'_j, j \in J$, so ist α genau dann zu α' äquivalent, wenn es eine Bijektion $\pi : I \to J$ gibt derart, dass für jedes $i \in I$ die Darstellung $\alpha'_{\pi(i)}$ zu α_i äquivalent ist.*

Lemma 1.1.19 reduziert also das Studium der Permutationsdarstellungen auf das Studium der transitiven Permutationsdarstellungen und damit auf das Studium der Permutationsdarstellungen auf den Nebenklassen von Untergruppen. Wir werden gleich sehen, dass es eine noch kleinere Klasse von Darstellungen gibt, auf die das Studium der Permutationsdarstellungen zurückgeführt werden kann.

Sei $\alpha : G \to \Sigma_\Omega$ eine Permutationsdarstellung, sei P eine Teilmenge von Ω und sei $g \in G$. Wir definieren $g \circ P$ als $\{g \circ p | p \in P\}$. Damit erhalten wir eine Operation auf der Potenzmenge von Ω. Sei nun Q eine Partition von Ω. Wir nennen die Partition G-invariant, falls G die Mengen in Q permutiert, d. h. mit $P \in Q$,und $g \in G$ ist auch $g \circ P \in Q$. Wir sagen, dass Q trivial ist, falls $Q = \{\{x\} | x \in \Omega\}$ oder $Q = \{\Omega\}$ ist.

Definition 1.1.20. Sei G transitiv auf Ω. Wir nennen G imprimitiv auf Ω, falls es eine nicht triviale G-invariante Partition Q von Ω gibt. Wir nennen dann Q ein Imprimitivitätssystem. Wir nennen G primitiv, falls G transitiv, aber nicht imprimitiv ist.

Beispiel 1.1.21. Die Grupppe $G = \langle (12)(34), (13)(24) \rangle$ operiert offenbar transitiv auf der Menge $\Omega = \{1, 2, 3, 4\}$, aber auch auf der Partition $Q = \{\{1, 2\}, \{3, 4\}\}$. Also operiert G imprimitiv.

Satz 1.1.22. *Seien G transitiv auf Ω und $y \in \Omega$.*

(a) *Ist Q ein Imprimitivitätssystem für G auf Ω, so ist G transitiv auf Q. Ist $T \in Q$ und $y \in T$, so ist $H = G_T$ eine echte Untergruppe von G und G_y eine echte Untergruppe von G_T. Weiter ist T eine Bahn von H auf Ω. Es sind $|\Omega| = |T||Q|$, $|Q| = |G : H|$ und $|T| = |H : G_y|$.*

(b) *Sei H eine echte Untergruppe von G, die G_y enthält. Weiter sei $H \neq G_y$. Setze $T = \{h \circ y | h \in H\}$ und $Q = \{g \circ T | g \in G\}$. Dann ist Q ein Imprimitivitätssystem auf Ω mit $H = G_T$.*

Beweis. (a) Seien $S, T \in Q, x \in S$ und $y \in T$. Da G transitiv auf Ω ist, gibt es ein $g \in G$ mit $g \circ y = x$. Also ist $g \circ T \cap S \neq \emptyset$, was $g \circ T = S$ liefert. Somit ist G transitiv auf Q. Nach Satz 1.1.4 (a) ist dann $|G : H| = |Q|$.

Seien nun $x, y \in T$ und $g \in G$ mit $g \circ y = x$. Dann ist $g \circ T = T$, also $g \in H$. Somit ist H transitiv auf T. Mit Satz 1.1.4 (a) folgt nun $|H : G_y| = |T|$. Da die Partition nicht trivial ist, folgt $|Q| > 1$ und $|T| > 1$, also ist $G_y \neq H \neq G$.

(b) Es operiert H transitiv auf T nach (a). Aus Satz 1.1.4 (a) erhalten wir

$$|T| = |H : G_y| > 1.$$

Da $H \neq G$ ist, ist $|T| \neq |\Omega|$. Sei $T \cap g \circ T \neq \emptyset$ für ein $g \in G$. Dann gibt es $h_1, h_2 \in H$ mit $h_1 \circ y = g \circ (h_2 \circ y)$ nach Definition von T.

Also ist $h_2^{-1} g^{-1} h_1 \circ y = y$, was $h_2^{-1} g^{-1} h_1 \in G_y \leq H$ liefert. Damit ist dann auch $g \in H$, da $h_1, h_2 \in H$ sind. Es folgt $T = g \circ T$. Somit ist Q eine nicht triviale Partition von Ω, die G-invariant ist. □

Nach Satz 1.1.17 (a) ist jede transitive Darstellung einer Gruppe G äquivalent zu einer Permutationsdarstellung auf den Nebenklassen einer Untergruppe H. Das nächste Lemma zeigt, dass wir die Primitivität auch schon an H ablesen können.

Lemma 1.1.23. *Seien G transitiv auf Ω und $x \in \Omega$. Dann ist G genau dann primitiv auf Ω, falls G_x eine maximale Untergruppe von G ist.*

Beweis. Ist G_x nicht maximal, so erhalten wir mit Satz 1.1.22 (b) eine nicht triviale G-invariante Partition von Ω. Ist G_x maximal, so folgt mit Satz 1.1.22 (a) die Primitivität. □

Korollar 1.1.24. *Seien G transitiv auf Ω und $|\Omega| = p$, p eine Primzahl. Dann ist G primitiv auf Ω.*

Beweis. Nach Satz 1.1.4 ist $|G : G_x| = p$ für jedes $x \in \Omega$. Da p eine Primzahl ist, folgt mit dem Satz von Lagrange, dass G_x eine maximale Untergruppe ist. Nach Lemma 1.1.23 ist dann G primitiv auf Ω. □

Sei G transitiv auf Ω und $|\Omega| > 1$. Sei weiter $x \in \Omega$. Dann gibt es eine Kette

$$G_x = H_0 < H_1 < \cdots < H_n = G,$$

wobei H_i maximal in H_{i+1} ist, für alle $i = 0, \ldots, n-1$. Dies liefert eine Familie von primitiven Permutationsdarstellungen der Gruppen H_{i+1} auf den Nebenklassen von H_i in H_{i+1}. Diese Familie kann benutzt werden, um die Permutationsdarstellung von G auf Ω zu studieren.

Wir haben somit das Studium von Darstellungen einer Gruppe G auf das Studium von primitiven Darstellungen von Untergruppen von G zurückgeführt.

Wenn G transitiv auf einer Menge Ω operiert, so kann es durchaus echte Untergruppen H von G geben, die auch transitiv auf Ω operieren. Das nächste Lemma gibt einen Hinweis, wo wir solche Untergruppen finden können.

Lemma 1.1.25. *Sei G transitiv auf Ω. Seien weiter $x \in \Omega$ und $H \leq G$. Dann ist H genau dann transitiv auf Ω, falls $G = HG_x$ ist.*

Beweis. Sei H transitiv und $g \in G$. Wir setzen $y = g \circ x$. Da H transitiv ist, gibt es ein $h \in H$ mit $y = h \circ x$. Also ist $(h^{-1}g) \circ x = x$. Das bedeutet $h^{-1}g \in G_x$ oder anders ausgedrückt $g \in HG_x$. Damit erhalten wir $G = HG_x$.

Sei nun umgekehrt $HG_x = G$. Sei $y \in \Omega$ beliebig gewählt. Da G transitiv auf Ω ist, gibt es ein $g \in G$ mit $g \circ x = y$. Da $G = HG_x$ ist, gibt es $h \in H$ und $g_x \in G_x$ mit $g = hg_x$. Es ist $y = g \circ x = (hg_x) \circ x = h \circ x$. Also ist H transitiv auf Ω. □

Der Beweis des nächsten Lemmas illustriert wieder die Methode, Resultate über Permutationsgruppen anzuwenden, um allgemeine gruppentheoretische Aussagen zu erzielen.

Lemma 1.1.26 (Frattini-Argument[2]). *Seien G eine Gruppe, N ein Normalteiler von G und P eine Sylow-p-Untergruppe von N. Dann ist*

$$G = NN_G(P).$$

Beweis. Wir setzen

$$\Omega = \{Q | Q \text{ ist Sylow-}p\text{-Untergruppe von } N\},$$

Sind $g \in G$ und $Q \in \Omega$, so ist $Q^g \leq N^g = N$, also ist $Q^g \in \Omega$. Damit operiert G auf Ω per Konjugation. Wie im Beweis von Lemma 1.1.5 gesehen, ist $G_P = N_G(P)$. Nach dem Satz von Sylow ist N transitiv auf Ω. Also liefert Lemma 1.1.25, dass

$$G = NG_P = NN_G(P)$$

ist. □

Definition 1.1.27. Sei G transitiv auf Ω. Sei weiter K eine Untergruppe von G. Mit $\mathrm{Fix}(K)$ (Fixpunkte von K) bezeichnen wir die Menge aller $u \in \Omega$ mit $k \circ u = u$ für alle $k \in K$.

Nun noch eine sehr nützliche Notation. Ist A eine nicht leere Teilmenge von G, so bezeichnen wir mit A^G die Menge aller Konjugierten von A in G, also die Menge

$$\{A^g | g \in G\}.$$

Ist U eine Untergruppe von G, so ist eigentlich $A^G \cap U$ nicht definiert. Dennoch ist diese Bezeichnung in der Gruppentheorie üblich, bedarf aber einer Erklärung. Wir bezeichnen allgemein mit $A^G \cap U$ die Menge der Konjugierten von A, die in U liegen, d. h. $A^G \cap U = \{A^g \mid g \in G, A^g \leq U\}$.

Lemma 1.1.28. *Sei G transitiv auf Ω. Wir wählen $x \in \Omega$ und setzen $H = G_x$. Sei weiter K eine Untergruppe von H. Dann gilt:*

(a) *Es ist $N_G(K)$ genau dann transitiv auf $\mathrm{Fix}(K)$, falls $K^G \cap H = K^H$ ist (d. h.: Für jedes $K^g \leq H$ gibt es ein $h \in H$, so dass $K^g = K^h$ ist).*
(b) *Ist P eine Sylow-p-Untergruppe von H, so ist $N_G(P)$ transitiv auf $\mathrm{Fix}(P)$.*

Beweis. (a) Sei zunächst $N_G(K)$ transitiv auf $\mathrm{Fix}(K)$. Ist $g \in G$ mit $K^g \leq H$, so ist $K \leq H \cap H^{g^{-1}} = G_x \cap G_x^{g^{-1}} = G_x \cap G_{g \circ x}$, wobei die letzte Gleichung aus Satz 1.1.4 (b) folgt. Damit liegen x und $g \circ x$ in $\mathrm{Fix}(K)$. Nach Annahme gibt es ein $r \in N_G(K)$ mit $r \circ x = g \circ x$. Also sind $h = r^{-1}g \in G_x = H$ und $K^g = K^{r^{-1}g} = K^h$. Das liefert $K^G \cap H = K^H$.
Sei umgekehrt $K^G \cap H = K^H$. Seien $y \in \mathrm{Fix}(K)$ und $g \in G$ mit $g \circ x = y$. Wir zeigen, dass es auch ein $r \in N_G(K)$ mit $r \circ x = y$ gibt.

2 Giovanni Frattini, *8.1.1852 Rom; †21.7.1925, italienischer Mathematiker. Frattini arbeitete auf dem Gebiet der Gruppentheorie. Er publizierte 1885 eine Arbeit, in der er die sogenannte Frattinigruppe (siehe Abschn. 1.8) einführte. Dabei benutzte er auch das nach ihm benannte Frattini-Argument.

Es ist $K \leq G_y = G_{g\circ x} = H^{g^{-1}}$, wobei die letzte Gleichung mit Satz 1.1.4 (b) folgt. Also ist $K^g \leq H$. Nach Annahme gibt es ein $h \in H$ mit $K^g = K^h$ und dann $K^{gh^{-1}} = K$. Somit ist $gh^{-1} \in N_G(K)$ und $(gh^{-1}) \circ x = g \circ x = y$, insbesondere ist $N_G(K)$ transitiv auf $\mathrm{Fix}(K)$.

(b) Sei P eine Sylow-p-Untergruppe von H. Nach dem Satz von Sylow ist dann P^H die Menge aller Sylow-p-Untergruppen von H. Ist also $Q \in P^G \cap H$, so ist Q eine Sylow-p-Untergruppe von H, also $Q \in P^H$. Damit ist $P^G \cap H = P^H$. Mit (a) folgt nun die Behauptung. □

Lemma 1.1.29. *Es operiere G auf einer Menge Ω. Für jedes $x \in \Omega$ gebe es eine p-Gruppe $P(x) \leq G$ mit $\{x\} = \mathrm{Fix}(P(x))$. Dann gilt:*
(a) *G ist transitiv auf Ω.*
(b) $|\Omega| \equiv 1 (\mathrm{mod}\, p)$.

Beweis. Sei $\Omega = \Omega_1 \cup \Omega_2$, beide Ω_i seien G-invariant. Sei $\Omega_1 \neq \emptyset$. Wir zeigen, dass dann $\Omega_2 = \emptyset$ sein muss, woraus (a) folgt. Wir wählen ein $y \in \Omega_1$. Nach Annahme ist $\{y\} = \mathrm{Fix}(P(y))$. Also hat $P(y)$ in Ω_1 genau einen und in Ω_2 keinen Fixpunkt. Mit Lemma 1.1.8 erhalten wir dann, dass $|\Omega_1| \equiv 1 (\mathrm{mod}\, p)$ und $|\Omega_2| \equiv 0 (\mathrm{mod}\, p)$ ist. Wäre $\Omega_2 \neq \emptyset$, so würden wir mit dem gleichen Argument $|\Omega_2| \equiv 1 (\mathrm{mod}\, p)$ folgern können. Also ist $\Omega_2 = \emptyset$ und $\Omega_1 = \Omega$. □

Lemma 1.1.29 kann man dazu benutzen, um im Beweis des Satzes von Sylow zu zeigen, dass die Anzahl der Sylow-p-Untergruppen einer Gruppe kongruent 1 modulo p ist und alle Sylow-p-Untergruppen konjugiert sind (siehe [4, Sylow's Theorem]).

Wir wollen jetzt den Begriff der Transitivität erweitern.

Definition 1.1.30. Es operiere G auf Ω und sei $t \in \mathbb{N}$, $t \leq |\Omega|$. Dann nennen wir die Operation von G auf Ω auch t-fach transitiv, falls es für je zwei t-Tupel $(a_1, \dots, a_t)$, $(b_1, \dots, b_t) \in \Omega^t$, bei denen für alle $i, j \in \{1, \dots, t\}$ mit $i \neq j$ stets $a_i \neq a_j$ und $b_i \neq b_j$ ist, ein $g \in G$ existiert, so dass für alle $i = 1, \dots, t$ stets $g \circ a_i = b_i$ ist.

Der nächste Satz führt die t-fach transitive Operation wieder auf die Operation auf Ω zurück.

Satz 1.1.31. *G operiere auf Ω und es sei $t > 1$. Dann sind gleichwertig:*
(a) *G operiert t-fach transitiv auf Ω.*
(b) *G operiert transitiv auf Ω und für jedes $x \in \Omega$ ist die von G_x auf $\Omega \setminus \{x\}$ induzierte Operation $(t-1)$-fach transitiv.*

Beweis. (a) ⇒ (b) Seien $a, b \in \Omega$. Wir betrachten zwei t-Tupel $u = (a_1, \dots, a_t)$ und $v = (b_1, \dots, b_t)$ mit $a_1 = a$ und $b_1 = b$, in denen jeweils alle Einträge paarweise verschieden sind. Dann gibt es nach Annahme ein $g \in G$, das u auf v abbildet. Also ist $g \circ a = b$. Somit ist G transitiv auf Ω.

Seien nun $x \in \Omega$ und $(a_1, \ldots, a_{t-1})$, $(b_1, \ldots, b_{t-1})$ zwei $(t-1)$-Tupel mit jeweils paarweise verschiedenen Einträgen in $\Omega \setminus \{x\}$. Wir bilden $u = (a_1, \ldots, a_{t-1}, x)$ und $v = (b_1, \ldots, b_{t-1}, x)$. Nach Annahme gibt es ein $g \in G$, das u nach v abbildet. Also ist $g \circ x = x$, und dann ist $g \in G_x$. Weiter ist $g \circ a_i = b_i$ für alle $i \in \{1, \ldots, t-1\}$. Somit haben wir eine $(t-1)$-fach transitive Operation von G_x auf $\Omega \setminus \{x\}$.

(b) ⇒ (a) Seien $(a_1, \ldots, a_t)$ und $(b_1, \ldots, b_t)$ zwei t-Tupel mit jeweils paarweise verschiedenen Einträgen. Da G transitiv ist, gibt es ein $g \in G$ mit $g \circ a_1 = b_1$. Also ist $(g \circ a_1, g \circ a_2, \ldots, g \circ a_t) = (b_1, g \circ a_2, \ldots, g \circ a_t)$. Nach Annahme haben wir eine $(t-1)$-fach transitive Operation von G_{b_1} auf $\Omega \setminus \{b_1\}$. Die Elemente $g \circ a_i$ mit $i \in \{2, \ldots, t\}$ sind paarweise verschieden und auch von b_1 verschieden. Also existiert ein $h \in G_{b_1}$, so dass für alle $i \in \{2, \ldots, t\}$ dann $(hg) \circ a_i = h \circ (g \circ a_i) = b_i$ ist. Also ist G sogar t-fach transitiv. □

Die typischen Beispiele für mehrfach transitive Gruppen sind die symmetrischen und alternierenden Gruppen.

Satz 1.1.32. *Die Gruppe Σ_n operiert n-fach transitiv auf $\Omega = \{1, \ldots, n\}$. Die Gruppe A_n, $n \geq 3$, operiert $(n-2)$-fach transitiv auf Ω.*

Beweis. Da Σ_n die Menge aller bijektiven Abbildungen von Ω ist, kann per Definition jedes zulässige n-Tupel auf jedes andere abgebildet werden.
Sei $G = A_n, n \geq 3$. Wir beweisen die Aussage durch Induktion nach n. Nach Satz 1.1.31 genügt es dazu zu zeigen, dass A_3 transitiv auf $\{1, 2, 3\}$ ist. Da aber $A_3 = \langle (1, 2, 3) \rangle$ ist, ist dies klar. □

Satz 1.1.33. *Ist G eine 2-fach transitive Gruppe auf Ω, so ist G primitiv.*

Beweis. Sei Q eine G-invariante Partition auf Ω. Sei weiter $T \in Q$ mit $|T| > 1$ und $Q \neq \{T\}$. Dann gibt es ein $S \in Q$ mit $S \neq T$. Seien nun $x, y \in T, x \neq y$ und $z \in S$. Da G eine 2-fach transitive Gruppe auf Ω ist, gibt es ein $g \in G$ mit $g \circ x = x$ und $g \circ y = z$. Dann ist aber $z \in T \cap S \neq \emptyset$, ein Widerspruch. □

Ein weiteres Beispiel einer 2-fach transitiven und damit primitiven Gruppe ist $SL(V)$, die Gruppe der invertierbaren linearen Abbildungen A eines Vektorraumes V mit $\det A = 1$.

Lemma 1.1.34. *Sei V ein endlich dimensionaler Vektorraum über dem Körper K. Seien weiter U_1, U_2, W_1, W_2 1-dimensionale Unterräume von V mit $U_1 \neq U_2$ und $W_1 \neq W_2$. Dann gibt es ein $g \in SL(V)$ mit $g(U_1) = W_1$ und $g(U_2) = W_2$. Insbesondere ist $SL(V)$ 2-transitiv auf der Menge der 1-dimensionalen Unterräume von V.*

Beweis. Es seien u_1, u_2 und $w_1, w_2 \in V$ so gewählt, dass $U_1 = \langle u_1 \rangle$, $U_2 = \langle u_2 \rangle$, $W_1 = \langle w_1 \rangle$ und $W_2 = \langle w_2 \rangle$ gilt. Dann sind $\{u_1, u_2\}$ und $\{w_1, w_2\}$ linear unabhängig. Also gibt es ein $\tilde{g} \in GL(V)$ mit

$$\tilde{g}(u_1) = w_1, \tilde{g}(u_2) = w_2.$$

Sei weiter $\det \tilde{g} = t$. Wir ergänzen $\{w_1, w_2\}$ zu einer Basis $\{w_1, \ldots, w_n\}$ von V und definieren die Abbildung E_t durch $E_t w_1 = t^{-1} w_1$ und $E_t w_i = w_i$, für alle $i \geq 2$. Dann ist die Determinante von E_t gleich t^{-1} und $g = E_t \tilde{g} \in SL(V)$. Weiter ist $g(U_1) = W_1$ und $g(U_2) = W_2$. □

Definition 1.1.35. Sei $m \geq 1$ und G operiere auf Ω. Dann operiert G auch auf dem m-fachen kartesischen Produkt Ω^m, und zwar sei für alle $(x_1, \ldots, x_m) \in \Omega^m$

$$g \circ (x_1, \ldots, x_m) = (g \circ x_1, \ldots, g \circ x_m).$$

Ist G transitiv auf Ω, so nennen wir die Bahnen von G auf Ω^2 die Orbits von G. Die Anzahl der Orbits nennen wir den Permutationsrang von G auf Ω und schreiben dafür $\operatorname{rang}(G)$.

Wie üblich wollen wir eine Beschreibung für den Sachverhalt aus dieser Definition finden, die nur Ω benutzt. Wir werden gleich sehen, dass die Anzahl der Orbits nichts weiter ist als die Anzahl der Bahnen des Stabilisators eines Elementes aus Ω.

Lemma 1.1.36. *Seien G eine transitive Permutationsgruppe auf Ω und $w \in \Omega$. Seien weiter $w_1, \ldots, w_r$ Vertreter für die Bahnen von $H = G_w$ auf Ω. Dann ist die Menge $\{(w, w_i) | i = 1, \ldots, r\}$ ein Vertretersystem für die Orbits von G und (w, y) ist genau dann in der G-Bahn von (w, w_i), wenn y in der H-Bahn von w_i ist. Insbesondere ist $r = \operatorname{rang}(G)$.*

Beweis. Sind $z, y \in \Omega \setminus \{w\}$, so gibt es genau dann ein $g \in G$ mit $g \circ (w, y) = (w, z)$, falls es ein $g \in H$ mit $g \circ y = z$ gibt. Dies ist die Behauptung. □

Wir wollen nun noch eine besondere Klasse von Darstellungen betrachten.

Definition 1.1.37.
(a) Es operiere G auf Ω. Ist $G_y = 1$ für alle $y \in \Omega$, so nennen wir die Darstellung semiregulär.
(b) Operiert G transitiv und semiregulär auf einer Menge Ω, so nennen wir die Darstellung regulär.
(c) Sei G eine Gruppe. Die reguläre Permutationsdarstellung von G ist die Darstellung von G auf sich selbst durch Rechtsmultiplikation. (Die reguläre Permutationsdarstellung ist regulär im Sinne von (b).)

Nach Satz 1.1.16 ist jede reguläre Darstellung zur regulären Permutationsdarstellung äquivalent.

Wir können Definition 1.1.37 (a) auch wie folgt formulieren:

Lemma 1.1.38. *Es operiere G auf Ω. Dann ist G genau dann semiregulär, wenn jeder transitive Konstituent regulär ist.*

Lemma 1.1.39. *Sei G transitiv auf Ω. Seien $w \in \Omega$ und $H \leq G$. Dann ist H genau dann regulär auf Ω, falls G_w ein Komplement zu H in G ist, d. h. $G = HG_w$ und $H \cap G_w = 1$.*

Beweis. Sei H regulär. Dann ist H insbesondere transitiv. Lemma 1.1.25 liefert jetzt $G = HG_w$. Da H regulär ist, erhalten wir $1 = H_w = H \cap G_w$.
Sei umgekehrt $G = HG_w$ mit $G_w \cap H = 1$. Lemma 1.1.25 liefert zunächst, dass H transitiv ist. Aus $H_w = G_w \cap H = 1$ und der Transitivität von H folgt $H_x = 1$ für alle $x \in \Omega$. Somit gilt Definition 1.1.37 (a) und dann auch (b). Also ist H regulär. □

Lemma 1.1.40. *Seien K ein Normalteiler und A eine Untergruppe von G. Weiter sei $G = KA$ und $K \cap A = 1$. Ist π die Permutationsdarstellung von G auf den Nebenklassen von A, so ist $K \cong \pi(K)$ und die Operation von K auf den Nebenklassen von A ist regulär.*

Beweis. Es ist K ein Vertretersystem für die Nebenklassen von A in G. Also ist $\pi(K)$ transitiv und der Stabilisator von A ist das neutrale Element. Damit ist $\pi(K)$ regulär und $K \cong \pi(K)$. □

Wir wollen nun zeigen, dass es in mehrfach transitiven Gruppen nicht viele reguläre Normalteiler gibt. Dazu zunächst eine Beschreibung der regulären Darstellung, die den Normalteiler selbst benutzt.

Lemma 1.1.41. *Es operiere G auf Ω und H sei ein regulärer Normalteiler von G. Seien weiter $w \in \Omega$ und $\alpha : H \to \Omega$ mit $\alpha(h) = h \circ w$. Es bewirkt G_w auf H eine Permutationsdarstellung durch $h \to h^{g^{-1}}$, für $g \in G_w$ und $h \in H$. Dann ist α eine Äquivalenz der Permutationsdarstellung von G_w auf Ω und der eben beschriebenen Permutationsdarstellung von G_w auf H.*

Beweis. Nach Lemma 1.1.39 ist $G = HG_w$ mit $G_w \cap H = 1$. Damit ist H ein Nebenklassenvertretersystem von G_w in G. Wenn wir also Ω mit den Nebenklassen von G_w in G identifizieren, erhalten wir

$$\alpha(h) = hG_w.$$

Damit ist zunächst α eine Bijektion zwischen H und Ω. Weiter gilt für jedes $g \in G_w$:

$$g \circ \alpha(h) = g \circ (hG_w) = (gh)G_w = (ghg^{-1}g)G_w \underset{g \in G_w}{=} h^{g^{-1}}G_w = \alpha(g \circ h).$$

Hierbei sind die beiden Operationen $\circ$ natürlich verschiedene Operationen. Damit ist α eine Äquivalenz. □

Nun der angekündigte Satz.

Satz 1.1.42. *Die Gruppe G operiere t-fach transitiv auf Ω mit $n = |\Omega|$. Seien weiter H ein regulärer Normalteiler von G und $Core_G(G_x) = 1$ für alle $x \in \Omega$. Dann gilt:*
(a) *Ist $t \geq 2$, so ist n eine Primzahlpotenz p^a. Weiter ist H eine abelsche p-Gruppe mit $h^p = 1$ für alle $h \in H$.*
(b) *Ist $t \geq 3$, so ist n eine 2-Potenz oder $n = 3$ und $G \cong \Sigma_3$.*
(c) *Ist $t \geq 4$, so ist $t = 4 = n$ und $G \cong \Sigma_4$.*

Beweis. Sei $t \geq 2$. Wir wählen $w \in \Omega$ und setzen $K = G_w$. Mit Satz 1.1.31 folgt, dass K noch $(t-1)$-fach transitiv auf $\Omega \setminus \{w\}$ ist. Mit Lemma 1.1.41 folgt, dass K auch $(t-1)$-fach transitiv auf $H \setminus \{1\}$ per Konjugation operiert. Insbesondere operiert K transitiv auf $H \setminus \{1\}$.

Sei jetzt p eine Primzahl, die n teilt. Da H regulär auf Ω ist, ist $n = |\Omega| = |H|$. Mit dem Satz von Cauchy erhalten wir ein $h \in H$ mit $o(h) = p$. Da K transitiv auf $H \setminus \{1\}$ ist, also für jedes $h_1 \in H \setminus \{1\}$ ein $k \in K$ existiert, so dass $h = h_1^k$ ist, folgt, dass alle Elemente in $H \setminus \{1\}$ die Ordnung p haben. Damit ist H eine p-Gruppe. Nach Lemma 1.1.10 ist $Z(H) \neq 1$. Somit gibt es ein $h \in H \setminus \{1\}$, das mit allen Elementen von H vertauschbar ist. Da K transitiv auf $H \setminus \{1\}$ ist, ist also jedes Element mit jedem anderen aus H vertauschbar. Es folgt $H = Z(H)$, was (a) liefert.

Sei nun zusätzlich $t \geq 3$. Wir wählen ein $h \in H$ und setzen $v = h \circ w$. Nach Satz 1.1.31 ist K_v dann $(t-2)$-fach transitiv auf $\Omega \setminus \{w, v\}$. Nach Lemma 1.1.41 ist somit K_h transitiv auf $H \setminus \{1, h\}$. Es ist $K_h = \{g | g \in K \text{ mit } h^g = h\} = C_K(h)$. Weiter gilt $C_K(h) = C_K(\langle h \rangle)$.

Sei $p \neq 2$. Dann ist $\langle h \rangle \neq \{1, h\}$. Da $C_K(h)$ transitiv auf $H \setminus \{1, h\}$ ist, andererseits aber Fixpunkte in $\langle h \rangle \setminus \{1, h\}$ hat, folgt nun $|H \setminus \{1, h\}| = 1$, was $3 = |H| = |\Omega|$ liefert. Da G auf Ω aber 3-fach transitiv und $\mathrm{Core}_G(G_x) = 1$ ist, erhalten wir $G \cong \Sigma_3$, was (b) ist.

Sei nun zusätzlich $t \geq 4$. Nach (b) ist H eine abelsche 2-Gruppe. Wir wählen $g \in H \setminus \langle h \rangle$. Nach Satz 1.1.31 und Lemma 1.1.41 ist dann der Zweipunktstabilisator $J = K_g \cap K_h = C_K(g) \cap C_K(h)$ transitiv auf $H \setminus \{1, g, h\}$. Aber J zentralisiert auch $gh \notin \{1, g, h\}$. Damit ist $\{1, g, h, gh\} = H$, also $n = 4$. Wegen $\mathrm{Core}_G(G_x) = 1$ ist dann $G \cong \Sigma_4$, was (c) liefert. □

Wir schließen diesen Abschnitt mit einer Aussage, dass, obwohl Normalteiler selten regulär sind, sie doch zumindest häufig transitiv sind.

Satz 1.1.43. *Sei G primitiv auf Ω. Sei weiter H ein Normalteiler von G. Operiert H nicht trivial auf Ω, so ist H transitiv und $G = G_w H$ für jedes $w \in \Omega$.*

Beweis. Sei $w \in \Omega$. Nach Lemma 1.1.23 ist G_w eine maximale Untergruppe. Also ist entweder $HG_w = G$ und dann H transitiv nach Lemma 1.1.25 oder $HG_w = G_w$. Dann ist aber $H \leq G_w$. Da H normal ist und G auf Ω transitiv operiert, ist dann $H \leq \cap_{w \in \Omega} G_w$, was impliziert, dass H trivial auf Ω operiert. □

1.2 Kommutatoren

Wenn man sich mit konkreten Gruppen beschäftigt, kommt man nicht umhin, in ihnen zu rechnen. Dazu gibt es einige Techniken, die wir in diesem Abschnitt zur Verfügung stellen wollen. Diese werden uns dann insbesondere bei der Behandlung der nilpotenten Gruppen und der Betrachtung von Automorphismen von p-Gruppen gute Dienste leisten.

Definition 1.2.1. Sei G eine Gruppe.
(a) Sind $a, b \in G$, so setzen wir

$$[a, b] = a^{-1}b^{-1}ab.$$

Wir nennen $[a, b]$ den Kommutator von a mit b.
(b) Sind $A, B \subseteq G$, so setzen wir

$$[A, B] = \langle [a, b] | a \in A, b \in B \rangle.$$

(c) $[G, G] = G'$ heißt die Kommutatorgruppe von G.

Zunächst einige einfache Formeln.

Lemma 1.2.2. *Seien G eine Gruppe und $a, b, c \in G$. Dann gilt:*
(a) $[a, b] = [b, a]^{-1}$.
(b) $[ab, c] = [a, c]^b[b, c]$.
(c) $[a, bc] = [a, c][a, b]^c$.
(d) $a^b = a[a, b]$. *Insbesondere gilt $ab = ba$ genau dann, wenn $[a, b] = 1$ ist.*

Beweis. (a) Es ist

$$[a, b][b, a] = (a^{-1}b^{-1}ab)(b^{-1}a^{-1}ba) = 1.$$

(b) Es gilt

$$[ab, c] = (ab)^{-1}c^{-1}(ab)c = b^{-1}(a^{-1}c^{-1}ac)b(b^{-1}c^{-1}bc) = [a, b]^b[b, c].$$

Genauso kann man auch (c) zeigen.

(d) Wir haben $a[a, b] = a(a^{-1}b^{-1}ab) = b^{-1}ab = a^b$. □

Lemma 1.2.2 (d) zeigt, warum $[a, b]$ Kommutator genannt wird. Er gibt die Abweichung von ab und dem Element ba, in dessen Darstellung a und b vertauscht sind, an.

Etwas anspruchsvoller sind die folgenden Formeln.

Lemma 1.2.3. *Seien $a, b \in G$.*
(a) *Ist $[[a, b], a] \in Z(\langle a, b \rangle)$, so ist $[a^n, b] = [a, b]^n[[a, b], a]^{\binom{n}{2}}$ für alle $n \in \mathbb{N}$.*
(b) *Ist $[[a, b], a] = 1$, so ist $[a^n, b] = [a, b]^n$ für alle $n \in \mathbb{Z}$.*
(c) *Ist $[[a, b], a] = 1 = [[a, b], b]$, so ist $(ab)^n = a^n b^n [b, a]^{\binom{n}{2}}$ für alle $n \in \mathbb{N}$.*

Beweis. (a) Wir beweisen die Formel durch Induktion nach n. Für $n = 1$ folgt die Behauptung wegen $\binom{1}{2} = 0$. Sei somit $n > 1$. Es ist

$$[a^n, b] = [a^{n-1}a, b].$$

Nach Lemma 1.2.2 (b) ist

$$[a^{n-1}a, b] = [a^{n-1}, b]^a [a, b].$$

Per Induktion ist dann

$$[a^{n-1}, b] = [a, b]^{n-1}[[a, b], a]^{\binom{n-1}{2}}.$$

Das ergibt

$$[a^n, b] = ([a, b]^{n-1}[[a, b], a]^{\binom{n-1}{2}})^a [a, b].$$

Nach Lemma 1.2.2 (d) ist

$$[a, b]^a = [a, b][[a, b], a]$$

also

$$([a, b]^{n-1})^a = ([a, b][[a, b], a])^{n-1}.$$

Da $[[a, b], a] \in Z(\langle a, b\rangle)$ ist, ist außerdem

$$([[a, b], a]^{\binom{n-1}{2}})^a = [[a, b], a]^{\binom{n-1}{2}}.$$

Insgesamt folgt daraus

$$\begin{aligned} [a^n, b] &= [a, b]^{n-1}[[a, b], a]^{n-1}[[a, b], a]^{\binom{n-1}{2}}[a, b] \\ &= [a, b]^n [[a, b], a]^{\binom{n}{2}}, \end{aligned}$$

wobei $n - 1 + \binom{n-1}{2} = \binom{n}{2}$ benutzt wurde.

(b) Ist $n \in \mathbb{N}$, so folgt die Behauptung mit (a). Ist $n = 0$, so ist $a^0 = 1 = [a, b]^0$. Also ist nichts zu beweisen. Sei somit $n < 0$. Dann ist

$$[a, b]^{-n}[a^n, b] = ([a, b]^{-n})^{a^n}[a^n, b],$$

da $[[a, b], a] = 1$ ist. Nach Lemma 1.2.2 (b) ist

$$[a^{-n}, b]^{a^n}[a^n, b] = [a^{-n}a^n, b] = 1.$$

Also ist $[a, b]^n = [a^n, b]$.

(c) Wieder beweisen wir die Aussage durch Induktion nach n. Für $n = 1$ ist wegen $\binom{1}{2} = 0$ nichts zu beweisen. Sei somit $n > 1$. Per Induktion ist

$$(ab)^n = (ab)^{n-1}(ab) = a^{n-1}b^{n-1}[b, a]^{\binom{n-1}{2}}(ab).$$

Da $[a,b] \in Z(\langle a,b\rangle)$ ist, ist

$$\begin{aligned}(ab)^n &= a^{n-1}b^{n-1}(ab)[b,a]^{\binom{n-1}{2}}\\ &= a^{n-1}ab^{n-1}b^{-(n-1)}a^{-1}b^{n-1}ab[b,a]^{\binom{n-1}{2}}\\ &= a^nb^{n-1}[b^{n-1},a]b[b,a]^{\binom{n-1}{2}}.\end{aligned}$$

Nach (b) ist

$$[b^{n-1},a] = [b,a]^{n-1}.$$

Das liefert nun

$$\begin{aligned}(ab)^n &= a^nb^{n-1}[b,a]^{n-1}b[b,a]^{\binom{n-1}{2}} = a^nb^n[b,a]^{\binom{n-1}{2}+(n-1)}\\ &= a^nb^n[b,a]^{\binom{n}{2}},\end{aligned}$$

wobei $[[b,a],b] = 1$ und $n-1+\binom{n-1}{2} = \binom{n}{2}$ benutzt wurden. □

Wir wollen nun den Begriff des Kommutators etwas erweitern.

Definition 1.2.4. Sei G eine Gruppe. Sind $x_1,\dots,x_n \in G$, $n \geq 2$, so setzen wir

$$[x_1,\dots,x_n] = [[x_1,\dots,x_{n-1}],x_n].$$

Entsprechend setzen wir für Untergruppen $A_1,\dots,A_n$ von G, $n \geq 2$,

$$[A_1,\dots,A_n] = [[A_1,\dots,A_{n-1}],A_n].$$

Lemma 1.2.5 (Wittsche[3] Identität, [75]). *Für alle $a,b,c \in G$ gilt*

$$[a,b^{-1},c]^b[b,c^{-1},a]^c[c,a^{-1},b]^a = 1.$$

Beweis. Die Behauptung folgt leicht, wenn man die Kommutatoren ausschreibt. □

Die Wittsche Identität hat eine wichtige Anwendung im sogenannten *Drei-Untergruppen-Lemma*, das wir noch sehr häufig benutzen werden.

Lemma 1.2.6 (Drei-Untergruppen-Lemma). *Seien A,B,C Untergruppen von G. Ist N ein Normalteiler von G, so gilt: Sind $[B,C,A] \subseteq N$ und $[C,A,B] \subseteq N$, so ist auch $[A,B,C] \subseteq N$.*

Beweis. Seien $a \in A$, $b \in B$ und $c \in C$. Nach Lemma 1.2.5 ist

$$[a,b,c]^{b^{-1}}[b^{-1},c^{-1},a]^c[c,a^{-1},b^{-1}]^a = 1.$$

3 Ernst Witt, *26.6 1911 auf Alsen; †3.7. 1991 Hamburg. Witt war von 1939 bis 1979 Professor in Hamburg. Seine Hauptforschungsgebiete waren quadratische Formen und Funktionenkörper.

Die beiden letzten Kommutatoren liegen nach Annahme in N. Also ist auch $[a,b,c]^{b^{-1}} \in N$ und dann $[a,b,c] \in N$, da N normal ist.

Sei nun $x = [a,b] \in [A,B]$. Dann ist $1 = [xx^{-1},c] = [x,c]^{x^{-1}}[x^{-1},c]$ nach Lemma 1.2.2 (b). Weiter ist $[x,c]^{x^{-1}} \in N$, wie gerade gezeigt wurde. Also ist auch $[x^{-1},c] \in N$.

Sei jetzt $x \in [A,B]$ beliebig. Dann ist x ein Produkt von Kommutatoren der Form $[a,b], a \in A, b \in B$, und Inversen solcher Kommutatoren. Sei x ein solches Produkt von minimaler Länge mit $[x,c] \notin N$ für ein $c \in C$. Dann ist, wie eben gezeigt wurde, x kein Kommutator und auch kein Inverses eines Kommutators. Also ist

$$x = yz,$$

wobei z ein Kommutator oder Inverses eines Kommutators und $y \neq 1$ ist. Wie wir gezeigt haben, folgt $[z,c] \in N$. Per Minimalität von x haben wir auch $[y,c] \in N$.

Nun ist

$$[x,c] = [yz,c] = [y,z]^c[z,c] \in N,$$

ein Widerspruch. Somit folgt $[A,B,C] \subseteq N$. □

Wir wollen den Normalteilerbegriff noch etwas verfeinern.

Definition 1.2.7. (a) Seien G eine Gruppe und N eine Untergruppe von G. Wir nennen N charakteristisch in G und schreiben N char G, falls $N^\alpha = N$ für jeden Automorphismus α von G gilt.

(b) Sei $g \in G$ und $i_g : G \to G$ eine Abbildung, mit $i_g(h) = g^{-1}hg$ für jedes $h \in G$. Dann ist i_g ein Automorphismus von G. Wir nennen i_g den von g induzierten inneren Automorphismus von G. Mit $\mathrm{Inn}(G)$ bezeichnen wir die Gruppe der inneren Automorphismen von G, also

$$\mathrm{Inn}(G) = \{i_g | g \in G\}.$$

Charakteristische Untergruppen sind somit solche, die unter allen Automorphismen invariant sind, während Normalteiler nur unter den inneren Automorphismen invariant sein müssen.

Lemma 1.2.8. *Sei G eine Gruppe. Dann gilt:*
(a) $\mathrm{Inn}(G) \cong G/Z(G)$.
(b) $\mathrm{Inn}(G) \trianglelefteq \mathrm{Aut}(G)$.
(c) *Ist N char K char G, so ist N char G.*
(d) *Ist N char $K \trianglelefteq G$, so ist $N \trianglelefteq G$.*

Beweis. (a) Sei $\alpha : G \to \mathrm{Inn}(G)$ eine Abbildung, so dass für alle $g \in G$ stets $\alpha(g) = i_{g^{-1}}$ sei. Wir zeigen zunächst, dass α ein Homomorphismus ist.

Seien dazu $g_1, g_2, h \in G$. Dann ist

$$\begin{aligned}\alpha(g_1g_2)(h) &= (g_1g_2)h(g_1g_2)^{-1}\\ &= g_1(g_2hg_2^{-1})g_1^{-1} = i_{g_1^{-1}}(g_2hg_2^{-1})\\ &= i_{g_1^{-1}}i_{g_2^{-1}}(h) = \alpha(g_1)\alpha(g_2)(h).\end{aligned}$$

Also folgt $\alpha(g_1g_2) = \alpha(g_1)\alpha(g_2)$, und damit ist α ein Homomorphismus.

Offenbar ist α surjektiv. Sei $g \in \ker\alpha$. Dann ist $i_{g^{-1}} = id$, was $ghg^{-1} = h$ für alle $h \in G$ bedeutet. Also ist $g \in Z(G)$, womit wir $\ker\alpha = Z(G)$ erhalten. Nun folgt (a) mit dem Homomorphiesatz.

(b) Seien $\beta \in \mathrm{Aut}(G)$, $i_g \in \mathrm{Inn}(G)$ und $h \in G$. Dann ist

$$\begin{aligned}(\beta^{-1}i_g\beta)(h) &= \beta^{-1}i_g(\beta(h)) = \beta^{-1}(g^{-1}\beta(h)g)\\ &= \beta^{-1}(g^{-1})\beta^{-1}(\beta(h))\beta^{-1}(g) = (\beta^{-1}(g))^{-1}h\beta^{-1}(g)\\ &= i_{\beta^{-1}(g)}(h).\end{aligned}$$

Also ist

$$i_g^\beta = i_{\beta^{-1}(g)} \in \mathrm{Inn}(G).$$

Damit ist $\mathrm{Inn}(G) \trianglelefteq \mathrm{Aut}(G)$.

(c) Sei $\alpha \in \mathrm{Aut}(G)$. Da K charakteristisch in G ist, ist $K^\alpha = K$. Also induziert α einen Automorphismus auf K. Da N charakteristisch in K ist, ist $N^\alpha = N$, also ist N charakteristisch in G.

(d) Sei $g \in G$. Da K normal in G ist, ist $K^g = K$. Also induziert g einen Automorphismus auf K. Da N charakteristisch in K ist, folgt dann $N^g = N$ und damit ist N normal in G. □

Charakteristische Untergruppen verhalten sich besser als Normalteiler. Nach Lemma 1.2.8 (c) ist „charakteristisch" transitiv, während bekanntlich „normal sein" nicht transitiv ist. Ein Normalteiler M eines Normalteilers N einer Gruppe G muss nicht normal in G sein.

Das nächste Lemma listet viele Eigenschaften der Kommutatorgruppe $[A, B]$ auf. Wir werden diese im weiteren Verlauf noch sehr häufig benutzen.

Lemma 1.2.9. *Seien A und B Untergruppen von G. Dann gilt:*
(a) $[A, B] = [B, A]$.
(b) $[A, B]$ *ist normal in* $\langle A, B\rangle$.
(c) $[A, B]$ *ist genau dann in A enthalten, wenn* $B \le N_G(A)$ *ist.*
(d) *Ist H eine Gruppe und* $\mu \in \mathrm{Hom}(G, H)$, *so ist* $\mu([A, B]) = [\mu(A), \mu(B)]$.
(e) *Sind A und B beide normal in G, so ist auch $[A, B]$ normal in G. Weiter ist dann* $[A, B] \le A \cap B$.
(f) *Operiert C auf G als Gruppe von Automorphismen und sind A und B beide C-invariant, so ist auch $[A, B]$ invariant unter C.*

(g) *G' ist charakteristisch in G.*
(h) *Sei K normal in G. Genau dann ist G/K abelsch, wenn $G' \leq K$ ist.*
(i) *Seien K und H normal in G mit $K \leq H$. Dann ist $[H, G] \leq K$ genau dann, wenn $H/K \leq Z(G/K)$ ist.*

Beweis. (a) Es ist $[A, B] = \langle [a, b] | a \in A, b \in B \rangle$. Nach Lemma 1.2.2 (a) haben wir $[a, b] = [b, a]^{-1}$. Also ist

$$[A, B] = \langle [b, a]^{-1} | a \in A, b \in B \rangle = \\ = \langle [b, a] | a \in A, b \in B \rangle = [B, A].$$

(b) Seien $a, a' \in A$ und $b, b' \in B$. Dann sind nach Lemma 1.2.2 (b) bzw. (c)

$$[a, b]^{a'} = [aa', b][a', b]^{-1} \in [A, B]$$

und

$$[a, b]^{b'} = [a, b']^{-1}[a, bb'] \in [A, B].$$

Also ist $[A, B]$ normal in $\langle A, B \rangle$.

(c) Nach Lemma 1.2.2 (d) gilt $a^b = a[a, b]$ für alle $a \in A$ und alle $b \in B$. Damit ist a^b genau dann in A, wenn $[a, b]$ in A ist, also ist genau dann $[A, B] \leq A$, wenn $B \leq N_G(A)$ ist.

(d) Es ist

$$\begin{aligned} \mu([A, B]) &= \langle \mu([a, b]) | a \in A, b \in B \rangle \\ &= \langle [\mu(a), \mu(b)] | a \in A, b \in B \rangle \\ &= \langle [x, y] | x \in \mu(A), y \in \mu(B) \rangle = [\mu(A), \mu(B)]. \end{aligned}$$

(e) Sei $g \in G$. Nach (d) mit $\mu = i_g$ ist $[A, B]^g = [A^g, B^g] = [A, B]$, da A und B normal in G sind. Also ist $[A, B]$ normal in G.

Da $B \leq N_G(A)$ ist, folgt mit (c) $[A, B] \leq A$. Nach (a) ist $[A, B] = [B, A]$. Da $A \leq N_G(B)$ ist, folgt wieder mit (c) $[A, B] = [B, A] \leq B$, was $[A, B] \leq A \cap B$ ergibt.

(f) Sei $c \in C$. Dann ist nach (d)

$$[A, B]^c = [A^c, B^c] = [A, B].$$

(g) Die Aussage folgt aus (f) mit $A = B = G$ und $C = \mathrm{Aut}(G)$.

(h) Nach (d) ist $[G/K, G/K] = [G, G]K/K = G'K/K$. Nun gilt, dass G/K genau dann abelsch ist, wenn $[G/K, G/K] = K/K$ ist, was aber genau dann gilt, wenn $G'K/K = K/K$ ist. Es ist $G'K = K$ genau dann, wenn $G' \leq K$ ist. Dies ist die Behauptung.

(i) Es ist $[H, G] \leq K$ genau dann, wenn $[H, G]K = K$ ist. Also ist $[H, G] \leq K$ genau dann, wenn $[H, G]K/K = K/K$ ist. Nach (d) gilt dies genau dann, wenn $[H/K, G/K] = K/K$ ist, was dann zu $H/K \leq Z(G/K)$ äquivalent ist. □

Im Rest dieses Abschnittes wollen wir an einigen Anwendungen aufzeigen, wie unsere neuen Techniken eingesetzt werden können.

Lemma 1.2.10. *Sei G eine Gruppe. Dann ist G' der kleinste Normalteiler von G mit abelscher Faktorgruppe.*

Beweis. Nach Lemma 1.2.9 (h) ist G/G' abelsch. Sei umgekehrt K ein Normalteiler von G, so dass G/K abelsch ist. Nach Lemma 1.2.9 (h) ist dann $G' \leq K$, die Behauptung. □

Definition 1.2.11. Ist G eine Gruppe mit $G = G'$, so nennen wir G perfekt.

Perfekte Gruppen werden später noch eine wichtige Rolle spielen.

Lemma 1.2.12. *Seien G eine Gruppe und N ein abelscher Normalteiler von G. Ist G/N perfekt, so ist G' perfekt.*

Beweis. Nach Lemma 1.2.9 (d) ist $G'N/N = (G/N)' = G/N$. Also ist $G'N = G$. Mit den Homomorphiesätzen erhalten wir

$$G/N = G'N/N \cong G'/N \cap G'.$$

Somit ist auch $G'/N \cap G'$ perfekt. Dann folgt wieder mit Lemma 1.2.9 (d)

$$G'/N \cap G' = (G'/N \cap G')' = G''(N \cap G')/N \cap G'.$$

Das liefert nun

$$G' = G''(N \cap G').$$

Also ist $G = G'N = G''(N \cap G')N = G''N$. Mit den Homomorphiesätzen ergibt sich

$$G/G'' = G''N/G'' \cong N/G'' \cap N.$$

Da N abelsch ist, ist dann auch G/G'' abelsch. Mit Lemma 1.2.10 folgt

$$G' \leq G'' \leq G',$$

also $G' = G''$, d. h. G' ist perfekt. □

Lemma 1.2.13. *Sei p eine ungerade Primzahl und sei G eine p-Gruppe. Sind $G = \langle x \mid x^p = 1\rangle$ und $G' \leq Z(G)$, so ist $x^p = 1$ für alle $x \in G$.*

Beweis. Es genügt zu zeigen, dass

$$X = \{x \mid x \in G, x^p = 1\}$$

eine Untergruppe von G ist. Dazu zeigen wir, dass mit $x, y \in X$ auch $xy \in X$ ist.

Seien $x, y \in X$. Nach Annahme ist $[x, y] \in Z(G)$. Also folgt mit Lemma 1.2.3 (c)

$$(xy)^p = x^p y^p [y, x]^{\binom{p}{2}} = x^p y^p ([y, x]^p)^{\frac{p-1}{2}}.$$

Da p ungerade ist, ist $\frac{p-1}{2} \in \mathbb{N}$. Da x und y in X sind, ist $x^p = y^p = 1$. Somit ist

$$(xy)^p = ([y, x]^p)^{\frac{p-1}{2}}.$$

Nach Lemma 1.2.3 (b) ist

$$[y, x]^p = [y^p, x] = 1.$$

Damit erhalten wir $(xy)^p = 1$, d. h. $xy \in X$. □

Beispiel 1.2.14. Für $p = 2$ ist die Aussage aus Lemma 1.2.13 falsch.

Sei dazu $G = \langle (12)(34), (13)(24), (12) \rangle \leq \Sigma_4$. Dann ist $|G| = 8$ und

$$G' = \langle (12)(34) \rangle = Z(G).$$

Aber $(12) \cdot (13)(24) = (1\ 4\ 2\ 3) \in G$ und $o((1\ 4\ 2\ 3)) = 4 \neq 2$.

Das nächste Lemma ist eine typische Anwendung des Drei-Untergruppen-Lemmas.

Lemma 1.2.15. *Seien G eine Gruppe und A eine Untergruppe mit $A' = A$. Sei $x \in G$ mit $[A, \langle x \rangle] \leq Z(A)$. Dann ist $[A, \langle x \rangle] = 1$.*

Beweis. Es ist offenbar $[A, \langle x \rangle, A] = 1 = [\langle x \rangle, A, A]$. Mit dem Drei-Untergruppen-Lemma erhalten wir dann $[A, A, \langle x \rangle] = 1$. Da $A = A'$ ist, folgt

$$1 = [A, A, \langle x \rangle] = [A', \langle x \rangle] = [A, \langle x \rangle].$$ □

Zum Ende dieses Abschnittes wollen wir noch ein Einfachheitskriterium beweisen, das uns später bei der Betrachtung der Linearen Gruppen noch gute Dienste leisten wird.

Satz 1.2.16 (Iwasawa[4] [41]). *Sei Ω eine nicht leere Menge und G eine Untergruppe von Σ_Ω, die primitiv auf Ω operiert. Es gelte:*

(a) *$G = G'$, d. h. G ist perfekt.*

(b) *Sei $w \in \Omega$ fest gewählt. Es enthalte G_w einen auflösbaren Normalteiler K_w mit*

$$G = \langle K_w^g \,|\, g \in G \rangle.$$

Dann ist G einfach.

4 Kenkichi Iwasawa, *11.9.1917; †26.10.1998 in Tokio, japanischer Mathematiker. Iwasawa war Professor am MIT und in Princeton. Er leistete grundlegende Beiträge zur algebraischen Zahlentheorie und zur Lösung des 5. Hilbertproblems. Er arbeitete auch auf dem Gebiet der Gruppentheorie.

Beweis. Sei $1 \neq N \trianglelefteq G$. Wir müssen $N = G$ zeigen. Da $G \leq \Sigma_\Omega$ ist, ist N nicht trivial auf Ω. Also ist nach Satz 1.1.43 N transitiv auf Ω und $G = G_w N$. Da K_w normal in G_w ist, folgt

$$NK_w \trianglelefteq NG_w = G.$$

Wegen (b) ist

$$G = \langle K_w^g \,|\, g \in G\rangle \leq \langle (NK_w)^g \,|\, g \in G\rangle = NK_w.$$

Das liefert $G = NK_w$. Nun erhalten wir mit den Homomorphiesätzen

$$G/N = K_w N/N \cong K_w/N \cap K_w.$$

Da K_w auflösbar ist, ist jetzt auch G/N auflösbar. Mit (a) und Lemma 1.2.9 (d) haben wir $(G/N)' = G'N/N = G/N$. Damit hat nach Lemma 1.2.9 (h) G/N keine nicht trivialen abelschen Faktorgruppen. Da aber G/N auflösbar ist, folgt daraus $G/N = 1$, d. h. $G = N$. □

1.3 Direkte und semidirekte Produkte

In diesem Abschnitt geben wir Methoden an, mit denen wir aus gegebenen Gruppen neue konstruieren können. Wir beginnen mit einer einfachen Konstruktion, die den direkten Summen von Vektorräumen nachempfunden ist.

Definition 1.3.1. Seien $G_1, \dots, G_n$ Normalteiler der Gruppe G. Dann nennen wir G das direkte Produkt der G_i, falls jedes Element $g \in G$ eindeutig in der Form $g = g_1 \cdots g_n$ mit geeigneten $g_i \in G_i$, $i = 1, \dots, n$, geschrieben werden kann.

Wir schreiben dann

$$G = G_1 \times \cdots \times G_n.$$

Wie bei den Vektorräumen haben wir auch bei Gruppen eine weitere Kennzeichnung direkter Produkte.

Lemma 1.3.2. *Sei G eine Gruppe.*

(a) *Seien $G_1, \dots, G_n$ Normalteiler von G. Genau dann ist G das direkte Produkt $G_1 \times \cdots \times G_n$, wenn gilt:*
   (a) *$G = G_1 \cdots G_n$ und*
   (b) *Für jedes $i \in \{1, \dots, n\}$ ist $G_i \cap G_1 \dots G_{i-1} G_{i+1} \dots G_n = 1$.*

(b) *Ist $G = G_1 \times \cdots \times G_n$, so ist $[G_i, G_j] = 1$ für alle verschiedenen $i, j \in \{1, \dots, n\}$.*

Beweis. Man zeigt (a) wie in der Linearen Algebra für Vektorräume.

(b) Nach Lemma 1.2.9 (e) ist für $i \neq j$ stets

$$[G_i, G_j] \subseteq G_i \cap G_j \subseteq G_i \cap G_1 \cdots G_{i-1} G_{i+1} \cdots G_n = 1.$$ □

Die Analogie zu Vektorräumen wird in der Gruppentheorie durch die elementar abelschen Gruppen, die wir jetzt definieren wollen, gegeben.

Definition 1.3.3. Sei p eine Primzahl. Eine p-Gruppe $P \neq 1$ heißt elementar abelsch, wenn P abelsch ist und $x^p = 1$ für alle $x \in P$ gilt.

Das nächste Lemma gibt einen Überblick über alle elementar abelschen p-Gruppen.

Lemma 1.3.4. *Sei P eine elementar abelsche p-Gruppe der Ordnung p^n. Dann gibt es Untergruppen P_i, $i = 1, \dots, n$, von P, die jeweils Ordnung p haben, mit*

$$P = P_1 \times \cdots \times P_n.$$

Beweis. Sei H eine maximale Untergruppe von P. Da nicht triviale Untergruppen von elementar abelschen Untergruppen elementar abelsch sind, können wir $H = 1$ oder $H = P_1 \times \cdots \times P_k$ mit geeigneten Untergruppen P_i, $i = 1, \dots, k$, von H der Ordnung p annehmen. Sei $x \in P \setminus H$. Dann ist $[x, H] = 1$, da P abelsch ist. Weiter ist $|\langle x \rangle| = p$, da P elementar abelsch ist. Also ist $\langle x \rangle \cap H = 1$. Das liefert $H\langle x \rangle = P$, und dann ist $P = H \times \langle x \rangle = P_1 \times \cdots \times P_k \times \langle x \rangle$ bzw. $P = \langle x \rangle$ im Falle $H = 1$. In beiden Fällen haben wir die Behauptung bewiesen. □

Beispiel 1.3.5.
(a) Sei $K = GF(p)$ und $\{0\} \neq V$ ein endlich dimensionaler Vektorraum über K. Dann ist V bezüglich der Addition eine elementar abelsche p-Gruppe.
(b) Sei U eine elementar abelsche p-Gruppe. Wir setzen

$$u_1 + u_2 := u_1 u_2 \text{ für alle } u_1, u_2 \in U$$

und für alle $\lambda \in \mathbb{Z}/p\mathbb{Z}$ und $u \in U$ setzen wir

$$\lambda u := u^\lambda.$$

Dadurch wird U zu einem Vektorraum über $K = \mathbb{Z}/p\mathbb{Z}$.
Wir sehen nun auch, dass jeder Automorphismus von U die Vektorraumstruktur respektiert, somit eine lineare Abbildung ist. Ist also $|U| = p^n$, so ist $\mathrm{Aut}(U)$ zu $\mathrm{GL}_n(p)$, der Gruppe aller invertierbaren $n \times n$-Matrizen über $\mathbb{Z}/p\mathbb{Z}$, isomorph.

Es ist Lemma 1.3.4 nichts weiter als der Satz, dass jeder endlich erzeugte Vektorraum eine Basis hat, bzw. eine direkte Summe von 1-dimensionalen Unterräumen ist.

Elementar abelsche p-Gruppen spielen in der Gruppentheorie als minimale Normalteiler eine wichtige Rolle.

Definition 1.3.6. Seien G eine Gruppe und N ein Normalteiler von G mit $N \neq 1$. Wir nennen N einen minimalen Normalteiler von G, wenn aus $1 \neq M \trianglelefteq G$ und $M \leq N$ stets $M = N$ folgt.

Wir wollen die Struktur der minimalen Normalteiler einer Gruppe bestimmen. Dazu beweisen wir zunächst den folgenden Satz:

Satz 1.3.7. *Seien $1 \neq G$ eine Gruppe und A eine Gruppe, die auf G als Gruppe von Automorphismen operiert. Es gelte:*
Ist $1 \neq M$ ein Normalteiler von G mit $\alpha(M) = M$ für alle $\alpha \in A$, so ist notwendig stets $M = G$.
Dann ist G ein direktes Produkt isomorpher einfacher Gruppen.

Beweis. Sei N ein minimaler Normalteiler von G. Wir setzen

$$T = \langle \alpha(N) \mid \alpha \in A \rangle.$$

Da für jedes $\alpha \in A$ mit N auch $\alpha(N)$ normal in $\alpha(G) = G$ ist, ist T ein Normalteiler von G. Offenbar ist $\alpha(T) = T$ für alle $\alpha \in A$. Da $1 \neq T$ ist, ist nach Annahme $T = G$.

Wir setzen

$$\mathfrak{H} = \{H \mid H \leq G, H = \alpha_1(N) \times \cdots \times \alpha_k(N), \text{ für geeignete } \alpha_1, \ldots, \alpha_k \in A\}.$$

Dann enthält $\mathfrak{H}$ alle direkten Produkte von Bildern von N unter A.

Sei $H \in \mathfrak{H}$, so dass H bezüglich Inklusion maximal ist. Wir wollen annehmen, dass es ein $\alpha \in A$ gibt, so dass $\alpha(N)$ nicht in H ist. Dann ist $\alpha(N) \cap H < \alpha(N)$. Da $\alpha(N)$ und H Normalteiler in G sind, ist auch $\alpha(N) \cap H$ normal in G. Nun ist

$$\alpha^{-1}(\alpha(N) \cap H) \lneqq \alpha^{-1}(\alpha(N)) = N.$$

Damit ist $\alpha^{-1}(\alpha(N) \cap H)$ ein Normalteiler von G, der echt in N enthalten ist. Da aber N ein minimaler Normalteiler war, folgt $\alpha^{-1}(\alpha(N) \cap H) = 1$ und dann auch $\alpha(N) \cap H = 1$. Somit ist $H\alpha(N) = H \times \alpha(N) \in \mathfrak{H}$, was der Maximalität von H widerspricht.

Also gibt es ein solches α nicht. Dies liefert, dass $\alpha(N) \leq H$ für alle $\alpha \in A$ gilt. Hieraus folgt nun $G = T \leq H$ und somit ist

$$G = \alpha_1(N) \times \cdots \times \alpha_k(N).$$

Es bleibt noch zu zeigen, dass alle $\alpha_i(N)$ einfach sind. Sei dazu U ein Normalteiler von $\alpha_1(N)$. Dann ist

$$[U, \alpha_2(N) \times \cdots \times \alpha_k(N)] \leq [\alpha_1(N), \alpha_2(N) \times \ldots \times \alpha_k(N)] = 1.$$

Also sind $\alpha_2(N), \ldots, \alpha_k(N) \leq N_G(U)$. Da auch $\alpha_1(N) \leq N_G(U)$ ist, ist dann U normal in G. Da $\alpha_1(N)$ ein minimaler Normalteiler von G ist, folgt nun $U = 1$ oder $U = \alpha_1(N)$. Somit ist $\alpha_1(N)$ einfach. □

Jetzt sind wir in der Lage, alle minimalen Normalteiler einer Gruppe zu beschreiben.

Satz 1.3.8. *Sei N ein minimaler Normalteiler von G. Dann ist N entweder eine elementar abelsche p-Gruppe für eine Primzahl p oder das direkte Produkt von isomorphen nicht abelschen einfachen Gruppen.*

Beweis. Sei M eine charakteristische Untergruppe von N. Dann ist nach Lemma 1.2.8 (d) M normal in G. Da N ein minimaler Normalteiler von G ist, ist dann $M = 1$ oder $M = N$. Wir wenden nun Satz 1.3.7 auf das Paar N und $A = \mathrm{Aut}(N)$ an. Das liefert, dass N das direkte Produkt von isomorphen einfachen Gruppen N_i ist.

Sei N_i abelsch. Wir wählen ein $x \in N_i$ mit $o(x) = p$, wobei p eine Primzahl ist, die $|N_i|$ teilt. Es ist $[N_i, \langle x \rangle] = 1 \leq \langle x \rangle$. Nach Lemma 1.2.9 (c) ist $\langle x \rangle \trianglelefteq N_i$, also ist $\langle x \rangle = N_i$ und dann $|N_i| = p$. Somit ist N eine elementar abelsche Gruppe. □

Ist G eine Gruppe, so bezeichnen wir mit $\mathrm{Soc}(G)$ das Produkt aller minimalen Normalteiler von G.

Lemma 1.3.9. *Ist $G \neq 1$, so ist $\mathrm{Soc}(G)$ eine nicht triviale charakteristische Untergruppe von G.*

Beweis. Da $\mathrm{Soc}(G)$ das Produkt aller minimalen Normalteiler von G ist und jeder Automorphismus von G minimale Normalteiler wieder auf minimale Normalteiler abbildet, ist $\mathrm{Soc}(G)$ eine charakteristische Untergruppe von G. □

Ist G auflösbar, so kann man mehr sagen.

Lemma 1.3.10. *Ist $G \neq 1$ eine auflösbare Gruppe, so ist $\mathrm{Soc}(G)$ eine nicht triviale abelsche charakteristische Untergruppe von G.*

Beweis. Nach Lemma 1.3.9 ist $\mathrm{Soc}(G)$ eine charakteristische Untergruppe. Sind nun N und M verschiedene minimale Normalteiler von G, so ist $M \cap N = 1$, da auch $M \cap N$ ein Normalteiler von G ist. Also erhalten wir $[N, M] \leq N \cap M = 1$ mit Lemma 1.2.9 (e). Wir müssen somit nur zeigen, dass jeder minimale Normalteiler von G abelsch ist.

Sei N ein minimaler Normalteiler von G. Da G auflösbar ist, ist auch N auflösbar. Da jede nicht triviale auflösbare Gruppe eine nicht triviale abelsche Faktorgruppe hat und $N \neq 1$ ist, hat N eine nicht triviale abelsche Faktorgruppe. Nach Satz 1.3.8 ist N abelsch oder ein direktes Produkt nicht abelscher einfacher Gruppen. Da eine nicht abelsche einfache Gruppe keine nicht trivialen abelschen Faktorgruppen hat, hat dies ein direktes Produkt solcher Gruppen auch nicht. Also muss N abelsch sein. □

Seien G_1, G_2 Untergruppen von G mit $G = G_1G_2$ und $G_1 \cap G_2 = 1$. Sind beide G_i normal in G, so haben wir ein direktes Produkt. Der Fall, dass nur eine der beiden Untergruppen normal ist, spielt aber in der Gruppentheorie die durchaus bedeutendere Rolle. Er wird häufig benutzt, um aus gegebenen Gruppen neue zu konstruieren, die vorgegebene Eigenschaften haben. Diese Situation wollen wir jetzt eingehender untersuchen. Zunächst wollen wir ihr einen eigenen Namen geben.

Definition 1.3.11. Sei G eine Gruppe.

(a) Sei A ein Normalteiler von G. Ein Komplement zu A in G ist eine Untergruppe K von G mit $AK = G$ und $A \cap K = 1$. In diesem Fall nennen wir G ein semidirektes Produkt von A mit K.

(b) Wir nennen G eine Erweiterung einer Gruppe X durch eine Gruppe Y, falls es einen Normalteiler A von G gibt, so dass $A \cong X$ und $G/A \cong Y$ ist. Die Erweiterung heißt zerfallend, falls A ein Komplement in G besitzt.

Beispiel 1.3.12. (a) Sei E eine elementar abelsche Gruppe der Ordnung 4. Dann ist E eine zerfallende Erweiterung von $\mathbb{Z}_2$ mit $\mathbb{Z}_2$:
Sei $x \in E$ mit $o(x) = 2$. Dann sind $\langle x \rangle \cong \mathbb{Z}_2$ und $|E/\langle x \rangle| = 2$. Also haben wir $E/\langle x \rangle \cong \mathbb{Z}_2$. Somit ist E eine Erweiterung von $\mathbb{Z}_2$ mit $\mathbb{Z}_2$. Sei $y \in E \setminus \langle x \rangle$. Dann ist $|\langle y \rangle| = 2$ und somit $\langle y \rangle \times \langle x \rangle = E$. Also zerfällt die Erweiterung.

(b) Sei $E \cong \mathbb{Z}_4$. Dann ist E eine nicht zerfallende Erweiterung von $\mathbb{Z}_2$ mit $\mathbb{Z}_2$:
Sei $x \in E$ mit $o(x) = 2$. Dann ist wieder $\langle x \rangle \cong \mathbb{Z}_2$ und $E/\langle x \rangle \cong \mathbb{Z}_2$. Also ist E eine Erweiterung von $\mathbb{Z}_2$ mit $\mathbb{Z}_2$.
Angenommen, es gibt eine Untergruppe H von E mit $H \cap \langle x \rangle = 1$, so gibt es ein $y \in H$ mit $o(y) = 2$. Dann ist $E = \langle x \rangle \times \langle y \rangle$. Also ist auch $o(xy) = 2$ und dann $z^2 = 1$ für alle $z \in E$. Da E zyklisch ist, gibt es ein Element der Ordnung 4. Dieser Widerspruch zeigt, dass es keine Untergruppe H mit $H \cap \langle x \rangle = 1$ gibt. Also ist die Erweiterung nicht zerfallend.

Bisher sind wir immer von einer gegebenen Gruppe G ausgegangen und haben uns gefragt, ob diese Gruppe ein direktes oder semidirektes Produkt gewisser Untergruppen ist. Wir wollen nun genau andersherum vorgehen. Gegeben sind zwei Gruppen G_1 und G_2 und wir wollen eine neue Gruppe G konstruieren, die eine zerfallende Erweiterung dieser Gruppen ist. Dabei wird das direkte Produkt $G_1 \times G_2$ ein Spezialfall werden.

Satz 1.3.13. *Seien G_1 und G_2 Gruppen und*

$$\alpha : G_2 \to \mathrm{Aut}(G_1)$$

ein Homomorphismus. Wir setzen

$$G = \{(g, h) | g \in G_1, h \in G_2\}$$

und definieren auf G eine Multiplikation durch

$$(g, h)(g', h') = (g\alpha(h)(g'), hh').$$

Damit wird G zu einer Gruppe. Weiter setzen wir

$$\tilde{G}_1 = \{(g, 1) | g \in G_1\} \quad \textit{und} \quad \tilde{G}_2 = \{(1, h) | h \in G_2\}.$$

Dann sind $\tilde{G}_1 \cong G_1$ *und* $\tilde{G}_2 \cong G_2$. *Es ist* $\tilde{G}_1$ *ein Normalteiler von G mit* $G = \tilde{G}_1\tilde{G}_2$, *und* $\tilde{G}_1 \cap \tilde{G}_2 = 1$. *Also ist G ein semidirektes Produkt von* $\tilde{G}_1$ *mit* $\tilde{G}_2$.

Beweis. Wir wollen beispielhaft nur das Assoziativgesetz nachrechnen. Seien dazu $g_1, g_2, g_3 \in G_1$ und $h_1, h_2, h_3 \in G_2$. Es ist

$$\begin{aligned}(g_1, h_1)[(g_2, h_2)(g_3, h_3)] &= (g_1, h_1)(g_2\alpha(h_2)(g_3), h_2h_3)\\ &= (g_1\alpha(h_1)(g_2\alpha(h_2)(g_3)), h_1h_2h_3)\end{aligned}$$

und

$$\begin{aligned}[(g_1, h_1)(g_2, h_2)](g_3, h_3) &= (g_1\alpha(h_1)(g_2), h_1h_2)(g_3, h_3)\\ &= (g_1\alpha(h_1)(g_2)\alpha(h_1h_2)(g_3), h_1h_2h_3).\end{aligned}$$

Weiter ist

$$\begin{aligned}\alpha(h_1)(g_2\alpha(h_2)(g_3)) &= (\alpha(h_1)(g_2))(\alpha(h_1)\alpha(h_2)(g_3))\\ &= (\alpha(h_1)(g_2))\alpha(h_1h_2)(g_3).\end{aligned}$$

Damit ist

$$g_1\alpha(h_1)(g_2\alpha(h_2)(g_3)) = g_1(\alpha(h_1)(g_2))\alpha(h_1h_2)(g_3)$$

und dann

$$(g_1, h_1)[(g_2, h_2)(g_3, h_3)] = [(g_1, h_1)(g_2, h_2)](g_3, h_3).$$

Somit gilt das Assoziativgesetz.

Das Einselement ist (1,1). Das Inverse zu (g, h) ist $(\alpha(h^{-1})(g^{-1}), h^{-1})$.

Da $(g_1, 1)(g_2, 1) = (g_1\alpha(1)(g_2), 1) = (g_1g_2, 1)$ ist, ist $\tilde{G}_1 \cong G_1$. Weiter ist $\tilde{G}_2 \cong G_2$, da $(1, h_1)(1, h_2) = (1, h_1h_2)$ ist. Schließlich ist

$$(g, 1)(1, h) = (g\alpha(1)(1), h) = (g, h).$$

Also ist $\tilde{G}_1\tilde{G}_2 = G$ und $\tilde{G}_1 \cap \tilde{G}_2 = 1$.

Es bleibt zu zeigen, dass $\tilde{G}_1$ normal in G ist. Dazu genügt es, $\tilde{G}_2 \le N_G(\tilde{G}_1)$ zu zeigen. Seien also $(g, 1) \in \tilde{G}_1$ und $(1, h) \in \tilde{G}_2$. Dann ist

$$\begin{aligned}(g, 1)^{(1,h)} &= (1, h^{-1})(g, 1)(1, h)\\ &= (\alpha(h^{-1})(g), h^{-1})(1, h)\\ &= (\alpha(h^{-1})(g)\alpha(h^{-1})(1), 1)\\ &= (\alpha(h^{-1})(g), 1) \in \tilde{G}_1.\end{aligned}$$

□

Bemerkung 1.3.14. Die in Satz 1.3.13 konstruierte Gruppe G nennen wir auch das semidirekte Produkt von G_1 mit G_2 (wobei wir korrekterweise sagen sollten: semidirektes Produkt bezüglich α) und schreiben dafür auch $G = G_1G_2$, indem wir G_1 mit $\tilde{G}_1$ und G_2 mit $\tilde{G}_2$ identifizieren.

Dies bedeutet dann

$$G = \{gh | g \in G_1, h \in G_2\}.$$

Dabei gilt für alle $g \in G_1$ und $h \in G_2$:

$$g^h = h^{-1}gh = \alpha(h^{-1})(g).$$

Weiter haben wir für alle $g_1, g_2 \in G_1$ und $h_1, h_2 \in G_2$:

$$(g_1h_1)(g_2h_2) = (g_1g_2^{h_1^{-1}})(h_1h_2).$$

Wenn man einfach in einer Gruppe G mit Normalteiler G_1 und Komplement G_2 die Elemente g_1h_1 und g_2h_2 multipliziert, kommt man auf genau die obige Formel. Daher ist die für das semidirekte Produkt benutzte Multiplikation im Nachhinein völlig natürlich, obwohl sie auf den ersten Blick seltsam aussieht.

Häufig ist in der Anwendung klar, welches α gemeint ist. Dann sprechen wir einfach von dem semidirekten Produkt von G_1 mit G_2.

Beispiel 1.3.15.
(a) Seien G_1, G_2 Gruppen und $\alpha : G_2 \to \mathrm{Aut}(G_1)$ der triviale Homomorphismus, also $\alpha(h) = id_{G_1}$ für alle $h \in G_2$. Dann ist das semidirekte Produkt von G_1 mit G_2 bezüglich α isomorph zum direkten Produkt:
Für alle $g \in G_1$ und $h \in G_2$ gilt dann $[(g, 1), (1, h)] = 1$, so dass beide Gruppen $\tilde{G}_1$ und $\tilde{G}_2$ normal in G sind. Also ist $G = \tilde{G}_1 \times \tilde{G}_2 \cong G_1 \times G_2$.
(b) Seien $G_1 = \langle g \rangle \cong \mathbb{Z}_3$ und $G_2 = \langle h \rangle \cong \mathbb{Z}_2$. Es ist $|\mathrm{Aut}(G_1)| = 2$. Somit ist $\mathrm{Aut}(G_1) \cong G_2$. Sei $\alpha : G_2 \to \mathrm{Aut}(G_1)$ ein Isomorphismus. Dann ist $\alpha(h)(g) = g^2$.
Sei nun G das semidirekte Produkt von G_1 mit G_2 zu α. Da $|G : G_2| = 3$ ist, ist nach Lemma 1.1.13 die Faktorgruppe $G/\,\mathrm{Core}_G(G_2)$ zu einer Untergruppe von Σ_3 isomorph.
Es ist G_1 normal in G. Wäre auch G_2 normal in G, so folgte, dass $[G_1, G_2] = 1$ ist. Dann wäre G abelsch, was $\alpha(h)(g) = g^2$ widerspricht. Somit ist $\mathrm{Core}_G(G_2) = 1$. Insbesondere ist $G \cong \Sigma_3$.

1.4 Abelsche Gruppen

Wir wollen uns in diesem Abschnitt mit einer Klasse von Gruppen beschäftigen, die eine recht einfache Struktur haben, den endlichen abelschen Gruppen. Wir werden diese alle bestimmen. Zunächst beginnen wir mit den zyklischen Gruppen.

Satz 1.4.1. *Sei G eine endliche zyklische Gruppe mit $|G| = n$. Dann ist $G \cong \mathbb{Z}/n\mathbb{Z}$.*

Beweis. Da G zyklisch ist, gibt es ein $g \in G$ mit $G = \langle g \rangle$. Da $|G| = n$ ist, hat g die Ordnung n. Zur Erinnerung: Es ist n die kleinste natürliche Zahl mit $g^n = 1$.

Wir definieren

$$\alpha : \mathbb{Z} \to G$$

so, dass für alle $i \in \mathbb{Z}$ gilt:

$$\alpha(i) = g^i.$$

Dann ist α ein Homomorphismus. Sei $i \in \ker \alpha$. Dann ist $g^i = 1$. Da $o(g) = n$ ist, ist dann n ein Teiler von i. Also besteht $\ker \alpha$ genau aus den durch n teilbaren Zahlen, d. h. $\ker \alpha = n\mathbb{Z}$. Mit dem Homomorphiesatz folgt

$$G \cong \mathbb{Z}/n\mathbb{Z}.$$ □

Bemerkung 1.4.2. Genauso kann man zeigen, dass jede unendliche zyklische Gruppe zu $\mathbb{Z}$ isomorph ist.

Lemma 1.4.3. *Eine endliche zyklische Gruppe besitzt zu jedem Teiler m ihrer Ordnung genau eine Untergruppe dieser Ordnung m.*

Beweis. Wir können nach Satz 1.4.1 annehmen, dass $G = \mathbb{Z}/n\mathbb{Z}$, mit $n \in \mathbb{N}$, ist. Sei m ein Teiler von n und $d = \frac{n}{m}$. Dann ist $d\mathbb{Z}/n\mathbb{Z} = U$ eine Untergruppe von G mit $|U| = m$.

Seien andererseits U eine Untergruppe von G mit $|U| = m$ und $x + n\mathbb{Z} \in U$. Nach dem Satz von Lagrange ist dann $m(x + n\mathbb{Z}) = nZ$. Somit ist $mx \in n\mathbb{Z}$. Das liefert $mx = ny$ für geeignetes $y \in \mathbb{Z}$. Dann ist d ein Teiler von x. Damit erhalten wir $x + n\mathbb{Z} \in d\mathbb{Z}/n\mathbb{Z}$, d. h. $d\mathbb{Z}/n\mathbb{Z} = U$ ist die einzige Untergruppe der Ordnung m. □

Für spätere Anwendungen wollen wir uns noch die Automorphismen zyklischer Gruppen ansehen.

Lemma 1.4.4. *Seien p eine Primzahl und P eine zyklische Gruppe der Ordnung p^a mit $a \geq 1$. Dann ist $|\operatorname{Aut}(P)| = \varphi(p^a) = p^{a-1}(p-1)$ (φ die Eulersche φ-Funktion).*

Beweis. Da P zyklisch ist, gibt es ein $g \in P$ mit $P = \langle g \rangle$. Sei nun $\alpha \in \operatorname{Aut}(P)$. Dann ist $\alpha(g) = g^i$ für ein geeignetes $i \in \mathbb{Z}$. Da α ein Automorphismus ist, ist $\langle g \rangle = \langle g^i \rangle$. Das liefert

$$o(g) = o(g^i) = \frac{o(g)}{\operatorname{ggT}(o(g), i)}.$$

Da $o(g) = o(g^i)$ ist, folgt $\operatorname{ggT}(o(g), i) = 1$. Es ist $\varphi(o(g))$ genau die Anzahl der i mit $1 \leq i \leq o(g)$ und $\operatorname{ggT}(o(g), i) = 1$. Somit ist

$$|\operatorname{Aut}(P)| \leq \varphi(o(g)).$$

Umgekehrt ist für jedes $i \in \mathbb{N}$ mit $1 \leq i \leq o(g)$ und $\mathrm{ggT}(o(g), i) = 1$ die Abbildung α mit

$$\alpha(g) = g^i$$

ein Automorphismus. Also ist

$$|\operatorname{Aut}(P)| = \varphi(p^a). \qquad \square$$

Lemma 1.4.4 zeigt sogar etwas mehr. Wir erhalten auch, dass $\operatorname{Aut}(P)$ genau aus den Abbildungen

$$g \to g^i \text{ mit } \mathrm{ggT}(o(g), i) = 1$$

besteht.

Wir wollen nun die Struktur der endlichen abelschen Gruppen bestimmen. Das nächste Lemma, das im Wesentlichen eine Anwendung des Satzes von Sylow ist, reduziert das Problem auf die Bestimmung der abelschen p-Gruppen.

Lemma 1.4.5. *Sei A eine endliche abelsche Gruppe der Ordnung n mit der Primfaktorzerlegung $n = \prod_{i=1}^t p_i^{e_i}$, $p_1, \ldots, p_t$ paarweise verschiedene Primzahlen und $e_1, \ldots, e_t \in \mathbb{N}$. Dann erhält A Untergruppen A_i der Ordnung $p_i^{e_i}$ und A ist das direkte Produkt dieser A_i.*

Beweis. Die Existenz der A_i mit $|A_i| = p_i^{e_i}$ folgt aus dem Satz von Sylow. Da A abelsch ist, sind die A_i normal in A. Weiter ist $A = A_1 A_2 \cdots A_t$.

Sei $x \in A_j \cap \prod_{i \neq j} A_i$. Dann ist $o(x)$ ein Teiler von $\mathrm{ggT}(p_j^{e_j}, |\prod_{i \neq j} A_i|)$. Aber p_j ist kein Teiler von $|\prod_{i \neq j} A_i|$ und somit ist $x = 1$. Damit ist nach Lemma 1.3.2

$$A = A_1 \times \cdots \times A_t. \qquad \square$$

Nun kommen wir zum Hauptresultat dieses Abschnittes.

Satz 1.4.6. *Sei A eine endliche abelsche Gruppe. Dann ist A ein direktes Produkt von zyklischen Gruppen.*

Beweis. Nach Lemma 1.4.5 können wir annehmen, dass A eine p-Gruppe ist. Weiter können wir $A \neq 1$ annehmen. Wir wählen ein $a \in A$ mit $o(a) = p^n$ maximal und setzen $B = \langle a \rangle$. Wegen der Maximalität der Ordnung gilt dann:

$$b^{p^n} = 1 \text{ für alle } b \in A. \tag{1}$$

$$\text{Ist } x \in A \text{ mit } x^m \in B \text{ für ein } m \in \mathbb{N}, \text{ so gibt es ein } y \in B \text{ mit } x^m = y^m: \tag{2}$$

Zum Beweis sei $m = p^i s$ mit $p \nmid s$. Dann ist auch $\mathrm{ggT}(p^n, s) = 1$, also gibt es $u, v \in \mathbb{Z}$ (siehe [60, Satz 1.22]) mit

$$us + vp^n = 1.$$

Das liefert

$$p^i = up^i s + vp^{i+n} = um + vp^{i+n}.$$

Nach (1) ist $x^{p^n} = 1$. Also ist

$$x^{p^i} = x^{um} x^{vp^{i+n}} = x^{um} \in B.$$

Somit ist $x^{p^i} = a^t$ für geeignetes t. Wir können annehmen, dass $x^{p^i} \neq 1$ ist, da sonst $x^m = 1$ ist, und dann $y = 1$ in (2) gewählt werden kann.

Sei $o(x) = p^j$. Da $x^{p^i} \neq 1$ ist, ist $j > i$. Es ist

$$1 = x^{p^j} = (x^{p^i})^{p^{j-i}} = a^{tp^{j-i}}.$$

Da $o(a) = p^n$ ist, folgt nun $p^n | tp^{j-i}$. Da nach (1) $j \leq n$ ist, ist dann p^i ein Teiler von t. Wir setzen nun

$$t = p^i k$$

und zeigen, dass (2) mit $y = a^k$ erfüllt ist. Es ist

$$x^m = x^{p^i s} = a^{ts} = a^{p^i ks} = y^{p^i s} = y^m.$$

Das ist (2).

$$\text{Ist } xB \in A/B, \text{ so gibt es ein } z \in xB \text{ mit } o(z) = o(xB): \tag{3}$$

Zum Beweis sei $o(xB) = m$ mit $m \in \mathbb{N} \cup \{0\}$, also $x^m \in B$. Nach (2) existiert ein $y \in B$ mit $x^m = y^m$. Mit $z = xy^{-1}$ erhalten wir $z^m = 1$. Da $zB = xB$ ist, ist m ein Teiler von $o(z)$. Das liefert $o(z) = m$.

Wir beweisen nun die Behauptung des Satzes durch Induktion nach $|A|$.

Da $|A/B| < |A|$ ist, ist

$$A/B = \prod_{i=0}^{n} Z_i,$$

wobei die Z_i zyklische Gruppen sind. Also gibt es $x_i \in A$ mit $Z_i = \langle x_i B \rangle$. Nach (3) gibt es $z_i \in x_i B$ mit $o(z_i) = o(x_i B)$. Wir setzen jetzt $C_i = \langle z_i \rangle$. Dann gilt $C_i \cap B = 1$ für alle i. Da $C_i B/B = Z_i$ ist, gilt auch $C_i \cap C_j = 1$ für $i \neq j$. Weiter ist

$$A = BC_1 \cdots C_n.$$

Sei $x \in C_i \cap B(\prod_{j \neq i} C_j)$. Dann ist $xB \in Z_i \cap \prod_{j \neq i} Z_j = B$, was $x \in B \cap C_i = 1$ liefert. Insbesondere erhalten wir $C_1 \cdots C_n = C_1 \times \cdots \times C_n$. Für die Ordnungen gilt dann $|\prod_{i=1}^n C_i| = |\prod_{i=1}^n Z_i| = |A/B|$. Nun ist $|A| = |A/B||B| = |\prod_{i=1}^n C_i||B|$. Da $B(\prod_{i=1}^n C_i) = A$ ist, haben wir andererseits

$$|A| = |B||\prod_{i=1}^{n} C_i| / |B \cap \prod_{i=1}^{n} C_i|.$$

Somit ist $B \cap \prod_{i=1}^n C_i = 1$. Nun folgt $A = B \times C_1 \times \cdots \times C_n$ mit Lemma 1.3.2. □

Eine wichtige Folgerung ist:

Korollar 1.4.7. *Sei A eine abelsche p-Gruppe. Hat A genau eine Untergruppe der Ordnung p, so ist A zyklisch.*

Beweis. Nach Satz 1.4.6 hat A nur einen zyklischen Faktor A_1. Also folgt $A = A_1$ und A ist zyklisch. □

Bemerkung 1.4.8. Für ungerade Primzahlen p gilt sogar: Ist P eine p-Gruppe mit genau einer Untergruppe der Ordnung p, so ist P zyklisch. Für $p = 2$ ist dies falsch, wie Übung 13 zeigt.

1.5 Normalreihen

Wir wollen uns jetzt die feinere Struktur endlicher Gruppen anschauen. Es wird sich herausstellen, dass sich endliche Gruppen G als eine Folge von Erweiterungen einfacher Gruppen durch einfache Gruppen darstellen lassen. Dabei sind diese einfachen Gruppen durch die Gruppe G eindeutig vorgegeben. Somit sind sie so etwas wie die Primzahlen der Gruppentheorie. Allerdings werden wir sehen, dass die Analogie nicht so weit geht, dass, wie die Primfaktorzerlegung eine Zahl eindeutig bestimmt, auch diese einfachen Gruppen die Gruppe G eindeutig bestimmen.

Zunächst verallgemeinern wir den Normalteilerbegriff.

Definition 1.5.1. (a) Seien G und A Gruppen. Ist π ein Homomorphismus

$$\pi : A \to \mathrm{Aut}(G),$$

so sagen wir, dass A (als Gruppe von Automorphismen) auf G (bzgl. π) operiert.

(b) Es operiere A auf G (bzgl. π). Wir nennen eine Untergruppe U von G eine A-invariante Untergruppe, falls $\pi(A)(U) \subseteq U$ gilt.

(c) Eine Normalreihe der Länge n von G ist eine Reihe von Untergruppen $G_0, \ldots, G_n$ von G mit

$$1 = G_0 \trianglelefteq \cdots \trianglelefteq G_n = G.$$

Operiert A auf G, so heißt die Reihe A-invariant, falls jedes G_i selbst A-invariant ist.

Ist $A = \{i_g | g \in G\} = \mathrm{Inn}(G)$, so bedeutet A-invariant das gleiche wie normal. Ist $A = \mathrm{Aut}(G)$, so ist A-invariant das gleiche wie charakteristisch. Wir wollen die Definition an einem Beispiel verdeutlichen.

Beispiel 1.5.2. Seien $G = \{(12)(34), (13)(24), (14)(23), id\} \leq \Sigma_4$ und $A = \mathbb{Z}/3\mathbb{Z}$.

Es ist G normal in Σ_4. Sei $\alpha = (1, 3, 2) \in \Sigma_4$. Dann ist

$$[(12)(34)]^\alpha = (13)(24), [(13)(24)]^\alpha = (14)(23) \text{ und } [(14)(23)]^\alpha = (12)(34).$$

Also ist α ein Automorphismus der Ordnung 3 von G.

Es sind A und $\langle\alpha\rangle$ beides zyklische Gruppen von der Ordnung 3. Also sind sie isomorph. Somit operiert A bzgl. eines solchen Isomorphismus auf G.

Als Nächstes wollen wir sehen, wie sich der Begriff der Normalreihe mit Faktorgruppen und Untergruppen verträgt.

Lemma 1.5.3. *Es operiere A auf G. Sei $1 = G_0 \trianglelefteq \cdots \trianglelefteq G_n = G$ eine A-invariante Normalreihe von G und H eine A-invariante Untergruppe. Dann gilt:*

(a) *Ist H normal in G, so operiert A auf G/H vermöge $gH \to (\pi(a)g)H$.*

(b) *Ist U eine A-invariante Untergruppe von G, so ist $U \cap H$ eine A-invariante Untergruppe von U. Ist H normal in G, so ist UH/H eine A-invariante Untergruppe von G/H.*

(c) *Es ist $1 = G_0 \cap H \trianglelefteq \cdots \trianglelefteq G_n \cap H = H$ eine A-invariante Normalreihe von H.*

(d) *Ist H normal in G, so ist*

$$1 = G_0H/H \trianglelefteq \cdots \trianglelefteq G_nH/H = G/H$$

eine A-invariante Normalreihe von G/H.

Beweis. (a) Es ist klar, dass $gH \to (\pi(a)g)H$ ein Automorphismus von G/H ist.

(b) Es sind $\pi(A)U \subseteq U$ und $\pi(A)H \subseteq H$. Also sind $\pi(A)(U \cap H) \subseteq U \cap H$ und $\pi(A)(UH) \subseteq UH$. Damit ist $U \cap H$ also A-invariant. Mit (a) und dem Homomorphiesatz folgt, dass dann UH/H auch A-invariant ist.

(c)+(d) Es sind $G_i \cap H$ normal in $G_{i+1} \cap H$ und G_iH/H normal in $G_{i+1}H/H$ für alle $i \in \{0, \cdots, n-1\}$. Also sind die angegebenen Reihen jeweils Normalreihen. Dass sie A-invariant sind, folgt mit (b). □

Wir kommen nun zu einer für das Folgende sehr wichtigen Definition.

Definition 1.5.4. Eine Untergruppe H von G heißt subnormal in G, falls es eine Reihe $G_0, \ldots, G_n$ von Untergruppen von G mit

$$H = G_0 \trianglelefteq G_1 \trianglelefteq \cdots \trianglelefteq G_n = G$$

gibt. Wir schreiben dann $H \trianglelefteq\trianglelefteq G$.

Wir wissen, dass der Normalteilerbegriff nicht transitiv ist. Der Subnormalteilerbegriff ist einfach die transitive Erweiterung des Normalteilerbegriffes. Es folgt sofort aus der Definition, dass $A \trianglelefteq\trianglelefteq B \trianglelefteq\trianglelefteq G$ dann $A \trianglelefteq\trianglelefteq G$ zur Folge hat.

Lemma 1.5.5. *Sei X ein Subnormalteiler von G und $H \le G$. Dann gilt*
(a) *$X \cap H$ ist subnormal in H.*
(b) *Ist H normal in G, so ist XH/H subnormal in G/H.*

Beweis. Sei $X = G_0 \trianglelefteq G_1 \trianglelefteq \cdots \trianglelefteq G_n = G$ eine Reihe von X nach G. Dann ist

$$H \cap X = G_0 \cap H \trianglelefteq G_1 \cap H \trianglelefteq \cdots G_n \cap H = H.$$

Also ist $H \cap X$ subnormal in H, was (a) beweist.

Da H normal in G ist, folgt

$$XH/H = G_0H/H \trianglelefteq G_1H/H \trianglelefteq \cdots \trianglelefteq G_nH/H = G/H,$$

was XH/H subnormal in G/H liefert. Das ist (b). □

Eine weitere Eigenschaft des Subnormalteilerbegriffes ist, dass er mit einer Zahl n daherkommt. Ist n die Länge einer kürzesten Reihe, so werden Induktionsbeweise nach einem solchen n möglich. Dazu liefern wir im nächsten Lemma ein wichtiges Hilfsmittel.

Lemma 1.5.6. *Sei $X = G_0 \trianglelefteq G_1 \trianglelefteq \cdots G_{n-1} \trianglelefteq G_n = G$. Dann ist entweder $X = G$ oder $G \neq \langle X^G \rangle \le G_{n-1}$.*

Beweis. Sei $X \neq G$. Dann ist $G_0 \neq G_n$, also ist $X \le G_{n-1}$ und wir können $G_{n-1} \neq G$ annehmen. Das liefert $\langle X^G \rangle \le \langle G_{n-1}^G \rangle = G_{n-1}$ und $\langle X^G \rangle \neq G$. □

Ist $X \neq G$ und $X = G_0 \trianglelefteq G_1 \trianglelefteq \cdots G_{n-1} \trianglelefteq G_n = G$ eine kürzeste Reihe von X nach G, d. h. die G_i sind alle verschieden, so liefern die Durchschnitte der G_i mit $\langle X^G \rangle$ eine kürzere Reihe von X nach $\langle X^G \rangle \le G_{n-1}$. Damit können Induktionsbeweise angestrebt werden. Im Beweis des nächsten Lemmas wollen wir dieses Verfahren anwenden.

Lemma 1.5.7. *Es operiere A auf der Gruppe G. Sei X eine A-invariante subnormale Untergruppe von G. Dann gibt es eine A-invariante Reihe*

$$X = G_0 \trianglelefteq G_1 \trianglelefteq \cdots \trianglelefteq G_n = G.$$

Beweis. Wir beweisen die Aussage durch Induktion nach der Länge n einer kürzesten Reihe

$$X = G_0 \trianglelefteq \cdots \trianglelefteq G_n = G.$$

Ist $X = G$, so sind wir fertig. Nach Lemma 1.5.6 können wir also $\langle X^G \rangle \le G_{n-1} \neq G$ annehmen.

Es ist $\langle X^G \rangle$ A-invariant und

$$X = G_0 \trianglelefteq \langle X^G \rangle \cap G_1 \trianglelefteq \cdots \trianglelefteq \langle X^G \rangle \cap G_{n-1} = \langle X^G \rangle$$

eine Reihe von X nach $\langle X^G \rangle$, die kleinere Länge hat. Per Induktion existiert dann eine A-invariante Reihe von X nach $\langle X^G \rangle$. Diese können wir durch $\langle X^G \rangle \triangleleft G$ fortsetzen. Damit gibt es eine A-invariante Reihe von X nach G. □

Wir wollen nun noch den Begriff der einfachen Gruppe erweitern, indem wir den Begriff des Operierens mit hinzunehmen. Grob gesagt wollen wir mit einer Gruppe auf G operieren und nur die unter dieser Operation invarianten Normalteiler betrachten.

Definition 1.5.8. Seien A und G Gruppen, wobei A auf G operiere.

(a) Wir sprechen von einer A-einfachen Gruppe G, wenn $G \neq 1$ ist, und weiterhin 1 und G die beiden einzigen A-invarianten Normalteiler von G sind. Wir sagen auch, dass A irreduzibel auf G operiert, falls G eine A-einfache elementar abelsche Gruppe ist.

(b) Eine A-invariante Normalreihe von G heißt A-Kompositionsreihe, wenn jeder Faktor G_{i+1}/G_i eine A-einfache Gruppe ist.

Ist $A = 1$, so ist A-einfach das Gleiche wie einfach. Für $A = 1$ sagen wir statt A-Kompositionsreihe auch einfach Kompositionsreihe. Die G_{i+1}/G_i nennen wir die A-Kompositionsfaktoren.

Da A-Kompositionsreihen im weiteren Verlauf keine große Bedeutung haben, geben wir den nächsten Satz ohne Beweis an.

Satz 1.5.9 (Jordan[5]-Hölder[6] [36], [44]). *Es operiere A auf G. Dann besitzt G eine A-Kompositionsreihe*

$$1 = G_0 \trianglelefteq \cdots \trianglelefteq G_n = G.$$

Ist

$$1 = H_0 \trianglelefteq \cdots \trianglelefteq H_m = G$$

eine weitere A-Kompositionsreihe von G, so ist $n = m$ und es gibt eine Permutation δ von $\{G_i/G_{i-1} | 1 \leq i \leq n\}$, so dass die Operationen von A auf $\delta(G_i/G_{i-1})$ und auf H_i/H_{i-1} für alle $1 \leq i \leq n$, äquivalent sind.

Ist z. B. $A = 1$, so besagt dieser Satz, dass der Gruppe G in eindeutiger Weise einfache Gruppen (mit Vielfachheiten) zugeordnet sind, nämlich die Kompositionsfaktoren. Die einfachen Gruppen sind sozusagen die Bausteine der endlichen Gruppe, ähnlich den Primzahlen. Allerdings geht die Analogie nicht ganz so weit. Die Primfaktorzerlegung bestimmt eine natürliche Zahl eindeutig. Die Kompositionsfaktoren bestimmen die Gruppe nicht eindeutig, wie das folgende Beispiel zeigt.

---

5 Camille Jordan, *5.1.1838 Lyon; †21.1.1922 Mailand, Professor in Paris, Hauptarbeitsgebiet Algebra, insbesondere Gruppentheorie.

6 Otto Ludwig Hölder, *22.12.1859 Stuttgart; †29.8.1937 Leipzig. Hölder war ab 1899 Professor in Leipzig. Er arbeitete auf dem Gebiet der Potentialtheorie, aber auch in der Gruppentheorie, wo er unter anderem alle einfachen Gruppen bis zur Ordnung 200 klassifizierte. Mit seinem Namen sind viele Begriffe der Analysis verbunden.

Beispiel 1.5.10. Sei $G = \mathbb{Z}_6$. Dann gibt es eine Normalreihe $1 = G_0 \trianglelefteq G_1 \trianglelefteq G$ mit $G_1/G_0 \cong \mathbb{Z}_2$ und $G/G_1 \cong \mathbb{Z}_3$. Dies ist eine Kompositionsreihe. Es gibt aber auch eine Kompositionsreihe $1 = H_0 \trianglelefteq H_1 \trianglelefteq G$ mit $H_1 \cong \mathbb{Z}_3$ und $G/H_1 \cong \mathbb{Z}_2$.

Ist $G = \Sigma_3$, so ist $1 \trianglelefteq A_3 \trianglelefteq G$ eine Kompositionsreihe. Jetzt sind $A_3 \cong \mathbb{Z}_3$ und $G/A_3 \cong \mathbb{Z}_2$.
Also sind die Kompositionsfaktoren die gleichen wie oben, aber im ersten Fall ist G abelsch, im zweiten nicht.

Satz 1.5.11. *Es operiere A auf der Gruppe G. Sei X eine A-invariante subnormale Untergruppe von G. Dann gilt*
(a) *Die A-Kompositionsfaktoren von X sind A-Kompositionsfaktoren von G.*
(b) *Ist X normal in G, so sind die A-Kompositionsfaktoren von G genau die A-Kompositionsfaktoren von X zusammen mit denen von G/X.*

Beweis. Nach Lemma 1.5.7 gibt es eine A-invariante Normalreihe von G, die X enthält. Diese können wir zu einer A-Kompositionsreihe verfeinern. Nun folgt die Behauptung mit Satz 1.5.9. □

1.6 Nilpotente Gruppen

In diesem Abschnitt studieren wir eine sehr wichtige Klasse von Gruppen, die die Klasse der p-Gruppen verallgemeinert. Sie wird uns zu einer Gruppe führen, der Fittinggruppe, die zumindest in auflösbaren Gruppen die Struktur dominiert.

Wir verallgemeinern zunächst den Begriff des Zentrums einer Gruppe.

Definition 1.6.1. Sei G eine Gruppe. Setze $Z_0(G) = 1, Z_1(G) = Z(G)$, und für alle $i \in \mathbb{N}$ sei

$$Z_{i+1}(G)/Z_i(G) = Z(G/Z_i(G)).$$

Wir nennen $Z_i(G)$ das i-te Zentrum von G und

$$Z_0(G) \leq Z_1(G) \leq \cdots \leq Z_i(G) \leq \cdots$$

die aufsteigende Zentralreihe von G. Wir nennen G nilpotent, falls $Z_n(G) = G$ für geeignetes $n \in \mathbb{N} \cup \{0\}$ gilt. Ist $Z_n(G) = G$ und ist n minimal mit dieser Eigenschaft, so nennen wir $n + 1$ die Länge der aufsteigenden Zentralreihe.

Lemma 1.6.2. *Für alle $i \in \mathbb{N} \cup \{0\}$ ist $Z_i(G)$ eine charakteristische Untergruppe von G.*

Beweis. Ist $\alpha \in \mathrm{Aut}(G)$, so ist $Z_0(G)^\alpha = 1^\alpha = 1 = Z_0(G)$. Weiter wissen wir bereits, dass $Z(G)^\alpha = Z(G)$ ist. Sei für ein $i \in \mathbb{N}$ schon $Z_i(G)^\alpha = Z_i(G)$ gezeigt. Dann ist $Z(G/Z_i(G))^\alpha = Z(G/Z_i(G))$, also folgt $Z_{i+1}(G)^\alpha = Z_{i+1}(G)$. □

Als Nächstes verallgemeinern wir den Begriff der Kommutatorgruppe und erhalten dann eine absteigende Reihe.

Definition 1.6.3. Sei G eine Gruppe. Wir definieren Gruppen $K_k(G)$ durch die Festsetzung $K_1(G) = G$ und

$$K_k(G) = \langle [x_1, \ldots, x_k] | x_i \in G \rangle \text{ für alle } k \in \mathbb{N} \text{ mit } k > 1.$$

Lemma 1.6.4. *Sei G eine Gruppe.*
(a) *Für alle $k \in \mathbb{N}$ ist $K_k(G) \geq K_{k+1}(G)$.*
(b) *Für alle $k \in \mathbb{N}$ ist $K_k(G)$ eine charakteristische Untergruppe von G.*

Beweis. (a) Die Behauptung folgt aus

$$[x_1, \ldots, x_{k+1}] = [[x_1, x_2], \ldots, x_{k+1}] \in K_k(G).$$

(b) Dies folgt mit Lemma 1.2.9 (d). □

Für die Bestimmung der $K_k(G)$ ist der folgende Satz hilfreich.

Satz 1.6.5. *Ist G eine Gruppe und $k \in \mathbb{N}$, so ist $K_{k+1}(G) = [K_k(G), G]$.*

Beweis. Wegen $[x_1, \ldots, x_{k+1}] = [[x_1, \ldots, x_k], x_{k+1}]$ ist $K_{k+1}(G) \subseteq [K_k(G), G]$. Sei $y \in K_k(G)$ und $g \in G$. Ist y ein Kommutator der Länge k, so ist $[y, g] \in K_{k+1}(G)$. Ist y^{-1} ein Kommutator der Länge k, so ist

$$[y, g]^{y^{-1}} [y^{-1}, g] \underset{\text{Lemma 1.2.2 (b)}}{=} [yy^{-1}, g] = 1 \in K_{k+1}(G).$$

Da $[y^{-1}, g] \in K_{k+1}(G)$ ist, ist dann auch $[y, g] \in K_{k+1}(G)$.

Angenommen, es gebe ein $y \in K_k(G)$ mit $[y, g] \notin K_{k+1}(G)$. Wir haben $y = \prod_{i=1}^{t} y_i^{\pm 1}$ mit Kommutatoren y_i der Länge k. Wir wählen y mit t minimal. Dann ist $t \geq 2$. Also ist $y = y_1 x$, mit $[x, g] \in K_{k+1}(G)$ und $[y_1, g] \in K_{k+1}(G)$. Nun ist wieder mit Lemma 1.2.2 (b)

$$[y, g] = [y_1 x, g] = [y_1, g]^x [x, g] \in K_{k+1}(G),$$

ein Widerspruch. Also ist $[K_k(G), G] \subseteq K_{k+1}(G)$. □

Korollar 1.6.6. *Sei G eine Gruppe.*
(a) *Für jedes $k \in \mathbb{N}$ ist $K_k(G)/K_{k+1}(G) \subseteq Z(G/K_{k+1}(G))$.*
(b) *Für alle $m, n \in \mathbb{N}$ ist $[K_m(G), K_n(G)] \leq K_{m+n}(G)$.*

Beweis. (a) Sei $g \in G$. Nach Satz 1.6.5 ist $[K_k(G), g] \leq K_{k+1}(G)$. Also ist

$$[g, K_k(G)/K_{k+1}(G)] = 1.$$

Damit ist $K_k(G)/K_{k+1}(G) \leq Z(G/K_{k+1}(G))$.

(b) Wir beweisen die Behauptung durch Induktion nach n. Für $n = 1$ ist dies Satz 1.6.5. Sei ab jetzt $n \geq 2$. Per Induktion ist

$$[[G, K_m(G)], K_{n-1}(G)] \underset{\text{Satz 1.6.5}}{=} [K_{m+1}(G), K_{n-1}(G)] \leq K_{m+n}(G)$$

und

$$[[K_m(G), K_{n-1}(G)], G] \leq [K_{m+n-1}(G), G] \underset{\text{Satz 1.6.5}}{=} K_{m+n}(G).$$

Nach dem Drei-Untergruppen-Lemma ist dann auch

$$[K_n(G), K_m(G)] \underset{\text{Satz 1.6.5}}{=} [K_{n-1}(G), G, K_m(G)] \leq K_{m+n}(G),$$

die Behauptung. □

Wir verallgemeinern nun den Begriff der aufsteigenden Zentralreihe.

Definition 1.6.7. Sei G eine Gruppe.

(a) Die Reihe

$$K_1(G) \geq K_2(G) \geq \cdots \geq K_i(G) \geq \cdots$$

heißt absteigende Zentralreihe von G. Ist $K_n(G) = 1$ und n minimal mit dieser Eigenschaft, so nennen wir n die Länge der absteigenden Zentralreihe.

(b) Seien $A_1, \ldots, A_n$ Normalteiler von G, so dass für alle $i \in \{1, \ldots, n-1\}$ stets $A_i \geq A_{i+1}$ gilt. Weiter sei $A_1 = G$. Dann heißt

$$A_1 \geq A_2 \geq \cdots \geq A_n$$

eine Zentralreihe, falls stets

$$A_i / A_{i+1} \leq Z(G/A_{i+1})$$

ist.

Der nächste Satz zeigt, dass jede Zentralreihe in einem gewissen Sinn zwischen der aufsteigenden und der absteigenden Zahlenreihe liegt.

Satz 1.6.8. *Es sei $G = A_1 \geq A_2 \geq \cdots \geq A_{r+1} = 1$ eine Zentralreihe. Für jedes $i \in \{1, \ldots, r+1\}$ und jedes $j \in \{0, \ldots, r\}$ ist dann $A_i \geq K_i(G)$ und $A_{r+1-j} \leq Z_j(G)$.*

Beweis. Es ist $G = A_1 = K_1(G)$. Sei $K_s(G) \leq A_s$ für ein s bereits gezeigt. Dann ist mit Satz 1.6.5

$$K_{s+1}(G) = [K_s(G), G] \leq [A_s, G] \leq A_{s+1}.$$

Damit ist $K_i(G) \leq A_i$ für alle i gezeigt.

Es ist $A_{r+1} = 1 = Z_0(G)$. Sei wieder bereits $A_{r+1-s} \leq Z_s(G)$ gezeigt. Es ist

$$[A_{r+1-(s+1)}, G] = [A_{r-s}, G] \leq A_{r-s+1} \leq Z_s(G).$$

Also ist $A_{r+1-(s+1)} Z_s(G)/Z_s(G) \leq Z(G/Z_s(G))$, was $A_{r+1-(s+1)} Z_s(G) \leq Z_{s+1}(G)$ liefert. Damit ist $A_{r+1-j} \leq Z_j(G)$ für alle $j \in \{0, \ldots, r\}$ gezeigt. □

Satz 1.6.8 sagt auch: Wenn irgend eine Zentralreihe bei 1 endet, so endet die absteigende Zentralreihe bei 1 und die aufsteigende Zentralreihe bei G. Insbesondere ist dann G nilpotent. Der nächste Satz zeigt, dass dann auch die Längen gleich sind.

Satz 1.6.9. *Sei G nilpotent. Dann sind die Längen der aufsteigenden und der absteigenden Zentralreihe gleich.*

Beweis. Es gibt ein $m \in \mathbb{N} \cup \{0\}$ mit $Z_0(G) < Z(G) < \cdots < Z_m(G) = G$, da G nilpotent ist. Wir setzen $A_1 = Z_m(G)$ und $A_i = Z_{m+1-i}(G)$, also $Z_0(G) = A_{m+1}$. Dann liefert Satz 1.6.8 $A_{m+1} \geq K_{m+1}(G)$, also ist $K_{m+1}(G) = 1$.

Sei nun umgekehrt $r \in \mathbb{N}$ mit

$$G = K_1(G) > K_2(G) \cdots > K_r(G) = 1.$$

Dann ist $r \leq m + 1$. Nach Korollar 1.6.6 ist dies eine Zentralreihe von G. Nach Satz 1.6.8 ist $G = K_1(G) = K_{r-(r-1)}(G) \leq Z_{r-1}(G)$. Also ist $r - 1 \geq m$, was dann $r = m + 1$ liefert. □

Dies führt nun zu der folgenden Definition.

Definition 1.6.10. Sei G eine nilpotente Gruppe. Besitzt die aufsteigende Zentralreihe die Länge $c + 1$, d. h. $Z_c(G) = G$, so nennen wir G nilpotent von der Klasse c.

In vielen Fällen ist es in nilpotenten Gruppen einfacher, mit den Kommutatoren zu arbeiten als mit den Zentren. Davon werden wir im Folgenden häufig Gebrauch machen.

Satz 1.6.11. *Untergruppen und Faktorgruppen nilpotenter Gruppen sind nilpotent.*

Beweis. Sei G nilpotent von der Klasse c. Für jede Untergruppe U von G und für alle k ist $K_k(U) \leq K_k(G)$, nach Definition von $K_k(U)$. Also ist $K_{c+1}(U) \leq K_{c+1}(G) = 1$. Nach Satz 1.6.8 ist dann U nilpotent.

Sei nun $N \trianglelefteq G$. Es ist

$$\begin{aligned} K_{c+1}(G/N) &= \langle [g_1N, \ldots, g_{c+1}N], g_i \in G \rangle \\ &\underset{\text{Lemma 1.2.9 (d)}}{=} \langle [g_1, \ldots, g_{c+1}]N \mid g_i \in G \rangle \\ &= K_{c+1}(G)N/N = N/N. \end{aligned}$$ □

Wir wollen in Satz 1.6.15 eine Kennzeichnung nilpotenter Gruppen angeben. Der nächste Satz ist ein Spezialfall, aber ein wichtiger, dieses zentralen Satzes.

Satz 1.6.12. *Seien G nilpotent von der Klasse c und H eine Untergruppe von G. Wir setzen $H_0 = H$ und für $i \in \mathbb{N} \cup \{0\}$ setzen wir $H_{i+1} = N_G(H_i)$. Dann ist $H_c = G$.*

Beweis. Offenbar gilt $1 = Z_0(G) \leq H_0$. Wir zeigen $H_i \geq Z_i(G)$ für alle i. Sei bereits $H_m \geq Z_m(G)$ gezeigt und $x \in Z_{m+1}(G)$. Dann ist $[\langle x \rangle, H_m] \leq Z_m(G) \leq H_m$. Nach Lemma 1.2.9 (c) ist $x \in N_G(H_m) = H_{m+1}$. Also ist $Z_{m+1}(G) \leq H_{m+1}$. Nun folgt die Behauptung mit $G = Z_c(G) \leq H_c$. □

Korollar 1.6.13. *Ist G eine nilpotente Gruppe, so ist jede Untergruppe H von G subnormal.*

Beweis. Sei c die Klasse von G. Nach Satz 1.6.12 gibt es dann eine Normalreihe $H = H_0 \trianglelefteq H_1 \trianglelefteq \cdots \trianglelefteq H_c = G$ mit $H_i = N_G(H_{i-1}), i = 1, \ldots, c$. Also ist H eine subnormale Untergruppe. □

Lemma 1.6.14. *Ist P eine p-Gruppe, so ist P nilpotent.*

Beweis. Für jedes $i \in \mathbb{N} \cup \{0\}$ ist $P/Z_i(P)$ wieder eine p-Gruppe. Ist $P \neq Z_i(P)$, so ist $Z(P/Z_i(P)) \neq 1$ nach Lemma 1.1.10. Somit ist $Z_{i+1}(P) > Z_i(P)$. Damit gibt es ein $m \in \mathbb{N} \cup \{0\}$ mit $Z_m(P) = P$. □

Wir kommen nun zu dem wichtigsten Satz über nilpotente Gruppen, der unter anderem besagt, dass nilpotente Gruppen im Wesentlichen p-Gruppen sind, es also zum Verständnis nilpotenter Gruppen ausreicht, die p-Gruppen zu verstehen. Die Theorie der p-Gruppen wird in diesem Buch nicht thematisiert. Wer hier mehr erfahren will, sei auf das Buch von Bertram Huppert [38] oder das modernere Buch von Evgenii Khukhro [46] verwiesen. Der folgende Satz 1.6.15 besagt auch, dass Korollar 1.6.13 nilpotente Gruppen kennzeichnet.

Satz 1.6.15. *Die folgenden Eigenschaften der Gruppe G sind äquivalent:*
(a) *G ist nilpotent.*
(b) *Ist U eine echte Untergruppe von G, so ist U eine echte Untergruppe von $N_G(U)$.*
(c) *Ist M eine maximale Untergruppe von G, so ist M normal in G.*
(d) *Ist P eine Sylow-p-Untergruppe von G, so ist P normal in G. Insbesondere ist G das direkte Produkt seiner Sylowgruppen.*

Beweis. (a) ⇒ (b) Dies folgt aus Korollar 1.6.13.

(b) ⇒ (c) Nach Annahme ist $N_G(M) > M$. Da M eine maximale Untergruppe ist, ist dann $G = N_G(M)$.

(c) ⇒ (d) Sei P eine Sylow-p-Untergruppe von G und $N = N_G(P)$. Ist $N \neq G$, so wählen wir M maximal in G mit $N \leq M$ und $M \neq G$. Nach Annahme ist dann M normal in G. Mit dem Frattini-Argument (Lemma 1.1.26) erhalten wir $G = MN_G(P) = M$, ein Widerspruch. Also ist $N = G$ und P ist eine normale Untergruppe von G.

(d) ⇒ (a) Da nach Annahme G das direkte Produkt seiner Sylowgruppen ist, können wir $G = P_1 \times \cdots \times P_r$ schreiben, wobei die P_i Sylow-p_i-Untergruppen für verschiedene Primzahlen p_i sind.

Nach Lemma 1.6.14 sind alle P_i nilpotent. Somit gibt es für jedes $i = 1, \ldots, r$ ein m_i mit $K_{m_i}(P_i) = 1$. Wir setzen jetzt $m = max\{m_1, \ldots, m\}$. Dann ist offenbar $K_m(P_i) = 1$ für alle i. Da $K_m(G) = K_m(P_1) \times \cdots \times K_m(P_r)$ ist, wie man leicht nachrechnet, ist $K_m(G) = 1$. Nach Satz 1.6.8 ist dann G nilpotent. □

Manchmal ist noch das folgende Lemma, das wieder eine Kennzeichnung nilpotenter Gruppen liefert, nützlich:

Lemma 1.6.16. *Sei G eine Gruppe. Dann sind äquivalent:*
(a) *G ist nilpotent.*
(b) *Für alle Primzahlen p ist das Produkt von p-Elementen wieder ein p-Element.*
(c) *Sind p und q verschiedene Primzahlen und ist x ein p-Element und y ein q-Element, so ist $xy = yx$.*

Beweis. (a) ⇒ (b) Seien x und y zwei p-Elemente in G. Nach Satz 1.6.15 hat G nur eine Sylow-p-Untergruppe P. Also sind $x, y \in P$ und dann auch $xy \in P$.

(b) ⇒ (a) Sei $X = \{x | x \in G, x \text{ ist } p\text{-Element}\}$. Nach Annahme ist X eine Untergruppe von G und somit eine p-Gruppe. Hieraus folgt, dass X die einzige Sylow-p-Untergruppe von G ist. Nach Satz 1.6.15 ist dann G nilpotent.

(a) ⇒ (c) Sei x ein p-Element und y ein q-Element. Da G nilpotent ist, gibt es genau eine Sylow-p-Untergruppe P von G und genau eine Sylow-q-Untergruppe Q von G. Also ist $x \in P$ und $y \in Q$. Weiter ist nach Lemma 1.2.9 (c)

$$[x, y] \in [P, Q] \leq P \cap Q = 1.$$

(c) ⇒ (a) Sei P eine Sylow-p-Untergruppe von G und Q eine Sylow-q-Untergruppe von G mit $p \neq q$. Dann ist nach Annahme

$$[P, Q] = \langle [x, y] | x \in P, y \in Q \rangle = 1.$$

Also ist Q in $N_G(P)$ enthalten. Damit enthält $N_G(P)$ für jede Primzahl q eine Sylow-q-Untergruppe von G. Aus Ordnungsgründen folgt dann $N_G(P) = G$. Somit ist P normal in G. Mit Satz 1.6.15 erhalten wir, dass G nilpotent ist. □

Im nächsten Satz werden wir zeigen, dass es einen eindeutig bestimmten maximalen nilpotenten Normalteiler in der Gruppe G gibt. Dieser spielt bei Strukturuntersuchungen eine wichtige Rolle.

Satz 1.6.17. *Sei G eine Gruppe.*
(a) *Sind N und M nilpotente Normalteiler von G, so ist NM ein nilpotenter Normalteiler von G.*
(b) *Sei $F(G)$ das Produkt aller nilpotenten Normalteiler von G. Dann ist $F(G)$ nilpotent. Ist $G \neq 1$ und G auflösbar, so ist $F(G) \neq 1$.*

Beweis. (a) Nach Satz 1.6.15 besitzen N und M für jede Primzahl p jeweils genau eine Sylow-p-Untergruppe N_p bzw. M_p. Wir zeigen, dass N_pM_p die einzige Sylow-p-Untergruppe von NM ist.

Zunächst einmal ist N_p charakteristisch in N und M_p charakteristisch in M. Da N und M beide normal in G sind, sind dann auch N_p und M_p beide normal in G. Also ist N_pM_p normal in G. Insbesondere ist N_pM_p normal in NM.

Wir müssen also nur zeigen, dass N_pM_p eine Sylow-p-Untergruppe von NM ist, was gleichwertig dazu ist, dass $|NM/N_pM_p|$ nicht durch p geteilt wird.

Sei zunächst X eine Sylow-p-Untergruppe von $N \cap M$. Dann ist X eine p-Untergruppe in N und M, also $X \leq N_p \cap M_p \leq N \cap M$. Somit ist $N_p \cap M_p$ eine Sylow-p-Untergruppe von $N \cap M$.

Damit sind $|N/M_p|$, $|N/N_p|$ und $|M \cap N/M_p \cap N_p|$ nicht durch p teilbar.

Das liefert, dass auch

$$|NM/N_pM_p| = \frac{|N|\ M|}{|N \cap M|} \frac{|N_p \cap M_p|}{|N_p||M_p|} = \frac{|N|}{|N_p|} \frac{|M|}{|M_p|} \left(\frac{|M \cap N|}{|M_p \cap N_p|} \right)^{-1}$$

nicht durch p teilbar ist.

Also ist N_pM_p die einzige Sylow-p-Untergruppe von NM. Nach Satz 1.6.15 ist dann NM nilpotent.

(b) Nach (a) ist $F(G)$ nilpotent. Sei jetzt zusätzlich $G \neq 1$ und auflösbar. Nach Lemma 1.3.10 gibt es in G einen nicht trivialen abelschen Normalteiler N. Da N nilpotent ist, ist $1 \neq N \leq F(G)$. □

Wir nennen die Gruppe $F(G)$ aus Satz 1.6.17 (b) die Fittinggruppe[7] von G.

Der wichtigste Satz über die Fittinggruppe ist der folgende:

Satz 1.6.18. *Sei G eine Gruppe.*

(a) *Es ist $F(G)$ eine charakteristische Untergruppe von G.*

(b) *Es enthält $C_G(F(G))F(G)/F(G)$ keinen von 1 verschiedenen auflösbaren Normalteiler von $G/F(G)$. Insbesondere ist $C_G(F(G)) \leq F(G)$, falls G auflösbar ist.*

(c) *Ist N ein minimaler Normalteiler von G, so ist $F(G) \leq C_G(N)$.*

Beweis. (a) Da $F(G)$ der größte nilpotente Normalteiler ist und nilpotente Normalteiler von G unter Automorphismen von G wieder auf nilpotente Normalteiler abgebildet werden, ist $F(G)$ charakteristisch in G.

(b) Sei K eine Untergruppe von $C_G(F(G))F(G)$, die $F(G)$ enthält. Ist $K/F(G)$ ein auflösbarer Normalteiler in $G/F(G)$, so wollen wir zeigen, dass $K = F(G)$ ist. Nach Lemma 1.3.10 enthält $K/F(G)$ eine charakteristische abelsche Untergruppe (was offenbar auch für $K/F(G) = 1$ richtig ist), die dann in $G/F(G)$ normal ist. Also genügt es, $K = F(G)$ für $K/F(G)$ abelsch zu zeigen. Wir nehmen ab jetzt an, dass $K/F(G)$ abelsch ist.

Wir setzen $C = K \cap C_G(F(G))$. Dann ist C normal in G und $K = CF(G)$. Es ist

$$K/C \cong F(G)C/C \cong F(G)/F(G) \cap C.$$

7 Hans Fitting, *13.11 1906 Mönchengladbach; †15.6 1938 Königsberg. H. Fitting studierte in Göttingen und Leipzig und habilitierte sich in Königsberg, wo er ab 1937 Vorlesungen als Privatdozent hielt. Sein Arbeitsgebiet war die Algebra. In der Gruppentheorie entwickelte er mit der Fittinggruppe ([23]) ein grundlegendes Konzept.

Somit ist nach Satz 1.6.11 K/C nilpotent. Dann gibt es ein c mit $K_c(K) \leq C$. Weiter erhalten wir

$$K_{c+1}(K) \underset{\text{Satz 1.6.5}}{=} [K_c(K), K] \leq C \cap K' \leq C \cap F(G) \leq Z(F(G)).$$

Die vorletzte Ungleichung gilt, da $K/F(G)$ abelsch ist. Die letzte Ungleichung gilt, da $C_G(F(G)) \cap F(G) = Z(F(G))$ ist. Nun ist

$$[K, Z(F(G))] \leq [C_G(F(G))F(G), Z(F(G))] = 1.$$

Da $F(G) \leq K$ ist, folgt dann $Z(F(G)) \leq Z(K)$. Also ist

$$K_{c+1}(K) \leq Z(K)$$

und dann

$$K_{c+2}(K) = 1.$$

Somit ist nach Satz 1.6.8 K nilpotent. Da K normal in G ist, ist $K \leq F(G)$.

(c) Sei P eine Sylow-p-Untergruppe von $F(G)$. Da P charakteristisch in $F(G)$ und $F(G)$ normal in G ist, ist P normal in G. Da N ein minimaler Normalteiler von G ist, ist entweder $P \cap N = 1$ oder $N \leq P$.

Im ersten Fall ist $[P, N] \leq P \cap N = 1$, also $P \leq C_G(N)$. Im zweiten Fall ist nach Lemma 1.1.10 $N \cap Z(P) \neq 1$. Da $Z(P)$ charakteristisch in P ist, ist $N \cap Z(P)$ normal in G. Da N ein minimaler Normalteiler ist, folgt nun $N \leq Z(P)$ und dann wieder $P \leq C_G(N)$.

Da $F(G)$ nach Satz 1.6.15 das Produkt seiner Sylowgruppen ist, erhalten wir dann $F(G) \leq C_G(N)$. □

Beispiel 1.6.19.

(a) Sei $G = \Sigma_4$. Es ist $N = \langle (12)(34), (13)(24) \rangle$ die einzige Sylow-2-Untergruppe von A_4, also ist N normal in G. Da N abelsch ist, ist $N \leq F(G)$. Da G keine normale Sylow-3-Untergruppe (z. B. $\langle\langle(123)\rangle\rangle \neq \langle\langle(234)\rangle\rangle$) besitzt, ist $F(G)$ eine 2-Gruppe. Auch hat G keine normale Sylow-2-Untergruppe (z. B. hat $(12)(23)$ die Ordnung 3), also ist $N = F(G)$.

(b) Sei $G = \mathbb{Z}_2 \times A_5$. Da A_5 einfach und nicht abelsch ist, ist $F(G) \cap A_5 = 1$. Also ist $F(G) = Z(G)$. Damit ist $G = C_G(F(G))$.
Dieses Beispiel zeigt, dass Satz 1.6.18 (b) ohne die Auflösbarkeitsvoraussetzung falsch ist.

Sei G eine auflösbare Gruppe. Dann ist $F(G)$ ein direktes Produkt von p-Gruppen für verschiedene Primzahlen p. Weiter ist $C_G(F(G)) = Z(F(G))$. Also haben wir, dass $G/Z(F(G))$ isomorph zu einer Untergruppe der Automorphismengruppe von $F(G)$ ist und somit eingebettet in ein Produkt von Automorphismengruppen der einzelnen p-Gruppen ist. Damit haben wir das Studium der auflösbaren Gruppen auf das von p-Gruppen und ihren Automorphismengruppen zurückgeführt. Wir werden dazu später sehen, dass wir dies häufig auf das Studium von Vektorräumen und ihren linearen Abbildungen, also die Lineare Algebra, zurückführen können. Hierin liegt die tiefere Bedeutung der Fittinggruppe.

Definition 1.6.20. Seien G eine Gruppe und π eine Menge von Primzahlen. Mit π' bezeichnen wir die in der Menge der Primzahlen komplementäre Menge, also alle Primzahlen, die nicht in π liegen.

(a) Mit $O_\pi(G)$ bezeichnen wir den größten Normalteiler N von G, für den alle Primteiler von $|N|$ in π liegen. Besteht π nur aus einer Primzahl p, so schreiben wir statt $O_{\{p\}}(G)$ und $O_{\{p\}'}(G)$ einfach $O_p(G)$ beziehungsweise $O_{p'}(G)$.

(b) Sind $\pi_1, \ldots, \pi_r$ Primzahlmengen, so bezeichnen wir mit $O_{\pi_1,\pi_2}(G)$ das volle Urbild von $O_{\pi_2}(G/O_{\pi_1}(G))$ und allgemein mit $O_{\pi_1,\ldots,\pi_r}(G)$ das volle Urbild von $O_{\pi_r}(G/O_{\pi_1,\ldots,\pi_{r-1}}(G))$.

Zum Abschluss noch zwei Anwendungen:

Satz 1.6.21. *Sei G eine auflösbare Gruppe und p eine Primzahl. Ist $O_{p'}(G) = 1$, so ist $C_G(O_p(G)) \leq O_p(G)$.*

Beweis. Es ist $O_p(G) \leq F(G)$. Da $O_{p'}(G) = 1$ ist, ist $F(G)$ eine p-Gruppe. Also ist $O_p(G) = F(G)$. Nun folgt die Behauptung mit Satz 1.6.18 (b). □

Das nächste Lemma besagt, dass die Fittinggruppe nicht nur der größte nilpotente Normalteiler von G ist, sondern auch der größte nilpotente Subnormalteiler.

Lemma 1.6.22. *Sei A ein nilpotenter Subnormalteiler von G. Dann ist $A \leq F(G)$.*

Beweis. Sei

$$A = A_0 \trianglelefteq \cdots \trianglelefteq A_n = G$$

eine kürzeste Reihe von A nach G. Ist $A = G$, so ist $A = G = F(G)$, was die Behauptung ist. Also können wir $A \neq G$ annehmen. Per Induktion nach n ist dann $A \leq F(A_{n-1})$. Nach Satz 1.6.18 (a) ist $F(A_{n-1})$ char $A_{n-1} \trianglelefteq G$. Also ist $F(A_{n-1})$ normal in G und dann $F(A_{n-1}) \leq F(G)$. Somit ist $A \leq F(G)$. □

1.7 Die verallgemeinerte Fittinggruppe

Wir wollen Satz 1.6.18 wieder aufgreifen und uns mit den Fällen beschäftigen, in denen $C_G(F(G)) \nleq F(G)$ ist. Wir wollen eine Gruppe definieren, die, wie die Fittinggruppe in auflösbaren Gruppen, auch in nicht auflösbaren Gruppen die Struktur der Gruppe dominiert. Natürlich sollte diese Gruppe im Fall einer auflösbaren Gruppe genau die Fittinggruppe sein. Eine wesentliche Rolle werden sogenannte Komponenten einer Gruppe spielen, auf deren Definition wir jetzt hinarbeiten werden.

Definition 1.7.1. Eine Gruppe G heißt quasieinfach, falls $G' = G$ und $G/Z(G)$ einfach ist.

Lemma 1.7.2. *Sei $G/Z(G)$ eine nicht abelsche einfache Gruppe. Dann ist G' quasieinfach und $G = G'Z(G)$.*

Beweis. Wir setzen $Y = G'$ und $G^* = G/Z(G)$. Dann ist Y^* normal in G^*. Da G^* einfach ist, ist $Y^* = 1$ oder $Y^* = G^*$. Da G^* nicht abelsch ist, folgt $Y^* = G^*$. Also ist $YZ(G) = G$. Weiter erhalten wir $Y = [G, G] = [YZ(G), YZ(G)] = [Y, Y] = Y'$ und $Y/Y \cap Z(G) \cong G^*$. Da offenbar $Z(Y) = Z(G) \cap Y$ ist, ist $Y/Z(Y)$ einfach, und Y ist quasieinfach. □

Lemma 1.7.3. *Seien G quasieinfach und H subnormal in G. Dann ist $H = G$ oder $H \leq Z(G)$.*

Beweis. Ist $H \not\leq Z(G)$, so ist $G = HZ(G)$, da $G/Z(G)$ einfach ist. Also erhalten wir $G = G' = H' \leq H$. □

Definition 1.7.4. Einen quasieinfachen Subnormalteiler von G nennen wir eine Komponente von G und schreiben $\mathrm{Comp}(G)$ für die Menge der Komponenten von G. Wir bezeichnen mit $E(G)$ die von den Komponenten von G erzeugte Untergruppe.

Man beachte die Analogie zur Fittinggruppe. Diese war das Erzeugnis aller nilpotenten Subnormalteiler (Lemma 1.6.22) und $E(G)$ ist das Erzeugnis aller quaiseinfachen Subnormalteiler.

Wir wollen nun die Komponenten von G näher studieren und damit dann auch die Struktur von $E(G)$ bestimmen, die überraschend einfach ist.

Lemma 1.7.5. *Ist H eine subnormale Untergruppe von G, so sind die Komponenten von H genau die Komponenten von G, die in H liegen.*

Beweis. Ist L subnormal in H, so ist L auch subnormal in G. Also sind die Komponenten von H auch Komponenten von G. Sei umgekehrt $L \in \mathrm{Comp}(G)$ mit $L \leq H$. Nach Lemma 1.5.5 (a) ist dann L subnormal in H, also ist $L \in \mathrm{Comp}(H)$. □

Entscheidend für das Studium der Struktur von $E(G)$ ist das nächste Lemma.

Lemma 1.7.6. *Seien L eine Komponente von G und H subnormal in G. Dann ist entweder L eine Komponente von H oder $[L, H] = 1$.*

Beweis. Sei G ein minimales Gegenbeispiel. Nach Lemma 1.7.3 ist $L \neq G$. Dann ist nach Lemma 1.5.6 $X = \langle L^G \rangle \neq G$.

Weiter ist $H \neq G$. Dann ist nach Lemma 1.5.6 $Y = \langle H^G \rangle \neq G$. Nach Lemma 1.7.5 ist L eine Komponente von X. Da $X \cap Y$ normal in X ist, folgt, da G ein minimales Gegenbesipiel ist, $L \in \mathrm{Comp}(X \cap Y)$ oder $[L, X \cap Y] = 1$.

Sei $L \in \mathrm{Comp}(X \cap Y)$. Nach Lemma 1.7.5 ist $L \in \mathrm{Comp}(Y)$. Da $H \leq Y \neq G$ ist, gilt die Behauptung für das Paar (L, Y) und dann auch für (L, G), ein Widerspruch.

Sei $[L, X \cap Y] = 1$. Dann ist $[Y, L, L] \leq [Y, X, L] \leq [X \cap Y, L] = 1$. Mit dem Drei-Untergruppen-Lemma folgt dann $[L, L, Y] = 1$. Da $L = L'$ ist, ist dann $[L, Y] = 1$. Also folgt $[L, H] = 1$, ein Widerspruch. □

Korollar 1.7.7. *Verschiedene Komponenten von G sind elementweise vertauschbar.*

Beweis. Seien L_1, L_2 zwei Komponenten. Da beide subnormal in G sind, folgt mit Lemma 1.7.6 dann $L_1 = L_2$ oder $[L_1, L_2] = 1$. □

Lemma 1.7.8. *Seien L eine Komponente von G und H eine L-invariante Untergruppe von G. Dann gilt*
(a) *L ist eine Komponente von H oder $[L, H] = 1$.*
(b) *Ist H auflösbar, so ist $[L, H] = 1$.*

Beweis. (b) folgt aus (a), da $\mathrm{Comp}(H) = \emptyset$ für auflösbares H gilt. Wir müssen also nur (a) zeigen. Da nach Lemma 1.5.5 (a) L subnormal in LH ist, können wir annehmen, dass $G = LH$ ist. Dann ist H normal in G und die Behauptung folgt mit Lemma 1.7.6. □

Nun sind wir in der Lage, die Struktur von $E(G)$ anzugeben.

Satz 1.7.9. *Mit den Bezeichnungen $E = E(G)$, $Z = Z(E)$ und $E^* = E/Z$ gilt:*
(a) $Z = \langle Z(L) | L \in \mathrm{Comp}(G) \rangle$.
(b) *E^* ist das direkte Produkt von Gruppen L^* mit $L \in \mathrm{Comp}(G)$.*
(c) *Ist $\mathrm{Comp}(G) = \{L_1, \ldots, L_n\}$, so ist $E(G) = L_1 \cdots L_n$, wobei $[L_i, L_j] = 1$ für alle $i \neq j$ gilt.*

Beweis. Die Aussage (c) steht in Korollar 1.7.7. Weiter gilt $\langle Z(L) | L \in \mathrm{Comp}(G) \rangle \leq Z$ nach (c). Damit haben wir dann auch (b). Wegen $L = L'$ für jede Komponente erhalten wir mit Korollar 1.7.7 schließlich auch (a). □

Wir haben in Satz 1.6.18 (b) gesehen, dass es in $C_G(F(G))/Z(F(G))$ keine auflösbaren Normalteiler von $G/Z(F(G))$ gibt. Im nächsten Lemma wollen wir die minimalen Normalteiler dieser Gruppe studieren und feststellen, dass diese bereits durch $E(G)Z(F(G))/Z(F(G))$ eingefangen werden.

Lemma 1.7.10. *Wir setzen $G^* = G/Z(F(G))$. Seien S^* das Produkt der minimalen Normalteiler von $C_G(F(G))^*$ und S das volle Urbild. Dann ist $E(G) = S'$ und $S = E(G)Z(F(G))$.*

Beweis. Wir setzen $Z = Z(F(G))$ und $H = C_G(F(G))$. Sei Y^* der größte auflösbare Normalteiler von H^*. Nach Satz 1.6.18 ist $Y^* = 1$. Satz 1.3.8 liefert, dass jeder minimale Normalteiler von H^* ein direktes Produkt von nicht abelschen einfachen

Gruppen ist. Gemäß Lemma 1.7.5 sind diese Faktoren Komponenten von H^*. Also ist $S^* \leq E(H^*)$. Seien nun K^* eine Komponente von H^* und K das volle Urbild. Es liefert Lemma 1.7.2, dass K' quasieinfach und $K = K'Z$ ist. Weiter erhalten wir mit Lemma 1.7.5, dass K' eine Komponente von G ist. Somit ist $S \leq E(G)Z$. Also folgt $E(G) \leq H$ mit Lemma 1.7.8. Sei nun L eine Komponente von G und $M = \langle L^H \rangle$. Nach Lemma 1.7.6 ist M^* ein minimaler Normalteiler von H^*. Also ist $M \leq S$. Dann ist $S = E(G)Z$. Lemma 1.7.2 liefert schließlich $E(G) = S'$. □

Definition 1.7.11. Setze $F^*(G) = E(G)F(G)$. Wir nennen $F^*(G)$ die verallgemeinerte Fittinggruppe von G.

Die Gruppe $F^*(G)$ wurde zuerst von H. Bender [8] eingeführt und untersucht. Wir wollen zeigen, dass $F^*(G)$ die eingangs angesprochenen Eigenschaften hat.

Satz 1.7.12. *Es ist* $[F(G), E(G)] = 1$.

Beweis. Dies folgt aus Lemma 1.7.8 (b). □

Nun können wir das Analogon von Satz 1.6.18 für beliebige Gruppen beweisen.

Satz 1.7.13. *Es ist* $C_G(F^*(G)) \leq F^*(G)$.

Beweis. Für den Beweis setzen wir $H = C_G(F^*(G))$, $K = C_G(F(G))$, $Z = Z(F(G))$ und $G^* = G/Z$. Dann ist H^* normal in K^*. Ist $H^* \neq 1$, so enthält H^* einen minimalen Normalteiler von K^*. Nach Lemma 1.7.10 ist dann $H \cap E(G) \neq Z$, ein Widerspruch. □

Beispiel 1.7.14. Wir greifen die Beispiele aus Abschn. 1.6 auf. Es ist

$$F^*(\Sigma_4) = F(\Sigma_4) = \langle (12)(34), (13)(24) \rangle.$$

Ist $G = \mathbb{Z}_2 \times A_5$, so ist $E(G) = A_5$ und $G = F^*(G)$.

So wie $F(G)$ die Struktur auflösbarer Gruppen dominiert, dominiert nun $F^*(G)$ die Struktur beliebiger Gruppen.
Wir haben $C_G(F^*(G)) \leq Z(F^*(G))$. Also ist $G/Z(F^*(G))$ isomorph zu einer Untergruppe der Automorphismengruppe von $F^*(G)$.

Die Struktur von $F^*(G)$ ist relativ einfach. Wir haben ein Produkt von p-Gruppen mit einem Produkt quasieinfacher Gruppen. Die Automorphismengruppe, in die $G/Z(F^*(G))$ eingebettet ist, ist ein Produkt der Automorphismengruppe von $F(G)$ und der von $E(G)$. Sei $E(G) = L_1 \cdots L_r$ ein Produkt der Komponenten L_i, $i = 1, \dots, r$. Indem wir isomorphe Komponenten zusammenfassen, können wir $E(G)$ als Produkt $E_1E_2 \cdots E_t$ schreiben, wobei die E_i jeweils aus isomorphen Komponenten bestehen und keine Komponente von E_i zu einer von E_j, für $i \neq j$, isomorph ist. Die Automorphismengruppe von $E(G)$ ist dann ein direktes Produkt der Automorphismengruppen der einzelnen E_i. Die Automorphismengruppe von E_i ist ein

Produkt der Automorphismengruppen der einzelnen Komponenten von E_i mit Σ_s, wobei s die Anzahl der Komponenten in E_i ist. Die symmetrische Gruppe Σ_s permutiert diese Komponenten.

Im nächsten Kapitel werden wir uns dann folgerichtig mehr mit Automorphismengruppen beschäftigen. Es gibt wenig allgemeine Resultate über die Automorphismengruppen einfacher Gruppen, deren Beweis nicht die Klassifikation der endlichen einfachen Gruppen benutzen. Somit werden dann mehr die Automorphismengruppen von p-Gruppen im Vordergrund stehen. Eine sehr wichtige Gruppe in diesem Zusammenhang wird die Frattinigruppe sein, der wir uns jetzt widmen wollen.

1.8 Die Frattinigruppe

Wir wollen weiter die allgemeine Struktur von Gruppen untersuchen. Insbesondere für p-Gruppen werden die Resultate dieses Abschnittes wichtig sein, da sie Fragestellungen über Automorphismengruppen von p-Gruppen mit denjenigen von Vektorräumen verbinden.

Definition 1.8.1. Sei G eine Gruppe und $\mathscr{M}$ die Menge der maximalen Untergruppen von G. Setze

$$\phi(G) = \bigcap_{U \in \mathscr{M}} U.$$

Wir nennen $\phi(G)$ die Frattinigruppe von G (siehe [24]).

Zunächst zeigen wir einige einfache Eigenschaften der Frattinigruppe.

Satz 1.8.2. *Sei G eine Gruppe. Dann gilt:*
(a) $\phi(G)$ char G.
(b) *Seien $x_1, \dots, x_n \in G$. Ist $G = \langle \phi(G), x_1, \dots, x_n \rangle$, so ist $G = \langle x_1, \dots, x_n \rangle$.*
(c) *Ist N normal in G, so gibt es genau dann eine echte Untergruppe H von G mit $G = NH$, falls N nicht in $\phi(G)$ enthalten ist.*
(d) *Sei N normal in G und H minimal mit $HN = G$. Dann ist $N \cap H$ in $\phi(H)$ enthalten.*

Beweis. (a) Sei $\alpha \in \mathrm{Aut}(G)$ und U eine maximale Untergruppe von G. Dann ist auch $\alpha(U)$ maximal in $\alpha(G) = G$. Also ist

$$\alpha(\phi(G)) = \bigcap_{\alpha(U),\, U \text{ maximal in } G} \alpha(U) = \bigcap_{U \text{ maximal in } G} U = \phi(G).$$

(b) Seien $x_1, \dots x_n \in G$, $G = \langle \phi(G), x_1, \dots, x_n \rangle$ und $G_0 = \langle x_1, \dots, x_n \rangle$. Ist $G_0 \neq G$, so gibt es eine maximale Untergruppe U von G mit $G_0 \leq U$. Es ist auch $\phi(G) \leq U$, also ist $G = \langle \phi(G), G_0 \rangle \leq U$, ein Widerspruch. Das liefert $G_0 = G$.

(c) Sei zuerst N nicht in $\phi(G)$ enthalten. Dann gibt es eine maximale Untergruppe H von G, die N nicht enthält. Also ist $NH = G$. Sei umgekehrt $N \leq \phi(G)$ und $G = NH$. Dann ist $G = NH \leq \langle H, \phi(G) \rangle \underset{\text{(b)}}{=} H$.

(d) Ist $N \cap H$ nicht in $\phi(H)$ enthalten, so gibt es nach (c) eine echte Untergruppe V von H mit $(N \cap H)V = H$. Dann ist

$$G = NH = N(N \cap H)V = NV.$$

Dies widerspricht aber der Minimalität von H. □

Besonders interessant sind die Aussagen (b) und (c) von Satz 1.8.2. Die erste besagt, kurz gefasst, dass $\phi(G)$ aus den Elementen von G besteht, die in jedem Erzeugendensystem überflüssig sind. Die zweite Aussage kann man so interpretieren, dass die Frattinigruppe kontrolliert, welche Normalteiler ein Supplement in G haben.

Wir wollen nun sehen, wie sich die Frattinigruppe in Bezug auf Normalteiler und Faktorgruppen verhält.

Lemma 1.8.3. *Seien G eine Gruppe und N normal in G. Dann gilt*
(a) $\phi(N) \leq \phi(G)$.
(b) $\phi(G)N/N \leq \phi(G/N)$.
(c) *Ist $N \leq \phi(G)$, so ist $\phi(G)/N = \phi(G/N)$.*

Beweis. (a) Da $\phi(N)$ charakteristisch in N ist und N normal in G ist, ist $\phi(N)$ normal in G. Ist $\phi(N)$ nicht in $\phi(G)$ enthalten, so gibt es nach Satz 1.8.2 eine echte Untergruppe U von G mit

$$G = \phi(N)U.$$

Also ist

$$N = N \cap G = N \cap \phi(N)U = \phi(N)(N \cap U) \underset{\text{Satz 1.8.2 (b)}}{=} N \cap U.$$

In der vorletzten Gleichung wurde die Dedekind-Identität benutzt. Somit ist nun $N \leq U$. Dann ist auch $\phi(N) \leq U$, also ist $G = U$, was einen Widerspruch ergibt.

(b) Die maximalen Untergruppen von G/N haben die Gestalt U/N, wobei U eine maximale Untergruppe von G ist, die N enthält. Also ist

$$\phi(G/N) = \bigcap_{\substack{U \geq N \\ U \text{ maximal in } G}} U/N \geq \Big(\bigcap_{\substack{U \text{ maximal} \\ \text{in } G}} U\Big) N/N = \phi(G)N/N.$$

(c) Ist $N \leq \phi(G)$, so ist $N \leq U$ für alle maximalen Untergruppen U von G. Also ist

$$\phi(G/N) = \bigcap_{\substack{U \text{ maximal} \\ \text{in } G,\, U \geq N}} U/N = \Big(\bigcap_{\substack{U \text{ maximal} \\ \text{in } G}} U\Big) N/N = \phi(G)/N.$$ □

Beispiel 1.8.4. Seien N eine zyklische Gruppe der Ordnung 5 und $H = \mathrm{Aut}(N)$. Nach Lemma 1.4.4 ist H zyklisch von der Ordnung 4. Sei nun G das semidirekte Produkt von N mit H. Wir bestimmen zunächst $\phi(G)$.

Es ist $|G : H| = 5$, also ist H eine maximale Untergruppe von G. Das liefert jetzt $\phi(G) \leq H$. Weiter ist $[N, \phi(G)] \leq N \cap \phi(G) \leq N \cap H = 1$. Hieraus folgt $\phi(G) \leq C_G(N) = N$. Dann ist

$$\phi(G) \leq N \cap H = 1.$$

Da H zyklisch ist, hat H genau eine maximale Untergruppe. Diese ist von der Ordnung zwei. Also ist $|\phi(H)| = 2$.

Dies zeigt, dass im Allgemeinen die Frattinigruppe einer Untergruppe U nicht in der Frattinigruppe von G enthalten sein muss. Da in obigem Beispiel $G/N \cong H$ ist, also $|\phi(G/N)| = 2$ ist, folgt auch, dass es Gruppen gibt, für die $\phi(G)N/N \neq \phi(G/N)$ ist.

Der nächste Satz ist zentral für die Berechnung der Frattinigruppe.

Satz 1.8.5. *Sei G eine Gruppe.*
(a) *Seien D und M Normalteiler von G mit $D \leq M \cap \phi(G)$. Ist M/D nilpotent, so ist M nilpotent.*
(b) *$\phi(G)$ ist nilpotent. Insbesondere ist $\phi(G) \leq F(G)$.*
(c) *Ist $G/\phi(G)$ nilpotent, so ist G nilpotent.*
(d) *$F(G/\phi(G)) = F(G)/\phi(G)$.*

Beweis. (a) Sei P eine Sylow-p-Untergruppe von M. Wir zeigen, dass P normal in M ist. Dann folgt die Behauptung mit Satz 1.6.15.

Es ist PD/D eine Sylow-p-Untergruppe von M/D. Da M/D nilpotent ist, folgt mit Satz 1.6.15, dass PD/D normal in M/D ist. Somit ist PD/D charakteristisch in M/D. Da M/D normal in G/D ist, ist dann PD normal in G. Weiter ist noch immer P eine Sylow-p-Untergruppe von PD, da $PD \leq M$ ist. Mit dem Frattini-Argument erhalten wir

$$G = N_G(P)PD = N_G(P)D \leq N_G(P)\phi(G) \underset{\text{Satz 1.8.2 (b)}}{=} N_G(P).$$

Insbesondere ist P normal in G und dann auch in M.

(b) Wir setzen in (a) $D = M = \phi(G)$. Es ist $M/D = 1$, also nilpotent. Nun liefert (a), dass $\phi(G)$ nilpotent ist.

(c) Wir setzen in (a) $M = G$ und $D = \phi(G)$. Dann folgt, dass G nilpotent ist.

(d) Wir setzen in (a) $M/\phi(G) = F(G/\phi(G))$ und $D = \phi(G)$. Nach (a) ist dann M nilpotent, also $M \leq F(G)$.

Es ist $F(G)/\phi(G)$ ein nilpotenter Normalteiler von $G/\phi(G)$. Also ist

$$F(G)/\phi(G) \leq F(G/\phi(G)) = M/\phi(G) \leq F(G)/\phi(G).$$

Damit ist $M = F(G)$. □

Zum Abschluss noch ein Nilpotenzkriterium, bevor wir uns den p-Gruppen zuwenden.

Satz 1.8.6. *Die Gruppe G ist genau dann nilpotent, wenn $G' \leq \Phi(G)$ ist.*

Beweis. Sei zuerst $G' \leq \Phi(G)$. Es ist G/G' abelsch, also nilpotent. Also setzen wir in Satz 1.8.5 (a) $M = G$ und $D = G'$. Dann folgt, dass G nilpotent ist.

Sei umgekehrt G nilpotent und M eine maximale Untergruppe von G. Da G nilpotent ist, folgt mit Satz 1.6.15, dass M normal in G ist. Sei $x \in G \setminus M$. Dann ist $\langle x \rangle M$ eine Untergruppe von G, und da M maximal war, ist $G = M\langle x \rangle$. Das liefert $G' \leq M$. Somit ist

$$G' \leq \bigcap_{\substack{M \text{ maximal} \\ \text{in } G}} M = \Phi(G). \qquad \square$$

Für die Klasse der nilpotenten Gruppen und insbesondere für die Klasse der p-Gruppen spielt die Frattinigruppe eine besondere Rolle. Wir werden gleich sehen, dass man hier die Frattinigruppe leicht berechnen kann. Daraus folgt dann, dass für diese Klasse von Gruppen $\Phi(U) \leq \Phi(G)$ für Untergruppen U von G und $\Phi(G/N) = \Phi(G)N/N$ für Faktorgruppen G/N gilt. Zunächst wollen wir noch eine Bezeichnung einführen.

Definition 1.8.7. Ist G eine p-Gruppe, so setzen wir

$$\mho(G) = \langle g^p \,|\, g \in G \rangle.$$

(Gesprochen: Agemo von G.)

Satz 1.8.8. *Sei G eine p-Gruppe.*
(a) *$\Phi(G)$ ist der kleinste Normalteiler von G mit elementar abelscher Faktorgruppe.*
(b) *Es ist $\Phi(G) = G'\mho(G)$.*
(c) *Ist $p = 2$, so ist $\Phi(G) = \mho(G)$.*
(d) *Ist U eine Untergruppe von G, so ist $\Phi(U) \leq \Phi(G)$.*
(e) *Ist N normal in G, so ist $\Phi(G/N) = \Phi(G)N/N$.*

Beweis. Wir beweisen (a) und (b) zusammen. Sei U eine maximale Untergruppe von G. Da G nilpotent ist, ist nach Satz 1.6.15 U normal in G. Weiter ist $|G/U| = p$. Also ist $\mho(G)G' \leq U$. Das liefert $\mho(G)G' \leq \Phi(G)$. Da $(x\mho(G))^p = \mho(G)$ nach Definition ist, ist $G/\mho(G)G'$ elementar abelsch. Also ist auch $G/\Phi(G)$ elementar abelsch.

Sei nun N ein Normalteiler von G mit G/N elementar abelsch. Angenommen, es gibt ein $x \in \Phi(G) \setminus N$. Da G/N ein Vektorraum ist, gibt es in G/N ein Komplement H/N zu $\langle xN \rangle$. Also ist $G = \langle H, x \rangle = \langle H, \Phi(G) \rangle \underset{\text{Satz 1.8.2}}{=} H$. Dann ist aber $G/N = H/N$, ein Widerspruch. Das liefert $\Phi(G) \leq N$. Also ist $\Phi(G)$ der kleinste Normalteiler mit elementar abelscher Faktorgruppe. Da $G/\mho(G)G'$ elementar abelsch ist, folgt nun $\Phi(G) \leq \mho(G)G'$. Das liefert (a) und (b).

(c) Sei $p = 2$. Dann ist

$$\begin{aligned}[x,y] &= x^{-1}y^{-1}xy \\ &= x^{-1}y^{-1}(xx^{-1}y^{-1}xx^{-2}xy)xy \\ &= (y^{-x})^2(x^{-1})^2(xy)^2 \in \mho(G).\end{aligned}$$

Das liefert $G' \leq \mho(G)$ und die Behauptung folgt mit (b).

(d) Es ist $\Phi(U) \underset{(b)}{=} U'\mho(U) \leq G'\mho(G) \underset{(b)}{=} \Phi(G)$.

(e) Wir haben

$$\Phi(G/N) \underset{(b)}{=} (G/N)'\mho(G/N) = (G'N/N)\mho(G)N/N = \Phi(G)N/N. \qquad \square$$

Beispiel 1.8.9. (a) Sei $G = \langle(12)(34), (13)(24), (12)\rangle$, also eine Sylow-2-Untergruppe von Σ_4. Dann ist $G' = Z(G) = \langle(12)(34)\rangle$. Also ist $\Phi(G) = G'$.

(b) Sei V eine elementar abelsche 3-Gruppe der Ordnung 9 und

$$\alpha = \begin{pmatrix} 1 & 0 \\ 1 & 1 \end{pmatrix} \in GL_2(3).$$

Sei $G = V\langle\alpha\rangle$ das semidirekte Produkt. Dann ist $G' = \langle[V,\alpha]\rangle = Z(G)$ von der Ordnung 3. Nach Lemma 1.2.13 ist $x^3 = 1$ für alle $x \in G$, was $\mho(G) = 1$ liefert. Es ist also $\Phi(G) = G' \neq \mho(G)$.

Dies zeigt, dass man in Satz 1.8.8 (c) die Voraussetzung, dass $p = 2$ ist, nicht weglassen kann.

Eine wichtige Folgerung ist das folgende Lemma.

Lemma 1.8.10. *Sei G eine p-Gruppe, $G \neq 1$.*

(a) *Ist $G = \langle x_1, \ldots, x_r\rangle$, so ist $|G/\Phi(G)|$ ein Teiler von p^r.*

(b) *Genau dann ist G zyklisch, wenn $|G/\Phi(G)| = p$ ist.*

Beweis. (a) Ist $G = \langle x_1, \ldots, x_r\rangle$, so ist $G/\Phi(G) = \langle x_1\Phi(G), \ldots, x_r\Phi(G)\rangle$. Wir sehen mit Satz 1.8.8 (a), dass $G/\Phi(G)$ ein Vektorraum über $GF(p)$ ist, der höchstens von der Dimension r ist. Also folgt die Behauptung.

(b) Ist G zyklisch, so ist $G = \langle x\rangle$. Mit (a) folgt, dass $|G/\Phi(G)|$ ein Teiler von p ist. Da $G \neq 1$ ist, ist $|G/\Phi(G)| = p$. Sei umgekehrt $|G/\Phi(G)| = p$. Dann ist $\Phi(G)$ eine maximale Untergruppe von G. Für $x \in G \setminus \Phi(G)$ erhalten wir somit $G = \langle x, \Phi(G)\rangle \underset{\text{Satz 1.8.2 (b)}}{=} \langle x\rangle$. Also ist G zyklisch. $\square$

1.9 Übungen

1. Ist N ein zyklischer Normalteiler von G und U eine Untergruppe von N, so ist U normal in G.

2. Zeige, dass $GL_3(2)$ einfach ist.
3. Sei G eine einfache Gruppe von der Ordnung 168. Zeige:
   (a) G hat eine Untergruppe H mit $|G : H| = 7$.
   (b) G ist isomorph zu einer Untergruppe G_1 von A_7.
   (c) Ist ρ ein Element der Ordnung 3 in G_1, so hat ρ genau zwei 3-Zyklen in seiner Zyklenzerlegung.
4. Sei G eine einfache Untergruppe von A_7 von der Ordnung 168. Unter Benutzung von Übung 3 zeige:
   (a) G ist 2-fach transitiv auf $\Omega = \{1, 2, 3, 4, 5, 6, 7\}$.
   (b) Ist $H = G_7$ der Stabilisator der 7 in G, so ist $H \cong \Sigma_4$. Bei geeigneter Nummerierung ist

$$H = \langle (12)(34), (34)(56), (135)(246), (35)(46) \rangle.$$

   (c) Für $x = (12)(34)(56) \in \Sigma_7$ ist $[H, x] = 1$.
   (d) Sei $v = (7, a_1, a_2, a_3, a_4, a_5, a_6)$ ein Element der Ordnung 7 in G. Es gelte $v^\rho = v^2$ für $\rho = (1, 5, 3)(2, 6, 4)$. Wenn wir v durch eine geeignete Potenz ersetzen, können wir $a_1 = 1$ annehmen. Zeige, dass hieraus $a_2 = 3$ und $a_4 = 5$ folgt. Folgere dann, dass v eines der folgenden Elemente $(7, 1, 3, 4, 5, 2, 6)$, $(7, 1, 3, 2, 5, 6, 4)$ oder $(7, 1, 3, 6, 5, 4, 2)$ ist.
   (e) Zeige, dass $\langle H, (7, 1, 3, 6, 5, 4, 2) \rangle$ nicht einfach von der Ordnung 168 sein kann.
   (f) Zeige:

$$(7, 1, 3, 4, 5, 2, 6)^x = (7, 1, 3, 2, 5, 6, 4)^3.$$

   Also kann man $G = \langle H, (7, 1, 3, 4, 5, 2, 6) \rangle$ annehmen.
   (g) Jede einfache Gruppe der Ordnung 168 ist zu $GL_3(2)$ isomorph.
5. ([52]) Es operiere G transitiv auf Ω. Sei N ein Normalteiler von G
   (a) Sind Γ_1, Γ_2 zwei Bahnen von N auf Ω, so gibt es ein $g \in G$ mit $g(\Gamma_1) = \Gamma_2$.
   (b) Seien $|\Omega| = p$, p eine Primzahl, und $G \le \Sigma_p$.
      i. Ist p kein Teiler von $|N|$, so ist $N = 1$.
      ii. Ist p ein Teiler von $|N|$, so ist p kein Teiler von $|G : N|$.
      iii. Wird G von Elementen der Ordnung p erzeugt, so ist G einfach.
6. Sei G transitiv auf Ω und sei $\alpha \in \Omega$. Setze

$$F = Fix(G_\alpha) = \{w \mid w \in \Omega, g(w) = w \text{ für alle } g \in G_\alpha\}.$$

   Dann ist $N_G(G_\alpha)$ transitiv auf F.
7. Sei $G = GL_n(2)$ und $V = V(n, 2)$ der n-dimensionale Vektorraum über $GF(2)$. Zeige, dass G auf der Menge der von Null verschiedenen Vektoren von V dann 2-fach transitiv operiert. Operiert G auch 3-fach transitiv?
8. Sei α ein Automorphismus von G. Ist $x^{-1}x^\alpha \in Z(G)$ für alle $x \in G$, so ist $x^\alpha = x$ für alle $x \in G'$.

9. ([47, Aufgabe 3, Seite 26]) Sei $|G| = p^n$ mit einer Primzahl p. Für alle $x \in G$ sei $|G : C_G(x)| \le p$. Dann gilt :
   (a) Für alle $x \in G$ ist $C_G(x)$ normal in G.
   (b) $G' \le Z(G)$.
   (c) $|G'| \le p$.
10. Berechne G' für $G = \Sigma_4$.
11. Sei $G = A \times B$. Genau dann ist $A \cong B$, falls es eine Untergruppe D von G gibt, so dass $G = AD = BD$ und $1 = A \cap D = B \cap D$ gilt.
12. Sei S eine Sylow-2-Untergruppe von Σ_4. Zeige:
   (a) S enthält eine zyklische Untergruppe U der Ordnung 4 mit U char S.
   (b) $U/Z(S)$ ist nicht charakteristisch in $S/Z(S)$. (Insbesondere folgt aus M charakteristisch in N und N charakteristisch in G nicht, dass auch N/M charakteristisch in G/M ist.)
13. Sei $G = GL_2(3)$ und $U = \langle u, v \rangle$ eine Untergruppe von G mit

$$u = \begin{pmatrix} 0 & -1 \\ 1 & 0 \end{pmatrix} \text{ und } v = \begin{pmatrix} 1 & 1 \\ 1 & -1 \end{pmatrix}.$$

   (a) Zeige: U ist nicht abelsch und $|\Omega_1(U)| = 2$.
   (b) Bestimme $\mathrm{Inn}(U)$ und $\mathrm{Aut}(U)$.
   (Man nennt U eine Quaternionengruppe der Ordnung 8 (siehe Beispiel 2.1.6.)
14. Ist G eine Gruppe und N ein Normalteiler mit nilpotenter Faktorgruppe G/N, so gibt es eine nilpotente Untergruppe U von G mit $G = NU$.
15. Seien p eine Primzahl und G eine endliche Gruppe mit $O_p(G) = 1$. Weiter sei N ein Normalteiler von G. Ist G/N eine p-Gruppe, so ist $\phi(G) = \phi(N)$.
16. Sei G eine endliche Gruppe. Bestimme sowohl $F^*(C_G(E(G)))$ als auch $F^*(C_G(F(G)))$.
17. Ist G eine Gruppe, die einen Normalteiler N besitzt, mit $C_N(F(N)) \le F(N)$ und $C_{G/N}(F(G/N)) \le F(G/N)$, so ist $C_G(F(G)) \le F(G)$.
18. Sind G eine Gruppe, H ein Subnormalteiler von G und P eine Sylow-p-Untergruppe von G, so ist $H \cap P$ eine Sylow-p-Untergruppe von H.
19. Sind G_1 und G_2 endliche Gruppen, so ist

$$\phi(G_1 \times G_2) = \phi(G_1) \times \phi(G_2).$$

20. Ist G eine endliche Gruppe, so ist $Z(G) \cap G' \le \phi(G)$.
21. Sei G eine endliche Gruppe und für jede natürliche Zahl n sei

$$|\{x \mid x \in G, x^n = 1\}| \le n.$$

   Dann ist G zyklisch.

2 Automorphismen

In den letzten Abschnitten haben wir gesehen, dass die Gruppe $F^*(G)$ zusammen mit ihren Automorphismen die Struktur der Gruppe G bestimmt. Folgerichtig wollen wir nun Automorphismen studieren. Dabei betrachten wir aber eher die Gruppe $F(G)$, welche ein direktes Produkt ihrer Sylowgruppen ist. Somit müssen wir Automorphismengruppen von p-Gruppen P studieren, worauf wir schon in Abschn. 1.6 hingewiesen haben. Dies können wir nun genauer beschreiben. Dabei spielen die p'-Automorphismen eine besondere Rolle, d. h. Automorphismen, deren Ordnung nicht durch p teilbar ist. Wir werden einige Resultate hierüber beweisen. Insbesondere werden wir sehen, dass diese auch Automorphismen von $P/\Phi(P)$ induzieren, also auf einem Vektorraum operieren. Damit sind wir dann im Bereich der linearen Algebra.

2.1 Die Sätze von Gaschütz, Schur und Zassenhaus

Ziel dieses Abschnittes ist es, Sätze zu beweisen, die zu Normalteilern K einer Gruppe G ein Komplement H in G garantieren. Diese Sätze werden dann vielfältige Anwendungen finden, insbesondere bei der Behandlung von p'-Automorphismengruppen von p-Gruppen.

Definition 2.1.1. Seien K ein abelscher Normalteiler einer Gruppe G und U eine Untergruppe mit $K \leq U \leq G$ und $\operatorname{ggT}(|G:U|, |K|) = 1$. Wir halten ein Nebenklassenvertretersystem R von U in G fest. Sei $\mathcal{S}$ die Menge aller Nebenklassenvertretersysteme T von U in G mit $T \subseteq RK$. Für $T, S \in \mathcal{S}$ setzen wir

$$TS^{-1} = \prod_{\substack{tK=sK \\ t\in T,\, s\in S}} ts^{-1}$$

Da $ts^{-1} \in K$ ist und K abelsch ist, ist TS^{-1} wohldefiniert.

Da T und S Nebenklassenvertretersysteme von U in G sind, gibt es zu jedem $t \in T$ genau ein $s \in S$ mit $tU = sU$. Da $T, S \in \mathcal{S}$ sind, ist dann $tK = sK$. Also gibt es zu jedem $t \in T$ genau ein $s \in S$ mit $tK = sK$.

Wir wollen nun zeigen, dass die suggestive Schreibweise TS^{-1} ihre Berechtigung hat.

Lemma 2.1.2. *Die Bezeichnungen seien wie in Definition 2.1.1. Dann gilt für alle $T, S, L \in \mathcal{S}$:*
(a) $(TS^{-1})^{-1} = ST^{-1}$.
(b) $TT^{-1} = 1$.
(c) $(TS^{-1})(SL^{-1}) = TL^{-1}$.

Beweis. (a) Es ist

$$(TS^{-1})^{-1} = \Big(\prod_{\substack{tK=sK\\ t\in T,\ s\in S}} ts^{-1}\Big)^{-1} = \prod_{\substack{tK=sK\\ t\in T,\ s\in S}} st^{-1} = ST^{-1}.$$

Bei der vorletzten Gleichheit wurde benutzt, dass K abelsch ist.

(b) Es ist

$$TT^{-1} = \prod_{t\in T} tt^{-1} = 1.$$

(c) Es ist

$$(TS^{-1})(SL^{-1}) = \Big(\prod_{\substack{tK=sK\\ t\in T,\ s\in S}} ts^{-1}\Big)\Big(\prod_{\substack{\tilde{s}K=lK\\ \tilde{s}\in S,\ l\in L}} \tilde{s}l^{-1}\Big).$$

Da es zu jedem $s \in S$ genau ein $l \in L$ mit $sK = lK$ gibt, ist

$$(TS^{-1})(SL^{-1}) = \prod_{\substack{tK=sK=lK\\ t\in T,\ s\in S,\ l\in L}} (ts^{-1})(sl^{-1}) = \prod_{\substack{tK=lK\\ t\in T,\ l\in L}} tl^{-1} = TL^{-1}.$$ □

Als Nächstes definieren wir eine Relation auf $\mathscr{S}$.

Definition 2.1.3. Die Bezeichnungen seien wie in Definition 2.1.1. Für alle $T, S \in \mathscr{S}$ definieren wir

$$T \sim S \text{ genau dann, wenn } TS^{-1} = 1 \text{ ist.}$$

Lemma 2.1.2 besagt, dass $\sim$ eine Äquivalenzrelation auf $\mathscr{S}$ ist.

Nun der erste angekündigte Satz. In dem Buch von Kurzweil und Stellmacher [47] findet man die Bemerkung, dass der hier wiedergegebene Beweis auf eine Idee von Glauberman zurück geht. Man kann dies mehr oder weniger auch in einer Arbeit von A. Brandis [11] finden.

Satz 2.1.4 (Gaschütz[1][26]). *Seien K ein abelscher Normalteiler von G und U eine Untergruppe mit $K \le U \le G$ und* $\mathrm{ggT}(|K|, |G : U|) = 1$.

(a) *Besitzt K in U ein Komplement, so besitzt auch K in G ein Komplement.*

(b) *Sind H_0, H_1 zwei Komplemente von K in G mit $U \cap H_0 = U \cap H_1$, so sind H_0 und H_1 in G konjugiert.*

Beweis. Sei $A \le G$, so dass $U = KA$ und $K \cap A = 1$ sind. Mit $\mathcal{L}$ bezeichnen wir die Menge aller Vertretersysteme von U in G.

---

1 Wolfgang Gaschütz, *11.6.1920 Carlshof. W. Gaschütz promovierte 1949 in Kiel, dort wurde er auch Professor und blieb in Kiel bis zu seiner Emeritierung 1988. Er leistete wichtige Beiträge zur Gruppentheorie, insbesondere zur Theorie der auflösbaren Gruppen.

Wir wählen ein Nebenklassenvertretersystem R von U in G und halten es für den Rest des Beweises fest. Seien $L \in \mathcal{L}$ und $l \in L$. Dann gilt:

$$l = r_l k_l a_l \text{ mit } r_l \in R, k_l \in K, a_l \in A \text{ und } r_l U = lU. \tag{1}$$

Da $U = KA$ ist, ist die Darstellung in (1) eindeutig.

Zu $l \in L$ definieren wir nun l_0 als $l_0 = r_l k_l$. Dann ist $l_0 \in RK$ und

$$lU = l_0 U.$$

Zu $L \in \mathcal{L}$ setzen wir

$$L_0 = \{l_0 | l \in L\}.$$

Offenbar ist auch $L_0 \in \mathcal{L}$. Wir betrachten nun die Menge

$$\mathcal{S} = \{L \in \mathcal{L} | L \subseteq RK\}.$$

Wir haben somit jedem $L \in \mathcal{L}$ ein $L_0 \in \mathcal{S}$ mit $L_0 A = LA$ zugeordnet.

Wegen der Eindeutigkeit in (1) folgt:

$$L_0 \text{ ist das einzige Element in } \mathcal{S} \text{ mit } LA = L_0 A. \tag{2}$$

Sei nun $x \in G$. Dann ist mit L auch $xL \in \mathcal{L}$. Also gilt

$$(xL)_0 A = (xL)A = x(LA) = x(L_0 A) = (xL_0)A = (xL_0)_0 A.$$

Mit (2) erhalten wir dann

$$(xL)_0 = (xL_0)_0 \text{ für alle } L \in \mathcal{L}. \tag{3}$$

Wir definieren nun eine Operation von G auf $\mathcal{S}$ durch

$$x(S) = (xS)_0 \text{ für alle } S \in \mathcal{S} \text{ und } x \in G.$$

Sind $x, y \in G$ und $S \in \mathcal{S}$, so ist

$$x(y(S)) = x((yS)_0) = (x(yS)_0)_0 \underset{(3)}{=} (x(yS))_0 = ((xy)S)_0 = (xy)(S).$$

Somit ist dies in der Tat eine Operation.

Wir wollen nun zeigen, dass G mit dieser Operation auch auf den Äquivalenzklassen von $\sim$ operiert. Seien dazu $T, S \in \mathcal{S}$ mit $T \sim S$, d. h. $TS^{-1} = 1$. Wir müssen $x(T)x(S)^{-1} = 1$ für jedes $x \in G$ zeigen. Seien dazu $t \in T$ und $s \in S$ mit

$$xtK = xsK.$$

Nach (1) ist $xs = r_{xs} k_{xs} a_{xs}$ und $xt = r_{xt} k_{xt} a_{xt}$ mit $r_{xs}, r_{xt} \in R, k_{xs}, k_{xt} \in K$ und $a_{xs}, a_{xt} \in A$.

Nun ist

$$\begin{aligned} r_{xs}Ka_{xs} &= r_{xs}k_{xs}Ka_{xs} = r_{xs}k_{xs}a_{xs}K = xsK = xtK \\ &= r_{xt}k_{xt}a_{xt}K = r_{xt}k_{xt}Ka_{xt} = r_{xt}Ka_{xt}. \end{aligned}$$

Das liefert $r_{xt}U = r_{xs}U$ und damit $r_{xt} = r_{xs}$, da r_{xt} und r_{xs} beide aus dem Nebenklassenvertretersystem R sind. Dann ist $Ka_{xs} = Ka_{xt}$, also $a_{xs} = a_{xt}$, da A ein Nebenklassenvertretersystem von K in U ist.

Damit erhalten wir:

$$\begin{aligned} x(T)x(S)^{-1} = (xT)_0(xS)_0^{-1} &= \prod_{\substack{xtK=xsK \\ t\in T,\, s\in S}} (xta_{xt}^{-1})(xsa_{xt}^{-1})^{-1} \\ &= \prod_{xtK=xsK} (xt)(xs)^{-1} = x(\prod_{tK=sK} ts^{-1})x^{-1} = 1. \end{aligned}$$

Also gilt:

G operiert auf den Äquivalenzklassen.

Seien nun $k \in K$ und $S \in \mathscr{S}$. Dann ist $kS \subseteq kRK = kKR = KR = RK$, da K normal in G ist. Also ist

$$kS = (kS)_0 = k(S) \in \mathscr{S}.$$

Für alle $T \in \mathscr{S}$ und $k \in K$ ist

$$(kS)T^{-1} = \prod_{\substack{ksK=tK \\ s\in S,\, t\in T}} (ks)t^{-1} = k^{|G:U|}(ST^{-1}),$$

da K abelsch ist. Hierbei haben wir wieder verwendet, dass $ksK = kKs = Ks = sK$ gilt, da K normal in G ist.

Da $\mathrm{ggT}(|K|, |G:U|) = 1$ ist, ist α mit

$$\alpha(k) = k^{|G:U|} \text{ für alle } k \in K$$

ein Automorphismus von K. Wir setzen nun $k = \alpha^{-1}((ST^{-1})^{-1})$. Dann ist

$$(kS)T^{-1} = 1.$$

Also gibt es zu jedem $T \in \mathscr{S}$ und $S \in \mathscr{S}$ ein $k \in K$ mit $kS \sim T$. Damit gilt:

$$K \text{ ist transitiv auf den Äquivalenzklassen.} \tag{4}$$

Sei nun $S \sim R$, also $RS^{-1} = 1$. Sei weiter auch $(kR)S^{-1} = 1$. Dann folgt

$$1 = (kR)S^{-1} = k^{|G:U|}(RS^{-1}) = k^{|G:U|}.$$

Da aber $\mathrm{ggT}(|K|, |G : U|) = 1$ ist, folgt dann $k = 1$. Ist also $\tilde{R}$ die Äquivalenzklasse von R, so haben wir

$$K_{\tilde{R}} = 1 \tag{5}$$

gezeigt, wobei $K_{\tilde{R}}$ der Stabilisator von $\tilde{R}$ in K ist.

Sei $G_{\tilde{R}}$ der Stabilisator von $\tilde{R}$ in G. Da K nach (4) transitiv auf den Äquivalenzklassen operiert, ist nach Lemma 1.1.25

$$G = KG_{\tilde{R}}.$$

Da nach (5) $K_{\tilde{R}} = 1$ ist, ist $G_{\tilde{R}} \cap K = 1$. Damit ist $G_{\tilde{R}}$ das gesuchte Komplement in (a).

(b) Seien nun H_0 und H_1 zwei Komplemente von K in G mit

$$A = H_0 \cap U = H_1 \cap U.$$

Dann ist

$$U = KA, \quad A \cap K = 1.$$

Sei jetzt R ein Nebenklassenvertretersystem von A in H_0. Dann ist auch R eines von U in G. Wieder bilden wir zu R die Menge $\mathscr{S}$. Für jedes $r \in R$ gibt es ein $k_r \in K$ mit $rk_r \in H_1$. Wir betrachten jetzt die Menge

$$S_1 = \{rk_r | r \in R\}.$$

Dann ist S_1 ein Nebenklassenvertretersystem von A in H_1 mit $S_1 \subseteq RK$, also ist $S_1 \in \mathscr{S}$.

Sei L ein Nebenklassenvertretersystem von A in H_0 und $x \in H_0$. Dann ist auch xL ein Nebenklassenvertretersystem von A in H_0. Da $(xL)_0 \subseteq RK$ ist und $K \cap H_0 = 1$ ist, ist

$$(xL)_0 = R.$$

Sind $x \in H_1$ und L ein Nebenklassenvertretersystem von A in H_1, so ist $(xL)_0 \subseteq RK$. Also ist $(xL)_0 = S_1$. Insbesondere gilt

$$(xR)_0 = R \text{ für alle } x \in H_0 \text{ und } (xS_1)_0 = S_1 \text{ für alle } x \in H_1.$$

Damit sind $H_1 \leq G_{\tilde{S}_1}$ und $H_0 \leq G_{\tilde{R}}$, wobei $\tilde{S}_1$ und $\tilde{R}$ wieder die Äquivalenzklassen von S_1 und R sind. Da $K \cap G_{\tilde{S}_1} = 1 = K \cap G_{\tilde{R}}$ ist, folgt

$$H_0 = G_{\tilde{R}} \text{ und } H_1 = G_{\tilde{S}_1}.$$

Da aber G transitiv auf den Äquivalenzklassen ist, sind $G_{\tilde{R}}$ und $G_{\tilde{S}_1}$ in G konjugiert. Das ist die Aussage von (b). □

Ein wichtiger Spezialfall des Satzes von Gaschütz ist:

Korollar 2.1.5. *Sei A ein abelscher Normalteiler von G mit* $\mathrm{ggT}(|A|, |G : A|) = 1$. *Dann besitzt A ein Komplement in G und alle Komplemente von A in G sind konjugiert.*

Beweis. Wir setzen in Satz 2.1.4 $K = A = U$. □

Beispiel 2.1.6. Sei G eine Gruppe mit einem Normalteiler N, so dass $|N| = 2$ und $G/N \cong A_4$ ist. Wir wollen die Struktur von G bestimmen. Sei dazu S eine Sylow-2-Untergruppe von G. Dann ist $|S| = 8$ und in G gibt es ein Element d der Ordnung 3, das einen nicht trivialen Automorphismus auf S bewirkt.
Wir nehmen zunächst an, dass es ein $u \in S \setminus N$ mit $u^2 = 1$ gibt. Da d transitiv auf $(S/N)^\#$ operiert und für alle Elemente v in uN stets $v^2 = 1$ gilt, gilt dies auch für alle Elemente in S. Also ist S elementar abelsch. Dann gibt es in S ein Komplement S_1 von N. Nach Satz 2.1.4 ist $G \cong \mathbb{Z}_2 \times A_4$.

Wir wollen jetzt $N = \langle z \rangle$ und $u^2 = z$ für alle $u \in S \setminus N$ annehmen. Dann ist $S = \langle x, y \rangle$ mit $x^2 = z = y^2 = (xy)^2$. Das liefert dann $[x, y] = z$. Die Gruppe S nennt man eine Quaternionengruppe. Wir können x, y so wählen, dass $x^d = xy$ und $y^d = x$ gilt. Damit ist G nun eindeutig bestimmt.

Sei $V = V(2, 3)$ der 2-dimensionalen Vektorraum über $GF(3)$. Dann setzen wir

$$\hat{d} = \begin{pmatrix} 1 & 0 \\ 1 & 1 \end{pmatrix}, \hat{x} = \begin{pmatrix} 0 & 1 \\ -1 & 0 \end{pmatrix}, \hat{y} = \begin{pmatrix} -1 & 1 \\ 1 & 1 \end{pmatrix} \text{ und } \hat{z} = \begin{pmatrix} -1 & 0 \\ 0 & -1 \end{pmatrix}.$$

Es ist $SL_2(3) = \langle \hat{x}, \hat{y}, \hat{d} \rangle$. Also ist G zu $SL_2(3)$ isomorph.

Der nächste Satz verallgemeinert Korollar 2.1.5 auf den nicht abelschen Fall.

Satz 2.1.7 (Schur[2]-Zassenhaus [55], [76]). *Sei N ein Normalteiler von G mit* $\mathrm{ggT}(|N|, |G/N|) = 1$. *Dann gilt:*
(a) *N hat ein Komplement in G.*
(b) *Ist N oder G/N auflösbar, so sind alle Komplemente von N in G konjugiert.*

Beweis. Wir beweisen (a) durch Induktion nach $|G|$. Sei dazu p ein Primteiler von $|N|$ und P eine Sylow-p-Untergruppe von N.

---

2 Issai Schur, *10.1. 1875 Mohilew; †10.1 1941 Tel Aviv. Schur verbrachte die meiste Zeit seines Lebens in Deutschland. Als Student von Frobenius arbeitete er in der Darstellungstheorie von Gruppen, aber auch in Zahlentheorie und sogar in theoretischer Physik. Auf allen diesen Gebieten leistete er wichtige Beiträge. Schur war zunächst Privatdozent in Berlin, danach außerplanmäßiger Professor in Bonn und ab 1919 dann Professor in Berlin. Er wurde 1933 von den Nationalsozialisten suspendiert. E. Schmidt erreichte, dass er dann bis 1935 noch Sondervorlesungen halten durfte, bis er auf Betreiben von Bieberbach 1935 erst aus dem Universitätsdienst und dann 1938 aus der Preussichen Akademie der Wissenschaften austreten musste. Er konnte 1939 nach Palästina fliehen, wo er 1941 an einem Herzinfarkt verstarb.

Mit dem Frattini-Argument (Lemma 1.1.26) folgt $G = NN_G(P)$. Also ist

$$G/N = NN_G(P)/N \cong N_G(P)/N \cap N_G(P) = N_G(P)/N_N(P). \qquad (*)$$

Sei zunächst $N_G(P) \neq G$. Nach $(*)$ ist

$$\mathrm{ggT}(|N_N(P)|, |N_G(P)/N_N(P)|) \text{ ein Teiler von } \mathrm{ggT}(|N|, |G/N|) = 1.$$

Per Induktion hat jetzt $N_N(P)$ ein Komplement K in $N_G(P)$. Es ist $|K| = |G/N|$ nach $(*)$. Weiter ist $K \cap N \leq N_G(P) \cap N = N_N(P)$. Also ist

$$K \cap N \leq N_N(P) \cap K = 1.$$

Mit $K \cap N = 1$ folgt dann $G = NK$ und K ist das gesuchte Komplement. Somit können wir $N_G(P) = G$ für alle Sylowgruppen P von N annehmen. Insbesondere folgt mit Satz 1.6.15, dass N nilpotent ist. Falls N abelsch ist, so folgt die Behauptung mit Korollar 2.1.5. Also können wir $1 < N'$ annehmen. Per Induktion hat dann N/N' ein Komplement W/N' in G/N' und weiter hat N' ein Komplement K in W. Es sind

$$|K| = |W/N'| = |G/N'|/|N/N'| = |G/N|$$

und

$$K \cap N \subseteq W \cap N = N'.$$

Also ist $K \cap N \subseteq K \cap N' = 1$ und damit ist K ein Komplement zu N in G, was (a) beweist.

(b) Wieder beweisen wir die Behauptung durch Induktion nach $|G|$. Seien dazu K_1 und K_2 zwei Komplemente von N in G. Wir können $N > 1$ annehmen, da sonst nichts zu beweisen ist.

Sei zunächst N auflösbar. Dann ist $N' < N$. Ist $N' = 1$, so folgt die Behauptung mit Korollar 2.1.5. Also können wir $1 < N'$ annehmen. Dann sind K_1N'/N' und K_2N'/N' Komplemente von N/N' in G/N'. Per Induktion gibt es ein $g \in G$ mit $K_1^gN'/N' = K_2N'/N'$, was dann $K_1^gN' = K_2N'$ liefert. Wegen $K_1 \cap N' = 1$ ist $K_1^g \cap N' = (K_1 \cap N')^g = 1$. Also sind K_1^g und K_2 Komplemente von N' in K_2N'. Per Induktion gibt es ein $h \in K_2N'$ mit $K_1^{gh} = K_2$, d. h. K_1 und K_2 sind in G konjugiert.

Sei nun G/N auflösbar. Wieder können wir $G/N \neq 1$ annehmen. Sei M/N ein minimaler Normalteiler in G/N. Nach Satz 1.3.8 und Lemma 1.3.10 ist M/N eine elementar abelsche p-Gruppe für eine Primzahl p. Sei zunächst $M = G$. Da $|N|$ nicht durch p teilbar ist, sind dann K_1 und K_2 Sylow-p-Untergruppen von G. Nach dem Satz von Sylow sind K_1 und K_2 konjugiert, also können wir $M \neq G$ annehmen. Mit der Dedekind-Identität folgt $M = M \cap NK_i = N(M \cap K_i)$ und dann weiter $N \cap (M \cap K_i) \leq N \cap K_i = 1$ für $i = 1, 2$. Somit sind $M \cap K_1$ und $M \cap K_2$ Komplemente von N in M. Per Induktion gibt es ein $m \in M$ mit

$$M \cap K_2 = (M \cap K_1)^m = M \cap K_1^m.$$

Wir setzen $D = M \cap K_2$. Dann ist D normal in $\langle K_2, K_1^m \rangle$.
Es ist weiter

$$|D| = |M \cap K_2| = |M/N| > 1.$$

Nun folgt:

$$N_G(D) = N_G(D) \cap K_2N = K_2(N_G(D) \cap N) = K_2N_N(D).$$

Dabei haben wir wieder die Dedekind-Identität benutzt. Genauso erhalten wir auch $N_G(D) = K_1^m N_N(D)$. Weiter ist $\mathrm{ggT}(|K_2|, |N_N(D)|) = \mathrm{ggT}(|K_1^m|, |N_N(D)|)$ ein Teiler von $\mathrm{ggT}(|G/N|, |N|) = 1$.

Ist nun $N_G(D) < G$, so folgt per Induktion, dass K_2 zu K_1^m in $N_G(D)$ konjugiert ist. Also können wir annehmen, dass D normal in G ist. Dann sind K_2/D und K_1^m/D Komplemente von N/D in G/D. Per Induktion sind K_2/D und K_1^m/D in G/D konjugiert. Also ist K_2 zu K_1^m in G konjugiert. □

Da $\mathrm{ggT}(|N|, |G/N|) = 1$ ist, ist entweder $|N|$ oder $|G/N|$ ungerade. Nach einem tiefliegenden Satz von Feit-Thompson [22] sind Gruppen ungerader Ordnung stets auflösbar. Also ist die Voraussetzung in Satz 2.1.7 (b) stets erfüllt. Wir wollen dies aber nicht benutzen. In allen Anwendungen von Satz 2.1.7 werden wir die eigentlich überflüssige Voraussetzung der Auflösbarkeit hinzufügen.

Wir wollen nun den Begriff der Sylow-p-Untergruppe einer Gruppe zum Begriff der Hall-π-Untergruppe verallgemeinern.

Definition 2.1.8. Seien G eine Gruppe und π eine Menge von Primzahlen. Eine Untergruppe H von G nennen wir eine Hall-π-Untergruppe von G, falls alle Primteiler von $|H|$ in π liegen und alle Primteiler von $|G : H|$ nicht in π sind.

Ist $\pi = \{p\}$, so ist eine Hall-π-Untergruppe eine Sylow-p-Untergruppe. Der nächste Satz verallgemeinert den Satz von Sylow für auflösbare Gruppen.

Satz 2.1.9 (P. Hall[3][35]). *Seien G eine auflösbare Gruppe und π eine Menge von Primzahlen. Dann gilt:*
(a) *G besitzt eine Hall-π-Untergruppe.*
(b) *Je zwei Hall-π-Untergruppen von G sind konjugiert.*

Beweis. Wir können annehmen, dass jede Untergruppe und Faktorgruppe von G die Behauptungen des Satzes erfüllt. Sei M ein minimaler Normalteiler von G. Nach Satz 1.3.8 und Lemma 1.3.10 ist M eine p-Gruppe für eine Primzahl p.

---

3 Philip Hall, *11.4. 1904 London; †30.12. 1982 Cambridge. Hauptarbeitsgebiete waren Gruppentheorie und Kombinatorik. P. Hall wurde 1933 Lecturer in Cambridge. Im 2. Weltkrieg arbeitete er in Bletchley Park als Kryptograph an der Entzifferung italienischer und japanischer Codes. Ab 1949 war er wieder in Cambridge, wo er 1953 Professor wurde. Berühmt sind seine Verallgemeinerungen des Satzes von Sylow, seine Beiträge zur Theorie der p-Gruppen und in der Kombinatorik der Hallsche Heiratssatz.

Wir setzen $G^* = G/M$. Nach Annahme hat G^* eine Hall-π-Untergruppe H^*. Sei zunächst $p \in \pi$. Dann ist das Urbild H von H^* eine Hall-π-Untergruppe von G, also gilt (a).
Ist X eine weitere Hall-π-Untergruppe von G, so ist $|X| = |H|$ und somit auch $|X^*| = |H^*|$. Damit ist X^* zu H^* in G^* konjugiert, und dann auch X zu H in G, was (b) beweist.

Sei nun $p \notin \pi$ und wieder H das volle Urbild von H^*. Nach Satz 2.1.7 gibt es ein Komplement K von M in H und H operiert transitiv auf der Menge der Komplemente von M in H. Da H^* eine Hall-π-Untergruppe von G^* war, sind die Komplemente alle Hall-π-Untergruppen von G. Da die Hall-π-Untergruppen von G^* konjugiert sind, sind also auch die von G konjugiert. □

Wir wollen nun zeigen, dass diese Verallgemeinerung des Satzes von Sylow nur für auflösbare Gruppen möglich ist. Dazu verwenden wir ohne Beweis einen tiefliegenden Satz von Burnside[4], der besagt, dass eine Gruppe, deren Ordnung nur durch zwei Primzahlen teilbar ist, auflösbar ist.

Satz 2.1.10. *Hat G eine Hall-p'-Untergruppe für jede Primzahl p, so ist G auflösbar.*

Beweis. Seien G ein minimales Gegenbeispiel, $p \neq q$ zwei Primzahlen, die die Ordnung von G teilen, und seien H eine Hall-p'-Untergruppe und K eine Hall-q'-Untergruppe von G. Es ist $|G : K| = q^a$ und $|G : H| = p^b$ für geeignetes $a, b \in \mathbb{N}$. Da $p \neq q$ ist, ist $|KH| = |G|$ und somit haben wir:

$$\text{Sind } H \text{ eine Hall-}p'\text{-Untergruppe und } K \text{ eine Hall-}q'\text{-Untergruppe, } p \neq q, \text{ so ist } G = KH. \tag{1}$$

Aus $|G| = |H||K|/|H \cap K|$ folgt:

$$|K : H \cap K| = p^b \text{ und } |H : H \cap K| = q^a.$$

Damit gilt:

$$H \cap K \text{ ist eine Hall-}q'\text{-Untergruppe in } H. \tag{2}$$

Somit haben wir gezeigt:

$$\text{Für jede Primzahl } q \text{ mit } q \mid |H| \text{ gibt es eine Hall-}q'\text{-Untergruppe in } H. \tag{3}$$

Sei H eine Hall-p'-Untergruppe und M ein minimaler Normalteiler von H. Mit (3) und der Minimalität von G erhalten wir, dass H auflösbar ist. Also ist M nach Lemma 1.3.9 und Satz 1.3.8 eine r-Gruppe für eine Primzahl $r \neq p$. Nach dem vorher erwähnten

4 William Snow Burnside, *2.7. 1852 London; †21.8. 1927 West Wickham, Kent. Burnside wurde durch seine Beiträge zur Gruppentheorie bekannt. Er war ab 1885 Professor in Greenwich.

Satz von Burnside gibt es eine weitere Primzahl q mit $r \neq q \neq p$, die $|G|$ teilt. Sei K eine Hall-q'-Untergruppe. Dann ist $M(K \cap H)$ eine q'-Untergruppe. Da nach (2) $K \cap H$ eine Hall-q'-Untergruppe von H ist, folgt

$$M \leq K \cap H \leq K.$$

Da nach (1) $G = HK$ ist, folgt:

$$X = \langle M^G \rangle = \langle M^{HK} \rangle = \langle M^K \rangle \leq K.$$

Also ist nach (3) X ein auflösbarer Normalteiler von G. Es erfüllt offenbar G/X die Voraussetzungen. Da $|G/X| < |G|$ ist, ist jetzt wegen der Minimalität von G wieder G/X auflösbar. Da X auflösbar ist, ist jetzt auch G auflösbar, ein Widerspruch. □

Eine weitere Anwendung des Satzes von Schur-Zassenhaus[5] ist der folgende Fixpunktsatz, der dann zu den Untersuchungen von Automorphismen α einer Gruppe G mit $\mathrm{ggT}(o(\alpha), |G|) = 1$ überleitet.

Satz 2.1.11. *Es operiere die Gruppe A auf der Gruppe G. Sei H eine A-invariante Untergruppe von G mit $\mathrm{ggT}(|H|, |A|) = 1$. Weiter seien H oder A auflösbar. Ist $g \in G$ mit $(Hg)^a = Hg$ für alle $a \in A$, so gibt es ein $x \in Hg$ mit $x^a = x$ für alle $a \in A$. Ist insbesondere H normal in G, so gilt $C_G(A)H/H = C_{G/H}(A)$.*

Beweis. (Glauberman [27]) Sei $S = GA$ das semidirekte Produkt. Wir definieren die folgende Abbildung

$$f : A \to H$$

durch die Festsetzung

$$f(a) = g^a g^{-1}, \text{ für alle } a \in A.$$

Für alle $a_1, a_2 \in A$ gilt:

$$f(a_1 a_2) = g^{a_1 a_2} g^{-1} = g^{a_1 a_2}(g^{-1})^{a_2} g^{a_2} g^{-1} = f(a_1)^{a_2} f(a_2)$$

und

$$a_1 f(a_1) a_2 f(a_2) = a_1 a_2 f(a_1)^{a_2} f a_2 = a_1 a_2 f(a_1 a_2),$$

5 Hans Julius Zassenhaus, *28.5 1912 Koblenz; †21.11 1991 Columbus, Ohio. Zassenhaus wurde berühmt durch seine Arbeiten zur Algebra und gilt als Pionier der Computeralgebra. Zassenhaus habilitierte sich 1936 in Hamburg. Im Krieg arbeitete er in der Wettervorhersage. Eine ihm 1943 in Bonn angebotene Professur lehnte er ab. Nach dem Krieg war er von 1949 bis 1959 Professor in Montreal und dann 5 Jahre an der University of Notre Dame, bevor er 1964 an die Ohio State University in Columbus wechselte, wo er bis zu seiner Emeritierung blieb.

außerdem

$$\begin{aligned}(a_1 f(a_1))^{-1} &= (a_1 a_1^{-1} g a_1 g^{-1})^{-1} = (g a_1 g^{-1})^{-1} \\ &= g a_1^{-1} g^{-1} = a_1^{-1} a_1 g a_1^{-1} g^{-1} = a_1^{-1} f(a_1^{-1}).\end{aligned}$$

Somit ist

$$K = \{af(a) | a \in A\}$$

eine Gruppe mit $K \leq AH$.

Da mit $a \in A$ stets $f(a) \in H$ ist, ist $KH = AH$. Sei $af(a) \in K \cap H$. Dann ist $a \in H \cap A = 1$. Also ist $af(a) = 1$. Somit sind A und K Komplemente von H in HA. Nach Satz 2.1.7 gibt es ein $h \in H$ mit

$$A^h = K.$$

Es ist

$$a^h = a[a, h] \in aH \cap K = \{af(a)\}. \qquad (*)$$

Wir zeigen nun, dass $x = hg$ das gesuchte Element ist. Sei dazu $a \in A$ beliebig gewählt. Dann ist

$$\begin{aligned}(hg)^a &= h^a g^a = a^{-1} h a g^a g^{-1} g = a^{-1} h a f(a) g = \\ &= a^{-1} h (a f(a)) g \underset{(*)}{=} a^{-1} h h^{-1} a h g = hg.\end{aligned}$$ □

Satz 2.1.12. *Es operiere A auf einer Gruppe G mit* $\mathrm{ggT}(|A|, |G|) = 1$. *Sind A oder G auflösbar, so gilt:*

(a) *Ist p eine Primzahl, so besitzt G eine A-invariante Sylow-p-Untergruppe P.*

(b) *Es operiert $C_G(A)$ transitiv auf der Menge der A-invarianten Sylow-p-Untergruppen von G.*

Beweis. Sei S das semidirekte Produkt von G mit A. Dann ist $S = GA$, G ist normal in S und $G \cap A = 1$.

(a) Sei Q eine Sylow-p-Untergruppe von G. Eine Anwendung des Frattini-Arguments (Lemma 1.1.26) ergibt $S = N_S(Q)G$. Das liefert:

$$A \cong S/G = N_S(Q)G/G \cong N_S(Q)/N_S(Q) \cap G = N_S(Q)/N_G(Q).$$

Insbesondere ist $\mathrm{ggT}(|N_G(Q)|, |N_S(Q)/N_G(Q)|) = 1$. Nach Satz 2.1.7 hat $N_G(Q)$ ein Komplement K zu $N_S(Q)$. Dabei sind

$$|K| = |N_S(Q)/N_G(Q)| = |S/G|$$

und

$$K \cap G \leq N_G(Q) \cap K = 1.$$

Also ist K ein Komplement von G in S. Nach Satz 2.1.7 gibt es ein $h \in S$ mit $K^h = A$. Dabei ist $h = ga$ mit $g \in G$ und $a \in A$. Also ist

$$K^{ga} = K^h = A \text{ und dann } K^g = A.$$

Es ist $K \leq N_S(Q)$ und $A = K^g \leq N_S(Q^g)$. Mit $P = Q^g$ folgt nun die Behauptung.

(b) Seien P und Q Sylow-p-Untergruppen von G mit $A \leq N_S(P) \cap N_S(Q)$. Es gibt ein $g \in G$ mit $P^g = Q$, also ist $A^g \in N_S(Q)$. Es sind A und A^g Komplemente zu $N_G(Q)$ in $N_S(Q)$. Satz 2.1.7 liefter, dass es ein $h \in N_S(Q)$ gibt, sodass $A^{gh} = A$ ist. Da $N_S(Q) = N_G(Q)A$ ist, haben wir $h = h_1 a$ mit $h_1 \in N_G(Q)$ und $a \in A$. Dann gilt auch $A^{gh_1} = A$. Wenn wir $x = gh_1$ setzen, so ist $x \in G$ und $P^x = Q$. Weiter ist $[x, A] \leq G \cap A = 1$, d. h. $x \in C_G(A)$, wie behauptet. □

Satz 2.1.13. *Ist p ein Primteiler von $|\phi(G)|$, so teilt p auch $|G/\phi(G)|$.*

Beweis. Wir wollen annehmen, dass $|G/\phi(G)|$ nicht durch p teilbar ist. Ist dann P eine Sylow-p-Untergruppe von $\phi(G)$, so ist P auch eine Sylow- p-Untergruppe von G. Nach dem Frattini-Argument ist

$$G = \phi(G)N_G(P).$$

Mit Satz 1.8.2 folgt $G = N_G(P)$, also ist P normal in G. Da $|G/P|$ nicht durch p geteilt wird, gibt es nach Satz 2.1.7 ein Komplement K zu P in G. Also ist

$$G = PK \leq \phi(G)K = K,$$

ein Widerspruch zu $P \neq 1$. □

Lemma 2.1.14. *Eine p'-Gruppe A operiere auf einer p-Gruppe G. Ist $[A, G] \leq \phi(G)$, so ist $[A, G] = 1$.*

Beweis. Nach Satz 2.1.11 ist $G = \phi(G)C_G(A)$, was mit Satz 1.8.2 dann $G = C_G(A)$ liefert. □

Bemerkung 2.1.15. Die Aussage von Lemma 2.1.14 ist für p-Automorphismen falsch. So sind die inneren Automorphismen der p-Gruppe G immer trivial auf $G/\phi(G)$.

Aber auch äußere können trivial sein. Sei dazu $G = \langle x \rangle \cong \mathbb{Z}_4$ und $\alpha \in \mathrm{Aut}(G)$ mit $\alpha(x) = x^{-1}$. Es ist $\phi(G) = \langle x^2 \rangle$ und $\alpha(x) = x^3 = xx^2$. Das liefert jetzt $\alpha(x\phi(G)) = x\phi(G)$ aber es ist $[\alpha, G] \neq 1$.

Der nächste Satz und seine Folgerung sind wichtige Anwendungen von Lemma 2.1.14. Diese zeigen, dass man manchmal Fragen über Automorphismen von p-Gruppen auf Fragen über Automorphismen von Vektorräumen zurückführen kann.

Satz 2.1.16. *Seien G eine Gruppe und $H = O_p(G)$. Ist $C_G(H) \leq H$, so operiert G/H treu auf $H/\phi(H)$, also ist dann $H = C_G(H/\phi(H))$.*

Beweis. Da $H/\phi(H)$ elementar abelsch ist, ist $H \leq C_G(H/\phi(H)) = C$. Wir zeigen $C = H$. Ist $x \in C$ ein p'-Element, so ist $[H,x] \leq \phi(H)$. Nach Lemma 2.1.14 ist dann $[H,x] = 1$. Also ist $x = 1$, da $C_G(H) \leq H$ ist. Somit ist C eine p-Gruppe. Da C normal in G ist, ist $C \leq O_p(G) = H$.   □

Korollar 2.1.17. *Sei G eine Gruppe mit $C_G(O_p(G)) \leq O_p(G)$. Ist*

$$|O_p(G)/\phi(O_p(G))| = p^n,$$

so ist $G/O_p(G)$ isomorph zu einer Untergruppe von $GL_n(p)$.

2.2 p'-Automorphismen von p-Gruppen

In diesem Abschnitt wollen wir uns mit p-Gruppen G und ihren Automorphismen beschäftigen. Insbesondere werden wir Automorphismen betrachten, deren Ordnung nicht durch p geteilt wird. Wir werden zeigen, dass diese auf gewissen Untergruppen nicht trivial operieren müssen, falls sie nicht trivial auf G operieren. Vieles geht aber auch allgemeiner für π-Gruppen und Automorphismen, deren Ordnung keine Primteiler aus π enthalten, sogenannte π'-Automorphismen.

Lemma 2.2.1. *Seien G eine π-Gruppe und A eine π'-Gruppe, die auf G operiert. Es sei G oder A auflösbar. Dann gilt*
(a) $G = [G,A]C_G(A)$.
(b) *Ist G abelsch, so ist $G = [G,A] \times C_G(A)$.*

Beweis. (a) Sei $H = GA$ das semidirekte Produkt von G mit A. Dann ist $[G,A]$ normal in $\langle G,A \rangle = H$. Weiter ist

$$G/[G,A] = C_{G/[G,A]}(A).$$

Mit Satz 2.1.10 folgt nun $G/[G,A] = C_G(A)[G,A]/[G,A]$, also ist

$$G = [G,A]C_G(A).$$

(b) Nach (a) genügt es, $[G,A] \cap C_G(A) = 1$ zu zeigen. Dazu betrachten wir die Abbildung $\Theta : G \to G$, die durch

$$\Theta(x) = \prod_{a \in A} x^a \quad \text{für alle} \quad x \in G$$

gegeben ist. Da G abelsch ist, ist Θ wohldefiniert. Aus dem gleichen Grund ist

$$\Theta(x_1 x_2) = \prod_{a \in A} (x_1 x_2)^a = \prod_{a \in A} x_1^a \prod_{a \in A} x_2^a = \Theta(x_1)\Theta(x_2)$$

$$\text{für alle } x_1, x_2 \in G.$$

Also ist Θ ein Homomorphismus. Seien $x \in G$ und $a \in A$. Dann erhalten wir

$$\Theta([x,a]) = \prod_{b \in A} (x^{-1})^b (x^a)^b = \Big(\prod_{b \in A} x^b\Big)^{-1} \prod_{b \in A} x^b = 1.$$

Hierbei benutzen wir, dass für jedes feste $a \in A$ die Mengen $\{ab \mid b \in A\}$ und $\{b \mid b \in A\}$ gleich sind.

Somit ist $[G,A] \leq \ker \Theta$. Sei nun $x \in [G,A] \cap C_G(A)$. Dann ist

$$1 = \Theta(x) = \prod_{a \in A} x^a = \prod_{a \in A} x = x^{|A|}.$$

Damit ist $o(x)$ ein Teiler von $\mathrm{ggT}(|G|, |A|) = 1$. Das liefert dann $x = 1$. □

Lemma 2.2.2. *Seien G eine abelsche p-Gruppe und $A \leq \mathrm{Aut}(G)$ mit $|A| = rq$, wobei r und q Primzahlen sind, die auch gleich sein dürfen. Ist $C_G(a) = 1$ für alle $a \in A \setminus \{1\}$, so ist A zyklisch.*

Beweis. Sei $a \in A$ mit $o(a) = p$. Das semidirekte Produkt $G\langle a \rangle$ ist eine p-Gruppe. Nach Lemma 1.1.10 ist dann $Z(G\langle a \rangle) \neq 1$, was $C_G(a) = 1$ widerspricht. Also ist $r \neq p \neq q$. Wir können $r \geq q$ annehmen.
Wir nehmen an, dass A nicht zyklisch ist. Dann zeigen wir, dass es stets Untergruppen A_i, $i = 1, \ldots, r+1$, von A gibt, so dass

$$A = \bigcup_{i=1}^{r+1} A_i \text{ mit } A_i \cap A_j = 1 \text{ für } i \neq j \qquad (*)$$

gilt.

Sei dazu zuerst $r = q$. Dann ist $|A| = r^2$. Da A nicht zyklisch ist, hat jedes von 1 verschiedene Element von A die Ordnung r. Jedes Element liegt somit in genau einer Untergruppe der Ordnung r. Es besitzt A genau $(r^2-1)/r-1 = r+1$ Untergruppen der Ordnung r. Diese seien $A_1, \ldots, A_{r+1}$. Es gilt somit $(*)$.

Sei nun $r > q$. Wir bezeichen mit N_q die Anzahl der Sylow-q-Untergruppen von A und mit N_r die Anzahl der Sylow-r-Untergruppen von A. Es gilt $N_q \equiv 1 (\mathrm{mod}\, q)$ und $N_r \equiv 1 (\mathrm{mod}\, r)$. Da $r > q$ ist, folgt $N_r = 1$. Wäre auch $N_q = 1$, so wäre $A = Q \times R$ mit einer Sylow-q-Untergruppe Q und einer Sylow-r-Untergruppe R. Sei $Q = \langle x \rangle, R = \langle y \rangle$. Wir setzen $z = xy$. Dann wäre $z^q = y^q$ und $z^r = x^r$. Da $r \neq q$ ist, ist $\langle y^q \rangle = \langle y \rangle$ und $\langle x^r \rangle = \langle x \rangle$, also ist $\langle z \rangle = A$. Nun wäre A aber zyklisch. Also ist $N_q = r$. Seien A_1 die Sylow-r-Untergruppe und $A_2, \ldots, A_{r+1}$ die Sylow-q-Untergruppen. Da A nicht zyklisch ist, hat jedes Element von A die Ordnung $1, r$ oder q. Also gilt jetzt wieder $(*)$.

Seien $1 \neq x \in G$ und $1 \neq b \in A$. Es ist

$$\Big(\prod_{a \in A} x^a\Big)^b = \prod_{a \in A} x^{ab} = \prod_{a \in A} x^a$$

aus dem gleichen Grund wie im Beweis von Lemma 2.2.1 (b). Da $C_G(b) = 1$ ist, erhalten wir

$$\prod_{a \in A} x^a = 1.$$

Sei weiter $1 \neq \tilde{b} \in A_i$ für ein $i = 1, \ldots, r+1$. Dann ist wieder aus dem gleichen Grund

$$\left(\prod_{a \in A_i} x^a\right)^{\tilde{b}} = \prod_{a \in A_i} x^a.$$

Das liefert auch

$$\prod_{a \in A_i} x^a = 1.$$

Mit $(*)$ erhalten wir so

$$1 = \prod_{a \in A} x^a = \prod_{i=1}^{r+1} \left(\prod_{a \in A_i} x^a\right) x^{-r} = x^{-r}.$$

Da $\operatorname{ggT}(r, p) = 1$ ist, folgt $x = 1$, ein Widerspruch. □

Das nachfolgende Lemma 2.2.4 ist fundamental, wenn man die möglichen Operationen von p'-Gruppen auf p-Gruppen studieren möchte. Das Lemma 2.2.3, das wir zunächst beweisen, ist ein wichtiger Spezialfall.

Lemma 2.2.3. *Seien p, q verschiedene Primzahlen, G eine abelsche p-Gruppe und Q eine nicht zyklische abelsche q-Gruppe von Automorphismen von G. Dann ist*

$$G = \langle C_G(a) \mid a \in Q \setminus \{1\} \rangle.$$

Beweis. Wir beweisen die Behauptung durch Induktion nach $|G|$.

Sei zunächst $C_G(x) = 1$ für alle $x \in Q \setminus \{1\}$. Wir haben eine Untergruppe Q_1 von Q mit $|Q_1| = q$. Nach Korollar 1.4.7 gibt es eine Untergruppe Q_2 von Q mit $|Q_2| = q$ und $Q_1 \neq Q_2$. Dann ist $Q_1 Q_2 = Q_1 \times Q_2$ nicht zyklisch, was Lemma 2.2.2 widerspricht.
Also gibt es ein $x \in Q \setminus \{1\}$ mit $C_G(x) \neq 1$. Nach Lemma 2.2.1 (b) haben wir $G = [G, x] \times C_G(x)$. Also ist $|[x, G]| < |G|$. Es ist

$$[x, G]^y = [x^y, G^y] = [x, G] \text{ für alle } y \in Q.$$

Somit operiert Q auf $[x, G]$. Per Induktion nach $|G|$ gilt also

$$[x, G] = \langle C_{[x,G]}(a) \mid a \in Q \setminus \{1\} \rangle.$$

Dann ist

$$G = C_G(x) \times [x, G] = \langle C_G(a) \mid a \in Q \setminus \{1\} \rangle.$$ □

Nun das angekündigte Lemma:

Lemma 2.2.4. *Seien p, q verschiedene Primzahlen, G eine p-Gruppe und Q eine nicht zyklische abelsche q-Gruppe von Automorphismen von G. Dann ist*

$$G = \langle C_G(a) | a \in Q \setminus \{1\} \rangle.$$

Beweis. Es induziert Q eine Gruppe von Automorphismen auf $G/\phi(G)$. Nach Lemma 2.2.3 ist

$$G/\phi(G) = \langle C_{G/\phi(G)}(a) | a \in Q \setminus \{1\} \rangle.$$

Mit Satz 2.1.11 folgt $C_{G/\phi(G)}(a) = C_G(a)\phi(G)/\phi(G)$. Also ist

$$G = \langle C_G(a) | a \in Q \setminus \{1\} \rangle \phi(G).$$

Dann liefert aber Satz 1.8.2 (b)

$$G = \langle C_G(a) | a \in Q \setminus \{1\} \rangle. \qquad \square$$

Beispiel 2.2.5. Sei $H = A_6$ und $V = \langle (12)(34), (13)(24) \rangle \leq A_6$ eine Vierergruppe. Sei weiter K eine Untergruppe von H von ungerader Ordnung, die von V normalisiert wird. Wir wollen $K = 1$ zeigen. Wir haben $C_H((12)(34)) = V\langle (12)(56) \rangle$, also $|C_H((12)(34))| = 8$. Da alle Elemente in V in H konjugiert sind, ist $|C_H(x)| = 8$ für alle $1 \neq x \in V$. Nach Satz 2.1.12 gibt es eine V-invariante Sylow-p-Untergruppe P von K, für jede Primzahl p. Lemma 2.2.4 liefert

$$P = \langle C_P(x) | x \in V \setminus \{1\} \rangle.$$

Aber $C_P(x)$ hat ungerade Ordnung. Damit ist $C_P(x) = 1$ und dann $P = 1$. Also ist auch $K = 1$.

Wir wollen nun zeigen, dass Gruppen G, die einen fixpunktfreien Automorphismus der Ordnung 2 haben, abelsch sind. Später (Satz 3.4.15) werden wir zeigen, dass Gruppen, die einen fixpunktfreien Automorphismus von Primzahlordnung haben, nilpotent sind.

Lemma 2.2.6. *Es operiere $A = \langle a \rangle$ auf einer Gruppe G. Dann gilt für alle $x, y \in G$:*

$$[x, a] = [y, a] \text{ genau dann, wenn } yx^{-1} \in C_G(a) \text{ ist.}$$

Insbesondere ist $|\{[x, a] | x \in G\}| = |G : C_G(a)|$.

Beweis. Es ist $x^{-1}x^a = y^{-1}y^a$ genau für $yx^{-1} = y^a x^{-a}$, also für $yx^{-1} = (yx^{-1})^a$, was $yx^{-1} \in C_G(a)$ liefert. $\qquad \square$

Lemma 2.2.7. *Es operiere $A = \langle a \rangle$ auf einer Gruppe G von ungerader Ordnung. Sei $[G, a^2] = 1$. Dann ist*

$$\{x \in G | x^a = x^{-1}\} = \{[x, a] | x \in G\}.$$

Weiter enthält jede Nebenklasse von $C_G(a)$ in G genau einen Kommutator $[x, a]$.

Beweis. Es ist

$$[x, a]^a = (x^{-1}x^a)^a = x^{-a}x^{a^2} = x^{-a}x = [x, a]^{-1}.$$

Die Behauptung folgt nun mit Lemma 2.2.6, falls wir zeigen können, dass jede Nebenklasse von $C_G(a)$ höchstens ein x mit $x^a = x^{-1}$ besitzt. Seien dazu x und $xf, f \in C_G(a)$ mit

$$x^a = x^{-1} \text{ und } (xf)^a = (xf)^{-1} = f^{-1}x^{-1}.$$

Dann folgt

$$f^{-1}x^{-1} = (xf)^a = x^a f^a = x^{-1}f.$$

Also ist $f^x = f^{-1}$ und dann $f^{x^2} = f$. Da $o(x)$ ungerade ist, ist $\langle x^2 \rangle = \langle x \rangle$. Das liefert $f = f^{-1}$ und dann $f^2 = 1$. Aber $o(f)$ ist ungerade, was die Behauptung $f = 1$ liefert. □

Korollar 2.2.8. *Seien G eine Gruppe und $a \in \mathrm{Aut}(G)$ mit $o(a) = 2$. Ist $C_G(a) = 1$, so ist $x^a = x^{-1}$ für alle $x \in G$. Insbesondere ist G abelsch.*

Beweis. Da $C_G(a) = 1$ ist, hat G nach Lemma 1.1.10 ungerade Ordnung. Nun folgt die Behauptung mit Lemma 2.2.7. □

In den nächsten Lemmas wollen wir Aussagen von der Form beweisen: Ist P eine p-Gruppe und A eine p'-Untergruppe von $\mathrm{Aut}(P)$, die trivial auf gewissen Untergruppen von P operiert, so ist A trivial auf P.

Lemma 2.2.9. *Seien G eine π-Gruppe und a ein π'-Element, das auf G operiert. Ist*

$$1 = G_1 \le G_2 \le \cdots \le G_n = G$$

eine a-invariante Kette und ist

$$[a, G_i] \le G_{i-1} \text{ für alle } i = 2, \ldots, n,$$

so ist $[a, G] = 1$.

Beweis. Per Induktion nach n können wir $[a, G_{n-1}] = 1$ annehmen. Nach Annahme ist $[a, G] \le G_{n-1}$. Also folgt mit Lemma 2.2.1 (a)

$$G = C_G(a)[G, a] \le C_G(a)G_{n-1} = C_G(a).$$ □

Lemma 2.2.10. *Sei G eine π-Gruppe, auf der eine π'-Gruppe A operiert. Es seien G oder A auflösbar. Dann ist*

$$[G, A] = [G, A, A].$$

Beweis. Nach Lemma 2.2.1 (a) ist

$$G = C_G(A)[G, A].$$

Also ist

$$[G, A] = [C_G(A)[G, A], A] = [G, A, A]. \qquad \square$$

Lemma 2.2.11.
(a) *Seien G eine π-Gruppe und a ein π'-Element, das auf G operiert. Ist X ein Subnormalteiler von G mit $[a, X] = 1 = [a, C_G(X)]$, so ist $[a, G] = 1$.*
(b) *Sei a ein p'-Element, das auf einer p-Gruppe G operiert. Ist X eine Untergruppe von G mit $[X, a] = [C_G(X), a] = 1$, so ist $[a, G] = 1$.*

Beweis. (a) Sei $X = X_0 \trianglelefteq X_1 \trianglelefteq \cdots \trianglelefteq X_n = G$. Wir wählen i maximal mit $[a, X_i] = 1$ und setzen $N = N_G(X_i)$. Dann operiert a auch auf N.
Angenommen, es sei $i \neq n$. Da $X_{i+1} \leq N$ ist, ist $[a, N] \neq 1$. Es ist

$$[X_i, N, \langle a\rangle] \leq [X_i, \langle a\rangle] = 1 \text{ und } [\langle a\rangle, X_i, N] = 1.$$

Nach dem Drei-Untergruppen-Lemma ist dann auch $[N, \langle a\rangle, X_i] = 1$. Also ist $[N, a] \leq C_G(X_i) \leq C_G(X)$. Da $[C_G(X), \langle a\rangle] = 1$ ist, folgt $[N, \langle a\rangle, \langle a\rangle] = 1$. Mit Lemma 2.2.10 folgt dann $[N, \langle a\rangle] = 1$, ein Widerspruch. Also ist $i = n$ und $[G, a] = 1$.

(b) Da in einer p-Gruppe jede Untergruppe subnormal ist, folgt die Behauptung mit (a). $\square$

Das nächste Lemma ist von zentraler Bedeutung.

Lemma 2.2.12. (A×B-Lemma) *Es seien G eine p-Gruppe und $A, B \leq \mathrm{Aut}(G)$. Dabei sei B eine p-Gruppe und A werde von seinen p'-Elementen erzeugt. Ist $[A, B] = 1 = [A, C_G(B)]$, so ist $[A, G] = 1$.*

Beweis. Es genügt, die Behauptung für q-Gruppen A mit $q \neq p$, zu beweisen, da A von solchen erzeugt wird.
Sei H das semidirekte Produkt von G mit AB. Dann ist GB normal in H. Da $[A, B] = 1$ ist, erhalten wir $[C_{GB}(B), A] = [C_G(B)Z(B), A] = 1$. Nun folgt die Behauptung mit Lemma 2.2.11 (a), wenn wir dort $X = B$ setzen. $\square$

Eine Anwendung des $A \times B$-Lemmas ist der folgende Satz:

Satz 2.2.13. *Seien G eine Gruppe und p eine Primzahl, die $|G|$ teilt. Es sei weiter $C_{G/O_{p'}(G)}(O_p(G/O_{p'}(G))) \leq O_p(G/O_{p'}(G))$. Ist P eine p-Untergruppe von G, so gilt*

$$O_{p'}(N_G(P)) = O_{p'}(G) \cap N_G(P).$$

Beweis. Da $C_G(P)$ normal in $N_G(P)$ ist und $[O_{p'}(N_G(P)), P] \leq O_{p'}(N_G(P)) \cap P = 1$ ist, gilt

$$O_{p'}(N_G(P)) = O_{p'}(C_G(P)).$$

Weiter ist $O_{p'}(G) \cap C_G(P) \leq O_{p'}(C_G(P))$. Wir müssen also zeigen, dass

$$O_{p'}(C_G(P)) \leq O_{p'}(G) \cap C_G(P)$$

ist. Da die Voraussetzungen alle $G/O_{p'}(G)$ betreffen, können wir ohne Beschränkung $O_{p'}(G) = 1$ annehmen. Sei $G_1 = O_p(G)$ und $A = O_{p'}(C_G(P))$. Es ist nach Annahme $C_G(G_1) \leq G_1$. Weiter operiert $P \times A$ auf G_1. Da $C_{G_1}(P) \leq O_p(C_G(P))$ ist, folgt

$$[C_{G_1}(P), A] = 1.$$

Mit dem A $\times$ B-Lemma folgt $[A, G_1] = 1$. Also ist $A \leq C_G(G_1) \leq G_1$. Da A eine p'-Gruppe ist, folgt $A = 1$, die Behauptung. $\qquad\square$

Bemerkung 2.2.14. Gruppen, die die Voraussetzung aus Satz 2.2.13 erfüllen, nennt man auch p-constrained.

Korollar 2.2.15. *Seien G eine Gruppe, P eine p-Untergruppe von G und U eine Untergruppe von $O_{p'}(N_G(P))$. Es sei L eine auflösbare Untergruppe von G, die $\langle U, P \rangle$ enthält. Dann ist U in $O_{p'}(L)$ enthalten.*

Beweis. Es ist $U \leq O_{p'}(N_G(P))$. Da L auflösbar ist, ist L p-constrained nach Satz 1.6.21. Es ist $U \leq O_{p'}(N_L(P))$. Nun folgt mit Satz 2.2.13 die Behauptung $U \leq O_{p'}(L)$. $\qquad\square$

Satz 2.2.16. *Seien G eine abelsche p-Gruppe und $1 \neq A$ eine p'-Untergruppe von $\mathrm{Aut}(G)$. Dann operiert A treu auf $\Omega_1(G)$. Insbesondere ist A zu einer Untergruppe von $\mathrm{Aut}(\Omega_1(G))$ isomorph.*

Beweis. Sei $1 \neq a \in A$. Nach Lemma 2.2.1 ist

$$G = [G, \langle a \rangle] \times C_G(a).$$

Da $[G, \langle a \rangle] \neq 1$ ist, ist auch $[G, \langle a \rangle] \cap \Omega_1(G) \neq 1$, also ist $[\Omega_1(G), a] \neq 1$. $\qquad\square$

Wir wollen Satz 2.2.16 auf nicht abelsche p-Gruppen verallgemeinern. Wir werden sehen, dass dabei $p = 2$ eine Sonderrolle spielt. Zunächst benötigen wir aber noch einen Hilfssatz, der für beliebiges p gilt.

Lemma 2.2.17. *Seien G eine p-Gruppe und $A \leq \mathrm{Aut}(G)$ eine p'-Gruppe. Sei weiter $G = [G, A]$. Zentralisiert A jede charakteristische abelsche Untergruppe von G, so ist $G' = \phi(G) = Z(G)$ und $C_G(A) = Z(G)$.*

Beweis. Ist G abelsch, so wird G von A zentralisiert. Wegen $G = [G, A]$ ist dann $G = 1$ und es ist nichts zu beweisen. Sei ab jetzt $G' \neq 1$.

Sei C eine abelsche charakteristische Untergruppe von G. Dann gilt

$$[C, A, G] = 1 = [C, G, A].$$

Nach dem Drei-Untergruppen-Lemma ist dann auch $1 = [C, [G, A]] = [C, G]$. Also gilt:

$$Z = Z(G) \textit{ ist die einzige maximale charakteristische abelsche Untergruppe von } G. \tag{$*$}$$

Es ist $[Z_2(G), G] \leq Z(G)$ und dann $[Z_2(G), G, G] = 1 = [G, Z_2(G), G]$. Nach dem Drei-Untergruppen-Lemma ist dann $[Z_2(G), [G, G]] = 1$. Also ist $Z_2(G) \cap G'$ abelsch und dann nach $(*)$

$$Z_2(G) \cap G' \leq Z(G).$$

Nun ist

$$Z(G/Z(G)) \cap G'Z(G)/Z(G) = Z_2(G)/Z(G) \cap G'Z(G)/Z(G) = 1.$$

Also ist

$$G' \leq Z(G).$$

Nach Lemma 2.2.1 ist $G/G' = C_{G/G'}(A) \times [G/G', A]$. Da nach Voraussetzung $[G, A] = G$ ist, ist auch $[G/G', A] = G/G'$. Dies liefert $C_{G/G'}(A) = 1$. Da aber $Z(G)/G' \leq C_{G/G'}(A)$ ist, ist dann

$$G' = Z(G) = C_G(A).$$

Wir zeigen nun noch $G' = \phi(G)$. Dazu genügt es nach Satz 1.8.8 zu zeigen, dass G/G' elementar abelsch ist. Sei p^n das Maximum der Ordnungen der Elemente aus G/G'. Also $g^{p^n} \in G' = Z(G)$ für alle $g \in G$.
Ist $n > 1$, so gilt für alle $g, h \in G$ nach Lemma 1.2.3 (b)

$$[g^{p^{n-1}}, h^{p^{n-1}}] = [g^{p^n}, h^{p^{n-2}}] = 1.$$

Also ist $\langle g^{p^{n-1}} | g \in G\rangle$ eine abelsche charakteristische Untergruppe von G und somit nach $(*)$ in $Z(G)$ enthalten. Nach Definition von n gibt es aber ein $g \in G$ mit $o(gG') = p^n$, d. h. $g^{p^{n-1}} \notin G' = Z(G)$, ein Widerspruch. Somit ist G/G' elementar abelsch und dann $G' = \phi(G)$. □

Nun kommen wir zu dem angekündigten Satz.

Satz 2.2.18. *Sei p eine ungerade Primzahl. Sind G eine p-Gruppe und a ein p'-Automorphismus von G mit $[G, a] \neq 1$, so ist $[\Omega_1(G), a] \neq 1$.*

Beweis. Sei G ein minimales Gegenbeispiel, also $[\Omega_1(G), a] = 1$. Wegen Lemma 2.2.1 können wir $G = [G, a]$ annehmen. Nach Satz 2.2.16 zentralisiert a jede charakteristische abelsche Untergruppe. Lemma 2.2.17 liefert $Z(G) = C_G(a)$. Also haben wir $\Omega_1(G) \le Z(G)$. Weiter ist wieder mit Lemma 2.2.17 $G' = \phi(G) = Z(G)$. Insbesondere ist G nicht abelsch. Seien jetzt $x, y \in G$. Dann folgt mit Lemma 1.2.3 (b) $[x, y]^p = [x^p, y] = 1$, da, wie gerade bewiesen, $x^p \in \phi(G) = Z(G)$ ist. Also ist G' elementar abelsch und somit ist

$$Z(G) = \Omega_1(G).$$

Sei nun $g \in G \setminus Z(G)$. Dann ist $z = g^p \in Z(G)$, da $G/Z(G)$ elementar abelsch ist. Weiter ist $v = [g, g^{-a}] \in Z(G)$. Also ist $v^p = 1$, da $Z(G)$ elementar abelsch ist. Da $[z, a] = 1$ ist, folgt $(g^{-a})^p = z^{-1}$.
Wir setzen $h = gg^{-a}$. Es ist

$$h^p = zz^{-1}v^{p(p-1)/2} = 1$$

nach Lemma 1.2.3 (c), was $h \in \Omega_1(G) = Z(G)$ liefert. An dieser Stelle haben wir benutzt, dass p ungerade ist, denn nur dann ist p ein Teiler von $\frac{p(p-1)}{2}$. Da $h \in Z(G)$ ist, ist $[g, a] \in Z(G)$ und dann $[g, a, a] = 1$. Nach Lemma 2.2.10 ist dann auch $[g, a] = 1$, was $g \notin Z(G) = C_G(a)$ widerspricht. $\qquad\square$

Beispiel 2.2.19. Die Aussage in Satz 2.2.18 kann man nicht auf $p = 2$ ausdehnen. Sei dazu $G = SL_2(3)$. Dann ist $|G| = 3 \cdot 8$ und

$$Q = \left\langle \begin{pmatrix} 0 & 1 \\ -1 & 0 \end{pmatrix}, \begin{pmatrix} 1 & 1 \\ 1 & -1 \end{pmatrix} \right\rangle$$

ist eine normale Sylow-2-Untergruppe von G. (siehe auch Übung 13 aus Kapitel 1)
$\quad$ Sei $\rho = \begin{pmatrix} 1 & 0 \\ 1 & 1 \end{pmatrix} \in G$. Es ist $o(\rho) = 3$. Weiter ist

$$C_G(\rho) = \left\langle \begin{pmatrix} 1 & 0 \\ 1 & 1 \end{pmatrix} \begin{pmatrix} -1 & 0 \\ 0 & -1 \end{pmatrix} \right\rangle = Z(Q) = \Omega_1(Q).$$

aber $[\rho, Q] \ne 1$.

$\quad$ Man kann für $p = 2$ zeigen, dass für jeden $2'$-Automorphismus von G allerdings $[a, \Omega_2(G)] \ne 1$ ist, falls $[G, a] \ne 1$ ist. Hierbei ist $\Omega_2(G) = \langle x \mid x \in G, x^4 = 1 \rangle$.

Satz 2.2.20. *Seien G eine p-Gruppe, p ungerade, und X eine Untergruppe von G mit $\Omega_1(C_G(X)) \le X$. Ist a ein p'-Automorphismus von G mit $[X, a] = 1$, so ist $[G, a] = 1$.*

Beweis. Nach Annahme operiert a auf $\Omega_1(C_G(X))$ trivial. Nach Satz 2.2.18 ist dann $[C_G(X), a] = 1$, was mit Lemma 2.2.11 (b) dann $[G, a] = 1$ liefert. $\qquad\square$

$\quad$ Das nächste Lemma ist eine Verallgemeinerung von Lemma 2.2.17.

Lemma 2.2.21. *Es operiere B auf der p-Gruppe P. Weiter sei A eine p'-Gruppe, die normal in B ist. Operiert A trivial auf jeder echten B-invarianten Untergruppe von P und ist $[P, A] \neq 1$, so ist $P = [P, A]$ und entweder ist $P' = Z(P) = \phi(P)$ oder P ist elementar abelsch.*

Beweis. Da $[P, A]$ unter B invariant ist und nach Lemma 2.2.10 $[P, A, A] = [P, A]$ ist, folgt

$$P = [P, A].$$

Da jede charakteristische Untergruppe von P unter B invariant ist, zentralisiert B jede echte abelsche charakteristische Untergruppe von P. Ist P nicht abelsch, so folgt die Behauptung mit Lemma 2.2.17.

Ist P abelsch, so ist $[\Omega_1(P), A] = 1$, falls $\Omega_1(P) \neq P$ ist. Das widerspricht aber Satz 2.2.16. Also ist in diesem Fall P elementar abelsch, was die Behauptung ist. □

Bemerkung 2.2.22. In der Situation von Lemma 2.2.21 kann man noch mehr zeigen: *B operiert irreduzibel auf $P/\phi(P)$. Ist $p \neq 2$, so ist $x^p = 1$ für alle $x \in P$.*

Zum Ende dieses Abschnittes wollen wir noch eine Verallgemeinerung des $A \times B$-Lemmas beweisen, die auf H. Bender [7] zurückgeht. Der Beweis ist ein Leckerbissen.

Lemma 2.2.23. *Seien $p \neq 2$ und G das semidirekte Produkt eines p'-Normalteilers A und einer p-Gruppe B. Operiert G auf einer p-Gruppe P mit $C_P(B) \leq C_P(A)$, so ist $[A, P] = 1$.*

Beweis. Sei P ein minimales Gegenbeispiel. Da sich die Voraussetzungen auf G-invariante Untergruppen von P vererben, ist A auf jeder echten G-invarianten Untergruppe von P trivial. Nach Lemma 2.2.21 ist dann

$$P = [P, A] \text{ und } P' \leq Z(P).$$

Ist P abelsch, so ist $P = [P, A] \times C_P(A)$ nach Lemma 2.2.1, also $C_P(A) = 1$. Da $C_P(B) \leq C_P(A)$ ist, ist dann $C_P(B) = 1$. Aber B ist eine p-Gruppe und zentralisiert somit nach Lemma 1.1.10 ein nicht triviales Element in P, ein Widerspruch.

Somit ist P nicht abelsch und $P' = Z(P)$. Da P ungerade Ordnung hat, ist

$$\langle x^2 \rangle = \langle x \rangle$$

für alle $x \in P$. Seien $x, y \in P$ mit $x^2 = y^2$. Dann ist $\langle x \rangle = \langle x^2 \rangle = \langle y^2 \rangle = \langle y \rangle$. Also ist $[x, y] = 1$ und dann $(xy^{-1})^2 = 1$. Somit ist $o(xy^{-1})$ ein Teiler von 2. Da aber $o(xy^{-1})$ stets $|P|$ teilt, und P ungerade Ordnung hat, ist dann $xy^{-1} = 1$.

Also $x = y$. Somit gibt es zu jedem $g \in P$ ein eindeutig bestimmtes $x \in P$ mit $x^2 = g$. Wir setzen

$$\sqrt{g} = x.$$

Es gilt:

(1) Ist $g \in Z(P)$, so ist auch $x = \sqrt{g} \in Z(P)$, da $\langle g \rangle = \langle x \rangle$ ist.

(2) Ist $g \in P$ und $h \in G$, so ist $(\sqrt{g})^h = \sqrt{g^h}$:

Wir setzen $x = \sqrt{g}$. Es ist $x^2 = g$. Also ist $(x^h)^2 = g^h$. Da x^h eindeutig bestimmt ist, ist $x^h = \sqrt{g^h}$.

(3) Ist $g \in P$, so ist $g^{-1}\sqrt{g} = \sqrt{g^{-1}}$:

Wir setzen wieder $x = \sqrt{g}$, also $x^{-2} = g^{-1}$. Dann ist $g^{-1}\sqrt{g} = x^{-2}x = x^{-1} = \sqrt{g^{-1}}$.

Nun definieren wir auf P eine neue Verknüpfung durch

$$g + h = gh\sqrt{[h,g]} \text{ für alle } g, h \in P.$$

Aus $[g,h]^{-1} = [h,g]$ folgt

$$\begin{aligned} g + h &= gh\sqrt{[h,g]} = hg[g,h]\sqrt{[h,g]} = hg[g,h]\sqrt{[g,h]^{-1}} \\ &\underset{(3)}{=} hg\sqrt{[g,h]} = h + g. \end{aligned}$$

Somit ist $(P, +)$ kommutativ.

Wir zeigen jetzt, dass $(P, +)$ eine Gruppe ist. Es gilt

$$[f, g + h] = [f, gh\sqrt{[h,g]}] = [f, gh],$$

da nach (1) $\sqrt{[h,g]} \in Z(P)$ ist.

Also ist:

(4) $[f, g + h] = [f, g][f, h]$.

Genauso erhalten wir auch:

(5) $[h + f, g] = [hf, g] = [h, g][f, g]$.

Nun gilt:

$$\begin{aligned} (g + h) + f &= (g + h)f\sqrt{[f, g + h]} \underset{(4)}{=} (g + h)f\sqrt{[f,g][f,h]} \\ &= gh\sqrt{[h,g]}f\sqrt{[f,g][f,h]} = (ghf)\sqrt{[h,g][f,g][f,h]} \end{aligned}$$

und

$$\begin{aligned} g + (h + f) &= g(h + f)\sqrt{[h + f, g]} \underset{(5)}{=} g(h + f)\sqrt{[h,g][f,g]} \\ &= (ghf)\sqrt{[f,h]}\sqrt{[h,g][f,g]} = (ghf)\sqrt{[h,g][f,g][f,h]}. \end{aligned}$$

Somit ist

$$(g + h) + f = g + (h + f)$$

d. h. + ist assoziativ.

Das neutrale Element der Addition ist die 1. Es ist $-g$ gleich g^{-1}. Damit ist $(P, +)$ eine abelsche Gruppe.

Es operiert G auf P bezüglich $\cdot$, aber es operiert G auch bezüglich $+$, wie wir jetzt zeigen werden.

Seien dazu $a \in G$ und $g, h \in P$. Dann gilt

$$(g + h)^a \underset{(2)}{=} g^a h^a \sqrt{[h^a, g^a]} = g^a + h^a.$$

Da $C_P(a)$ für jedes $a \in G$ von der Verknüpfung unabhängig ist und wir die Behauptung für abelsches P bereits bewiesen haben, folgt nun die Behauptung auch für nicht abelsches P. □

2.3 Fixpunkte von Automorphismen

In dem vorherigen Abschnitt haben wir gesehen, dass bei der Operation einer nicht zyklischen q-Gruppe auf einer p-Gruppe diese durch Zentralisatoren der Elemente der operierenden Gruppe erzeugt wird. Dies ist ein qualitatives Resultat. Ziel dieses Abschnittes ist es, eine fundamentale Fixpunktformel [71] von Helmut Wielandt zu beweisen, die in dieser Situation ein quantitatives Resultat liefert. Wir beginnen mit einem Satz, der auch von unabhängigem Interesse ist.

Satz 2.3.1 (Maschke[6]-Schur [49]). *Seien G eine abelsche p-Gruppe und A eine Untergruppe von $\mathrm{Aut}(G)$. Weiter sei B eine Untergruppe von A, so dass p den Index $|A : B|$ nicht teilt. Ist $G = G_1 \times G_2$ mit A invarianter Untergruppe G_1 und B-invarianter Untergruppe G_2, so gibt es eine A-invariante Untergruppe G_3 mit $G = G_1 \times G_3$.*

Beweis. Wir betrachten zunächst die Projektion π_1 von $G_1 \times G_2$ auf G_1, also eine Abbildung $\pi_1 \in \mathrm{Hom}(G, G)$ mit $\pi_1(g_1) = g_1$, $\pi_1(g_2) = 1$ für alle $g_i \in G_i$, $i = 1, 2$. Wir wollen hieraus eine neue Projektion konstruieren, die G_1 als Bild und die gesuchte Untergruppe G_3 als Kern hat.
Sei dazu $A = \bigcup_{i=1}^{m} Br_i$ die Nebenklassenzerlegung. Setze

$$\pi_1'(g) = \prod_{i=1}^{m} \left(\pi_1(g^{r_i^{-1}})\right)^{r_i}.$$

6 Heinrich Maschke, *24.10 1853 Breslau; †1.3. 1908 Chicago. Maschke war zunächst Gymnasiallehrer, ging in die USA und wurde dort Professor an der University of Chicago. Er arbeitete auf dem Gebiet der Gruppentheorie und der Differentialgeometrie.

Da G abelsch ist, ist das Produkt wohldefiniert. Wir zeigen zunächst, dass π_1' ein Homomorphismus ist. Seien dazu $g, h \in G$. Dann gilt

$$\begin{aligned}\pi_1'(gh) &= \prod_{i=1}^{m} \left(\pi_1((gh)^{r_i^{-1}})\right)^{r_i} = \prod_{i=1}^{m} \left(\pi_1(g^{r_i^{-1}})\right)^{r_i} \left(\pi_1(h^{r_i^{-1}})\right)^{r_i} \\ &= \prod_{i=1}^{m} \left(\pi_1(g^{r_i^{-1}})\right)^{r_i} \prod_{i=1}^{m} \left(\pi_1(h^{r_i^{-1}})\right)^{r_i} = \pi_1'(g)\pi_1'(h).\end{aligned}$$

Auch hier haben wir ausgenutzt, dass G abelsch ist.

Ist $g \in G$ beliebig, so ist $\pi_1(g^{r_i^{-1}}) \in G_1$, also ist $\pi_1'(g) \in G_1$, was Bild $\pi_1' \le G_1$ liefert. Sei nun $g \in G_1$. Da G_1 unter A invariant ist, ist $g^{r_i^{-1}} \in G_1$, also haben wir $\pi_1(g^{r_i^{-1}}) = g^{r_i^{-1}}$. Das liefert

$$\pi_1'(g) = \prod_{i=1}^{m} \left(\pi_1(g^{r_i^{-1}})\right)^{r_i} = \prod_{i=1}^{m} (g^{r_i^{-1}})^{r_i} = \prod_{i=1}^{m} g = g^m.$$

Da $m = |A : B|$ teilerfremd zu $|G_1|$ ist, ist das Potenzieren mit m ein Automorphismus von G_1. Also ist $\langle g^m | g \in G_1 \rangle = G_1$. Somit ist $G_1 \le$ Bild π_1' und dann

$$G_1 = \text{Bild}\, \pi_1'.$$

Sei nun $g \in \ker \pi_1' \cap G_1$. Dann ist

$$1 = \pi_1'(g) = g^m.$$

Das liefert dann $g = 1$. Somit ist

$$\ker \pi_1' \cap G_1 = 1.$$

Nach dem Homomorphiesatz ist dann $G = G_1 \times \ker \pi_1'$. Wir setzen $G_3 = \ker \pi_1'$ und zeigen, dass G_3 unter A invariant ist. Dazu zunächst eine Vorbemerkung. Sind $h \in G_1$ und $b \in B$, so ist

$$\pi_1(h)^b = h^b = \pi_1(h^b), \text{ da } [G_1, B] \le G_1 \text{ ist.}$$

Sind $h \in G_2$ und $b \in B$, so ist

$$\pi_1(h)^b = 1^b = \pi_1(h^b), \quad \text{da } [G_2, B] \le G_2 \text{ ist.}$$

Also gilt für jedes $h \in G$

$$\pi_1(h)^b = \pi_1(h^b). \tag{$*$}$$

Seien nun $a \in A$ und $g \in \ker \pi_1'$. Es gibt für jedes r_i genau ein $r_{i'} \in \{r_1, \dots, r_m\}$ und ein $b_i \in B$ mit

$$r_i a = b_i r_{i'}.$$

Also gilt

$$1 = \pi_1'(g)^a = \prod_{i=1}^{m} \left(\pi_1(g^{r_i^{-1}})\right)^{r_i a} = \prod_{i=1}^{m} \left(\pi_1(g^{r_i^{-1}})\right)^{b_i r_{i'}}$$
$$\underset{(*)}{=} \prod_{i=1}^{m} \left(\pi_1(g^{r_i^{-1} b_i})\right)^{r_{i'}} = \prod_{i=1}^{m} \left(\pi_1(g^{a r_{i'}^{-1}})\right)^{r_{i'}} = \pi_1'(g^a).$$

Damit ist $g^a \in \ker \pi_1'$ und dann G_3 unter A invariant. □

Für die weiteren Untersuchungen der Operation einer p'-Gruppe A auf einer p-Gruppe G ist es nützlich, die Gruppe G in Gruppen zu zerlegen, die minimal bezüglich der Operation von A sind. Diese können dann weiter untersucht werden. Genau diese Zerlegung liefert der folgende Satz.

Satz 2.3.2. *Seien G eine abelsche p-Gruppe und $A \leq \operatorname{Aut}(G)$ eine p'-Gruppe. Dann gibt es Untergruppen $G_1, \ldots, G_l$ von G mit*

$$G = G_1 \times \ldots \times G_l.$$

Weiterhin gilt für alle $i \in \{1, \ldots, l\}$:
(a) $[G_i, A] \leq G_i$.
(b) *G_i is kein direktes Produkt echter A-invarianter Untergruppen.*
(c) *$G_i/\phi(G_i)$ enthält keine nicht trivialen A-invarianten Untergruppen.*
(d) *G_i ist homogen, d. h. G_i ist ein direktes Produkt von zyklischen Gruppen, die alle die gleiche Ordnung haben.*

Beweis. Wir beweisen die Behauptung durch Induktion nach $|G|$. Wir wollen zunächst annehmen, dass G elementar abelsch ist. Sei G_1 eine minimale A-invariante Untergruppe von G. Da jetzt G ein Vektorraum ist, gibt es ein Komplement G_2 von G_1 in G. Dann gibt es nach Satz 2.3.1 mit $B = 1$ eine Untergruppe G_3 mit $G = G_1 \times G_3$, wobei G_3 unter A invariant ist. Nun folgen (a) und (b) mit Induktion, angewandt auf G_3. Die Behauptungen (c) und (d) sind hier immer erfüllt.

Sei also ab jetzt $\phi(G) \neq 1$. Es ist nach Satz 1.4.6

$$G = \langle g_1 \rangle \times \cdots \times \langle g_k \rangle \times \langle g_{k+1} \rangle \times \cdots \times \langle g_d \rangle.$$

Dabei sei $o(g_i) = p^{\alpha_i}$ mit $\alpha_i \geq 2$ für alle $i \leq k$ und $\alpha_i = 1$ für alle $k+1 \leq i \leq d$. Es ist weiter

$$\begin{aligned}\Omega_1(G) &= \langle g_1^{p^{\alpha_1 - 1}}, \ldots, g_k^{p^{\alpha_k - 1}}, g_{k+1}, \ldots, g_d \rangle \\ &= \Omega_1(\phi(G)) \times \langle g_{k+1}, \ldots, g_d \rangle.\end{aligned}$$

Sei zunächst $\Omega_1(G) \nleq \phi(G)$. Wir setzen $G_1 = \Omega_1(\phi(G))$ und wählen ein Komplement G_2 von G_1 in $\Omega_1(G)$ als Vektorraum. Nach Satz 2.3.1 mit $B = 1$ folgt, dass es ein Komplement R von G_1 in $\Omega_1(G)$ gibt, das A-invariant ist. Da $\Omega_1(G) \nleq \phi(G)$ ist, ist $R \neq 1$.

Sei $b \in R \cap \langle g_1, \ldots, g_k \rangle$. Dann ist $b = \prod_{i=1}^{k} g_i^{x_i}$ mit geeigneten $x_i \in \mathbb{Z}$. Wir erhalten $1 = b^p = \prod_{i=1}^{k} g_i^{x_i p}$. Damit ist $g_i^{x_i p} = 1$ für alle i, da die g_i in verschiedenen Faktoren des direkten Produktes liegen. Das liefert, dass x_i von $p^{\alpha_i - 1}$ geteilt wird. Also ist $b \in R \cap \Omega_1(\Phi(G)) = 1$. Somit haben wir $G = \langle g_1, \ldots, g_k \rangle \times R$. Da $[R, A] \le A$ ist, können wir wieder Satz 2.3.1 anwenden. Das liefert $G = R \times C$ mit A-invariantem C. Nun folgen (a)–(d) per Induktion, angewandt auf R und C.
Sei nun $\Omega_1(G) \le \Phi(G)$. Setze $\bar{G} = G/\Omega_1(G)$. Per Induktion ist

$$\bar{G} = \bar{G}_1 \times \ldots \times \bar{G}_l,$$

wobei die $\bar{G}_i$ die Eigenschaften (a)–(d) erfüllen.

Es ist $\bar{G}_i$ ein direktes Produkt von k_i vielen zyklischen Gruppen der Ordnung $p^{l_i - 1}$ mit $l_i > 1$. Da $\Omega_1(G) \le \Phi(G)$ ist, ist $|G/\Phi(G)| = |\bar{G}/\Phi(\bar{G})| = p^{\sum_{i=1}^{l} k_i}$. Wir setzen zur Abkürzung $d = \sum_{i=1}^{l} k_i$.

Somit ist

$$|G| = |\Omega_1(G)||\bar{G}| = p^d \prod_{i=1}^{l} p^{(l_i - 1)k_i} = \prod_{i=1}^{l} p^{l_i k_i}.$$

Sei H_i das volle Urbild von $\bar{G}_i$. Dann ist nach Satz 1.4.6 H_i das direkte Produkt von k_i vielen zyklischen Gruppen der Ordnung p^{l_i} und $d - k_i$ vielen der Ordnung p.

Sei zunächst $l = 1$, also $G = H_1$. Wegen $\Omega_1(G) \le \Phi(G)$ folgt dann $d = k_1$, d. h. G ist ein direktes Produkt von zyklischen Gruppen der Ordnung p^{l_1}, und (a)–(d) gelten.
Sei $l > 1$. Dann ist $H_i < G$. Per Induktion ist $H_i = H_{i_1} \times \ldots \times H_{i_{r_i}}$, wobei die H_{i_j} ein direktes Produkt von zyklischen Gruppen der Ordnung $p^{l_{i_j}}$ sind. Weiter erfüllen die H_{i_j} die Eigenschaften (a)–(d).

Es ist $\bar{G}_i = H_i/\Omega_1(G) = H_i/\Omega_1(H_i) \cong \prod_{j=1}^{r_i} H_{i_j}/\Omega_1(H_{i_j})$. Da die $\bar{G}_i$ aber nach (b) keine Zerlegung als direktes Produkt echter A-invarianter Untergruppen zulassen, ist bei geeigneter Nummerierung

$$\bar{G}_i = H_{i_1}/\Omega_1(H_{i_1}) \text{ und } H_{i_j} = \Omega_1(H_{i_j}) \text{ für } j > 1.$$

Wir setzen nun

$$G_i = H_{i_1}.$$

Dann ist G_i ein direktes Produkt von k_i vielen zyklischen Gruppen der Ordnung p^{l_i}. Weiter ist $H_i = G_i \times C_i$, mit $C_i \le \Phi(G)$. Das liefert $G = \langle H_1, \ldots, H_l \rangle = \langle G_1, \ldots, G_l \rangle$. Es ist $|G| = \prod_{i=1}^{l} |G_i|$ und damit

$$G = G_1 \times \ldots \times G_l. \qquad \square$$

Das folgende Lemma wird für den Beweis der Fixpunktformel entscheidend sein. Wir hatten in Lemma 2.1.14 gesehen, dass jeder nicht triviale p'-Automorphismus einer p-Gruppe G auch einen nicht trivialen Automorphismus auf $G/\Phi(G)$ induziert. Hier wollen wir für p-Gruppen G, die das direkte Produkt von zyklischen Gruppen gleicher Ordnung sind, das Umgekehrte zeigen, dass also jeder p'-Automorphismus von $G/\Phi(G)$ einen Automorphismus von G induziert.

Lemma 2.3.3. *Sei $\bar{G}$ eine elementar abelsche p-Gruppe mit $|\bar{G}| = p^n$. Sei weiter A eine p'-Untergruppe von $\mathrm{Aut}(\bar{G})$, so dass $\bar{G}$ eine A-einfache Gruppe ist, d. h. A operiert irreduzibel. Dann existiert für jedes $e \geq 1$ eine abelsche p-Gruppe G, die ein direktes Produkt von zyklischen Gruppen der Ordnung p^e ist, auf der A so operiert, dass*

$$G/\Phi(G) \cong_A \bar{G}$$

ist. (Hierbei bedeutet $X \cong_A Y$, dass die Operation von A auf X und Y gleich ist. Es gibt also einen Isomorphismus $\rho : X \to Y$, so dass $\rho(x)^a = \rho(x^a)$ für alle $a \in A$ und alle $x \in X$ gilt.)

Beweis. Sei $R = \prod_{g\in\bar{G}} \langle x_g \rangle$, wobei das Produkt direkt sei und $|\langle x_g \rangle| = p^e$ für alle $g \in \bar{G}$ sei. Wir definieren hierauf eine A-Operation durch

$$x_g^b = x_{g^b} \text{ für alle } b \in A \text{ und } g \in \bar{G}.$$

Sei entsprechend $\bar{R} = \langle y_g \mid g \in \bar{G} \rangle$, eine elementar abelsche Gruppe mit Basis $\{y_g \mid g \in \bar{G}\}$ aufgefasst als Vektorraum. Also $|\bar{R}| = p^{|\bar{G}|}$. Wir definieren hierauf auch eine A-Operation durch

$$y_g^b = y_{g^b} \text{ für alle } b \in A \text{ und } g \in \bar{G}.$$

Dann ist offenbar $R/\Phi(R) \cong_A \bar{R}$ mit dem Isomorphismus $x_g \to y_g$. Da $|A|$ nicht von p geteilt wird, folgt mit Satz 2.3.2

$$\bar{R} = \bar{R}_1 \times \ldots \times \bar{R}_s,$$

wobei A auf den $\bar{R}_i$ irreduzibel operiert.

Wir definieren nun einen $GF(p)$-Homomorphismus $\alpha : \bar{R} \to \bar{G}$ durch

$$\alpha(y_g) = g.$$

Ist $a \in A$, so ist

$$\alpha(y_g)^a = g^a = \alpha(y_{g^a}) = \alpha((y_g)^a).$$

Also ist α ein A-Homomorphismus. Damit ist $\bar{R}/\ker\alpha \cong_A \bar{G}$. Da $\bar{G}$ irreduzibel ist, können wir annehmen, dass es ein $\bar{R}_i$ gibt, mit $\alpha(\bar{R}_i) = \bar{G}$, also ist $\bar{R}_i \cong_A \bar{G}$.

Nach Satz 2.3.2 ist $R = \bigoplus_{j=1}^{s} R_j$ mit unzerlegbaren R_j und irreduziblen $R_j/\Phi(R_j)$. Da $R/\Phi(R) \cong_A \bar{R}$ ist, können wir $R_j/\Phi(R_j) = \bar{R}_j$ annehmen. Es sind die R_j direkte Produkte von zyklischen Gruppen der Ordnung p^e. Wenn wir nun $G = R_i$ setzen, so haben wir die Behauptung. □

Bezeichnungen und Bemerkungen. Für den Beweis der Wielandtformel benötigen wir den ganzzahligen Gruppenring. Für eine Gruppe A definieren wir:

$$\mathbb{Z}[A] = \left\{ \sum_{g\in A} z_g g \mid z_g \in \mathbb{Z} \right\}.$$

Dies sind also formale Summen der Elemente aus A mit ganzzahligen Koeffizienten.

Wir multiplizieren wie folgt:

$$\Big(\sum_{g\in A} z_g g\Big)\Big(\sum_{g\in A} x_g g\Big) = \sum_{g\in A}\Big(\sum_{\substack{u,v\in A\\ uv=g}} z_u x_v\Big) g$$

und addieren

$$\sum_{g\in A} z_g g + \sum_{g\in A} x_g g = \sum_{g\in A} (z_g + x_g) g.$$

Die Rechenregeln entsprechen denen des Polynomrings. Hiermit wird $\mathbb{Z}[A]$ zu einem Ring, den man ganzzahligen (wegen $\mathbb{Z}$) Gruppenring nennt. Wir werden dies nur als Sprachregelung verwenden und keine Resultate über solche Ringe benutzen.

Satz 2.3.4 (Wielandt[7]). *Seien G eine p-Gruppe und $A \le \mathrm{Aut}(G)$ eine p'-Gruppe. Es seien weiter Untergruppen A_i, $i = 1, \ldots, s$, mit $|A_i| = a_i$ gegeben. Wir bezeichnen mit $\underline{A}_i$ die Summe der Elemente von A_i in $\mathbb{Z}[A]$. Gibt es $n_i \in \mathbb{Z}$ mit $\sum_{i=1}^{s} n_i \underline{A}_i = 0$ in $\mathbb{Z}[A]$, so ist $\prod_{i=1}^{s} |C_G(A_i)|^{n_i a_i} = 1$.*

Beweis. Nach Lemma 1.5.7 gibt es eine Kette $1 = G_0 \trianglelefteq G_1 \trianglelefteq \cdots \trianglelefteq G_m = G$ von Untergruppen G_i, die A-invariant sind. Dabei können wir die Reihe noch so verfeinern, dass die G_i/G_{i-1} elementar abelsch sind und A darauf irreduzibel operiert.

Nach Satz 2.1.10 gilt für jedes A_i

$$|C_G(A_i)| = \prod_{k=1}^{m} |C_{G_k/G_{k-1}}(A_i)|.$$

Also genügt es, die Behauptung für elementar abelsches G, auf dem A irreduzibel operiert, zu zeigen. Dies wollen wir ab jetzt annehmen. Dann ist G ein $GF(p)$-Vektorraum, den wir additiv schreiben wollen. Somit ist $C_G(A_i)$ ein Unterraum der Dimension f_i, $i = 1, \ldots, s$, also $|C_G(A_i)| = p^{f_i}$. Schließlich sei $|G| = p^n$. Wir zeigen

$$\sum_{i=1}^{s} n_i a_i f_i = 0. \qquad (*)$$

7 Helmut Wielandt, *19.12 1910 Niedereggenen; †14.2. 2001 Schliersee. H. Wielandt war 1947 bis 1951 Professor im Mainz und dann bis zu seiner Emeritierung Professor in Tübingen. Während des 2. Weltkrieges war er wissenschaftlicher Mitarbeiter des Kaiser-Wilhelm-Instituts für Strömungsforschung und der Aerodynamischen Versuchsanstalt in Göttingen. Sein Hauptarbeitsgebiet war die Gruppentheorie, speziell die Theorie der Permutationsgruppen. Der Begriff der subnormalen Untergruppe geht auf ihn zurück. Neben seinen gruppentheoretischen Arbeiten lieferte er aber auch wichtige Beiträge zur Operatorentheorie und zur Theorie der Matrizen.

Sei dazu $e \in \mathbb{N}$ beliebig gewählt. Nach Lemma 2.3.3 gibt es eine abelsche p-Gruppe G_e, die ein direktes Produkt von zyklischen Gruppen $\langle x_i \rangle$, $i = 1, \dots, n$, der Ordnung p^e ist, auf der A operiert, so dass

$$G_e/\phi(G_e) \cong_A \Omega_1(G_e) \cong_A G$$

ist. Wir fassen G_e als $\mathbb{Z}$-Modul auf und definieren nun

$$\pi_i^{(e)} = \frac{1}{|A_i|} \sum_{a \in A_i} a.$$

Es ist $\pi_i^{(e)} \in \mathrm{Hom}_{\mathbb{Z}}(G_e, G_e)$, der Menge der $\mathbb{Z}$-linearen Abbildungen von G_e. Da jeder Homomorphismus durch Vorgabe der Bilder der x_i, $i = 1, \dots, n$, bestimmt ist, erhalten wir wie in der linearen Algebra, dass $\mathrm{Hom}_{\mathbb{Z}}(G_e, G_e) \cong (\mathbb{Z}/p^e\mathbb{Z})_n$ ist. Jeder linearen Abbildung ist also eine Matrix zugeordnet. Damit haben wir auch eine Spurabbildung. Die üblichen Gesetze der Spurabbildung gelten auch für $\mathbb{Z}$-linerare Abbildungen, wie man sich leicht überzeugt.

Es ist nach Voraussetzung

$$0 = \sum_{i=1}^{s} n_i \underline{A_i} = \sum_{i=1}^{s} n_i |A_i| \pi_i^{(e)}.$$

Also ist auch die Spur der Abbildung $\sum_{i=1}^{s} n_i |A_i| \pi_i^{(e)}$ gleich Null. Es ist

$$0 = \sum_{i=1}^{s} n_i a_i \,\mathrm{Spur}\, \pi_i^{(e)} \in \mathbb{Z}/p^e\mathbb{Z} \text{ oder } \sum_{i=1}^{s} n_i a_i \,\mathrm{Spur}\, \pi_i^{(e)} \equiv 0 (\mathrm{mod}\, p^e). \quad (1)$$

Wir wollen nun die Spur von $\pi_i^{(e)}$ berechnen. Dazu zeigen wir zunächst, dass $\pi_i^{(e)}$ eine Projektion ist.

$$(\pi_i^{(e)})^2 = \frac{1}{|A_i|^2} \Big(\sum_{a \in A_i} a \Big) \Big(\sum_{b \in A_i} b \Big).$$

Für $b \in A_i$ ist stets $(\sum_{a \in A_i} a) b = \sum_{a \in A_i} ab = \sum_{a \in A_i} a$, da die Multiplikation mit einem Gruppenelement aus A_i eine bijektive Abbildung ist. Das liefert

$$(\pi_i^{(e)})^2 = \frac{1}{|A_i|^2} |A_i| \sum_{a \in A_i} a = \pi_i^{(e)}.$$

Damit ist $\pi_i^{(e)}$ eine Projektion. Wie in der linearen Algebra erhält man jetzt

$$G_e = \pi_i^{(e)} G_e \bigoplus (1 - \pi_i^{(e)}) G_e.$$

Sei $x \in \pi_i^{(e)} G_e$. Dann ist

$$x = \pi_i^{(e)}(x) = \frac{1}{|A_i|} \sum_{b \in A_i} a(x).$$

Sei nun $b \in A_i$. Dann ist

$$b(x) = \frac{1}{|A_i|} \sum_{a \in A_i} ba(x) = \frac{1}{|A_i|} \sum_{a \in A_i} a(x) = x.$$

Damit ist $\pi_i^{(e)} G_e \leq C_{G_e}(A_i)$.

Sei umgekehrt $x \in C_{G_e}(A_i)$. Dann ist

$$\pi_i^{(e)}(x) = \frac{1}{|A_i|} \sum_{a \in A_i} a(x) = \frac{1}{|A_i|} \sum_{a \in A_i} x = x.$$

Also gilt

$$\pi_i^{(e)} G_e = C_{G_e}(A_i).$$

Da $\pi^{(e)}$ eine Projektion ist, ist

$$\begin{aligned} \operatorname{Spur} \pi_i^{(e)} &= \operatorname{rang} \pi_i^{(e)}(G_e) \\ &= \operatorname{rang} C_{G_e}(A_i) = f_i. \end{aligned}$$

Also ist

$$0 \underset{(1)}{\equiv} \sum_{i=1}^{s} n_i a_i \operatorname{Spur} \pi_i^{(e)} \equiv \sum_{i=1}^{s} n_i a_i f_i \pmod{p^e}.$$

Damit gilt:

$$p^e \text{ teilt } \sum_{i=1}^{s} n_i a_i f_i.$$

Diese Überlegungen können wir aber für jedes e machen. Da $\sum_{i=1}^{s} n_i a_i f_i$ von e unabhängig ist, aber von p^e für jedes e geteilt wird, folgt $\sum_{i=1}^{s} n_i a_i f_i = 0$, was dann $(*)$ liefert.

Nun ist $p^{\sum_{i=1}^{s} n_i a_i f_i} = 1$. Da $p^{f_i} = |C_G(A_i)|$ war, ist

$$\prod_{i=1}^{s} |C_G(A_i)|^{n_i a_i} = 1. \qquad \square$$

Auf den ersten Blick ist der Nutzen des Lemmas kaum zu erkennen. Woher sollen die n_i kommen? Was hat man von der Formel? Das folgende Beispiel soll eine typische Anwendung aufzeigen.

Beispiel 2.3.5.

(a) Seien r eine Primzahl und A eine elementar abelsche Gruppe mit $|A| = r^n$. Dann hat A genau $N = \frac{r^n - 1}{r - 1}$ Untergruppen A_i mit $|A_i| = r$.

Jedes Element von A außer dem Einselement liegt in genau einem der A_i. Das Einselement liegt in jedem A_i. Das ergibt

$$0 = \underline{A} - \sum_{i=1}^{N} \underline{A_i} + (N-1) \cdot \underline{1}.$$

Sei nun p eine Primzahl verschieden von r und A operiere auf der p-Gruppe G. Dann liefert uns Satz 2.3.4:

$$\begin{aligned}\prod_{i=1}^{N} |C_G(A_i)|^r &= |C_G(A)|^{rn} |C_G(1)|^{(N-1)} \\ &= |C_G(A)|^{rn} |G|^{(N-1)}.\end{aligned}$$

Also erhalten wir

$$|G|^{N-1} = \prod_{i=1}^{N} |C_G(A_i)|^r / |C_G(A)|^{rn}.$$

Wir können daher die Ordnung von G berechnen, wenn wir die Anzahl der Fixpunkte von A und die Anzahl der Fixpunkte der Untergruppen von A der Ordnung r kennen.
Übrigens gilt diese Formel auch, wenn G nur eine r'-Gruppe ist. Nach Satz 2.1.12 gibt es für jede Primzahl p, die $|G|$ teilt, eine A-invariante Sylow-p-Untergruppe. Für diese gilt nun die Formel. Indem wir dies für alle Sylowgruppen zusammensetzen, erhalten wir die entsprechende Formel für die Ordnung von G.

(b) Wir wollen jetzt (a) anwenden. Sei G das semidirekte Produkt einer elementar abelschen 2-Gruppe E mit A_9. Es sei $C_G(E) = E$. Dann ist $|E| \geq 2^8$.
Sei dazu $U = \langle (123)(456)(789), (147)(258)(369) \rangle$ eine Untergruppe von A_9. Es ist U elementar abelsch von der Ordnung 9 und alle Elemente in $U \setminus \{1\}$ sind in A_9 konjugiert.
Dies bedeutet:

$$\text{Sind } u, v \in U \setminus \{1\}, \text{ so ist } |C_E(u)| = |C_E(v)|.$$

Wir wenden nun die Formel aus (a) auf die Operation von U auf E an. Dabei ist $|N| = 4$ und die Anzahl der Fixpunkte ist für jedes $1 \neq u \in U$ gleich. Wir halten jetzt ein $1 \neq u \in U$ fest. Damit erhalten wir

$$|E|^3 = \prod_{i=1}^{4} |C_E(u)|^3 / |C_E(U)|^9.$$

Dann ist

$$\begin{aligned}|E| &= |C_E(u)|^4 / |C_E(U)|^3 \\ &= |C_E(u)||C_E(u) : C_E(U)|^3.\end{aligned}$$

Ist $|E| \leq 2^7$, so folgt insbesondere $|C_E(u) : C_E(U)| \leq 2$. Da $C_E(u)$ invariant unter U ist, folgt $[C_E(u), U] \leq C_E(U)$ und dann

$$[C_E(u), U, U] = 1.$$

Mit Lemma 2.2.10 erhalten wir so

$$[C_E(u), U] = [C_E(u), U, U] = 1.$$

Also ist

$$C_E(U) = C_E(u).$$

Mit obiger Formel erhalten wir dann

$$|E| = |C_E(u)|.$$

Dann ist $u \in C_G(E) = E$, ein Widerspruch. Also ist $|E| \geq 2^8$.
Diese Schranke kann man nicht verbessern, wie das folgende Beispiel zeigt:
Sei $V = \langle v_1, \ldots, v_9 \rangle$ eine elementar abelsche Gruppe der Ordnung 2^9, also ein $GF(2)$-Vektorraum mit Basis $\{v_1, \ldots, v_9\}$. Wir definieren eine Operation von A_9 auf V, indem wir die Basiselemente entsprechend permutieren. Es ist offenbar $v_1 + v_2 \cdots + v_9$ unter A_9 fest. Setze $E = V/\langle v_1 + v_2 + \cdots + v_9 \rangle$. Dann ist $|E| = 2^8$ und A_9 operiert auf E. Da A_9 einfach ist, ist $C_{A_9}(E) = 1$.

(c) Ein Spezialfall von (a) ist die sogenannte Brauersche[8] Fixpunktformel. Sei dazu $|A| = 4$, also $A = \{1, x_1, x_2, x_1x_2\}$. Dann liefert (a)

$$|C_G(x_1)|^2 |C_G(x_2)|^2 |C_G(x_1x_2)|^2 = |C_G(A)|^4 |G|^2.$$

oder

$$|C_G(x_1)||C_G(x_2)||C_G(x_1x_2)| = |C_G(A)|^2 |G|.$$

2.4 Übungen

1. Seien π eine Primzahlmenge und G eine Gruppe. Sind H und K nilpotente Hall-π-Untergruppen von G, so sind H und K in G konjugiert.
2. Seien H eine nicht abelsche einfache Gruppe, $H_1 \cong H$ und $G = H \times H_1$. Zeige:
   (a) H hat sowohl Komplemente in G, die normal sind, als auch welche, die nicht normal sind.
   (b) Seien K_1 und K_2 zwei nicht normale Komplemente von H in G. Dann gibt es einen Automorphismus σ von G mit $K_2 = K_1^\sigma$.

---

8 Richard Brauer, *10.2 1901 Berlin; †17.4 1977 Belmont, Massachusetts. Brauer war Assistent in Königsberg. Nach der Machtübernahme durch die Nazionalsozialisten musste er emigrieren. Nach Aufenthalten in Lexington, Toronto und Ann Arbor erhielt er 1952 eine Professur an der Harvard University. R. Brauer entwickelte die Theorie der modularen Darstellungen, insbesondere die Blocktheorie.

3. Sei $G \cong A_5$. Gib eine Primzahlmenge π an, so dass G keine Hall-π-Untergruppe besitzt.
4. Sei V eine Vektorraum über $GF(2)$ mit Basis $\{v_1, v_2, v_3, v_4, v_5\}$. Die Gruppe $H = A_5$ operiere auf V, indem sie die Basisvektoren wie die entsprechenden Indizes permutiere. Sei G das semidirekte Produkt von V mit H bezüglich dieser Operation.
   (a) Bestimme $V \cap G'$.
   (b) Zeige mit dem Satz von Gaschütz, dass $V \cap G'$ ein Komplement in G hat.
5. Sei $G = GL_3(2)$. Dann operiert G auf dem 3-dimensionalen Vektorraum V über $GF(2)$. Sei U der Stabilisator eines Vektors aus V und W der Stabilisator eines 2-dimensionalen Unterraumes. Zeige, dass U und W beides Hall-$\{2,3\}$-Untergruppen von G sind, die aber nicht in G konjugiert sind.
6. Sei P eine 2-Gruppe. Weiter sei P' elementar abelsch und $P' \le Z(P)$. Wir setzen $\Omega_2(P) = \langle x \mid x \in P, x^4 = 1\rangle$. Zeige:
   (a) Ist $y \in \Omega_2(P)$, so ist $y^4 = 1$.
   (b) Ist $a \in \mathrm{Aut}(P)$ von ungerader Ordnung mit $[a, \Omega_2(P)] = 1$, so ist $[a, P] = 1$.
7. Seien A eine zyklische Gruppe von der Ordnung 7, $B = \mathrm{Aut}(A)$ und H das semidirekte Produkt AB. Zeige:
   (a) H ist nicht zu einer Untergruppe von $GL_3(2)$ isomorph.
   (b) Sei P eine 2-Gruppe, auf der H operiert. Ist $[P, A] \ne 1$, so ist $|P/\phi(P)| \ge 2^6$.
8. Seien t eine Involution in G, also $t \ne 1 = t^2$, und E eine Komponente von $C_G(t)$. Sei F eine Komponente von G von gerader Ordnung. Dann ist $E \le N_G(F)$.
9. Sei G eine p-Gruppe und
$$\mathcal{S} = \{H \mid H \text{ char } G \text{ mit } \phi(H)[G,H] \le Z(H)\}.$$
   Zeige:
   (a) Ist H maximal in $\mathcal{S}$ bezüglich Inklusion, so ist $C_G(H) = Z(H)$.
   (b) Sei H wie in (a). Es operiere a mit $o(a) \in p'$ auf G. Ist $[G, a] \ne 1$, so ist $[H, a] \ne 1$.
10. Seien G eine p-Gruppe und A eine elementar abelsche q-Gruppe, die auf G operiert. Es sei $G = [G, A]$. Zeige:
    (a) Ist G abelsch, so ist G das direkte Produkt der $C_G(B)$ mit $|A : B| = q$.
    (b) Es ist $G = \langle C_G(B) \mid |A : B| = q\rangle$.
11. Seien G eine p-Gruppe und A eine p'-Gruppe, die auf G operiert. Sei $G = XY$ mit $[X, A] \le X$ und $[Y, A] \le Y$. Dann ist $C_G(A) = C_X(A)C_Y(A)$.
12. Seien G eine abelsche 2-Gruppe und A eine Gruppe von Automorphismen von G. Sei $i \in A$ mit $i^2 = 1 \ne i$ und $|G : C_G(i)| = 2$. Ist $1 \ne a \in A$, $o(a)$ ungerade, mit $a^i = a^{-1}$, so ist $o(a) = 3$.

3 Fusion und Transfer

Eines der zentralen Anliegen der Gruppentheorie ist es, Normalteiler in Gruppen zu finden, bzw. zu zeigen, dass eine vorgelegte Gruppe einfach ist. Dem wollen wir in diesem Kapitel nachgehen. Dabei werden zwei Fragen im Vordergrund stehen. Wie können wir für eine gegebene Primzahl p einen nicht trivialen Normalteiler von G finden, der entweder eine p-Gruppe ist, oder dessen Faktorgruppe eine p-Gruppe ist? Es sind keine guten Methoden bekannt, um nicht abelsche Faktorgruppen gemischter Ordnung, also zum Beispiel Σ_3, zu finden.

3.1 Transfer

Wir wollen in diesem Abschnitt eine Möglichkeit angeben, Normalteiler mit abelschen Faktorgruppen zu finden. Normalteiler sind Kerne von Homomorphismen. Also suchen wir einen Homomorphismus der Gruppe G auf eine abelsche Gruppe A. Das Verfahren hierbei wird wie folgt sein: Wir haben für eine Untergruppe einen solchen Homomorphismus, d. h. diese Untergruppe hat eine nicht triviale abelsche Faktorgruppe. Dann suchen wir nach Bedingungen, unter denen wir diesen Homomorphismus zu einem der Gruppe G fortsetzen können. Konkret bedeutet dies:

Seien G eine endliche Gruppe, H eine Untergruppe und A eine abelsche Gruppe. Sei weiter

$$\alpha : H \to A$$

ein Homomorphismus und X ein Nebenklassenvertretersystem von H in G. Dann definieren wir die Verlagerung von G nach A bezüglich α durch

$$V_{G\to A}(g) = \prod_{x\in X} \alpha((xg)(x\bar{g})^{-1}) \text{ für alle } g \in G,$$

wobei $x\bar{g} \in X$ dasjenige Element sei, das der Nebenklasse Hxg entspricht. Insbesondere ist

$$(xg)(x\bar{g})^{-1} \in H.$$

Da A abelsch ist, ist das Produkt wohldefiniert. Das Bild von $V_{G\to A}$ liegt in A. Wir wollen nun zunächst zeigen, dass $V_{G\to A}$ ein Homomorphismus ist. Danach werden wir uns fragen, wann dies ein nicht trivialer Homomorphismus ist.

Klar ist, dass $V_{G\to A}$ von α abhängig ist. Dagegen ist die Abhängigkeit von der Wahl des Nebenklassenvertretersystems nur scheinbar, wie das nächste Lemma zeigt.

Lemma 3.1.1. *Die Verlagerung $V_{G\to A}$ ist unabhängig von der Wahl des Vertretersystems.*

Beweis. Sei Y ein zweites Vertretersystem von H in G. Dann gibt es eine Bijektion $x \to y(x)$ von X auf Y, so dass für alle $x \in X$ gilt:

$$y(x) = h(x)x \text{ mit geeignetem } h(x) \in H. \tag{1}$$

Für jedes $y \in Y$ und $g \in G$ schreiben wir $y\bar{g}$ für das Element aus Y, das in Hyg liegt. Mit (1) gilt

$$\{y(x)\bar{g}\} = Hy(x)g \cap Y = Hxg \cap Y = \{y(x\bar{g})\}.$$

Also ist

$$y(x)\bar{g} = y(x\bar{g}). \tag{2}$$

Damit gilt

$$\begin{aligned} y(x)g &= h(x)xg = h(x)xg(x\bar{g})^{-1}(x\bar{g}) \\ &\underset{(1)}{=} h(x)xg(x\bar{g})^{-1}h(x\bar{g})^{-1}y(x\bar{g}) \\ &\underset{(2)}{=} h(x)xg(x\bar{g})^{-1}h(x\bar{g})^{-1}y(x)\bar{g}. \end{aligned}$$

Somit ist

$$y(x)g(y(x)\bar{g})^{-1} = h(x)xg(x\bar{g})^{-1}h(x\bar{g})^{-1}.$$

Das ergibt

$$\begin{aligned} \prod_{y\in Y} \alpha((yg)(y\bar{g})^{-1}) &= \prod_{x\in X} \alpha((y(x)g)(y(x)\bar{g})^{-1}) \\ &= \prod_{x\in X} \alpha(h(x)xg(x\bar{g})^{-1}h(x\bar{g})^{-1}) \\ &= \prod_{x\in X} \alpha((xg)(x\bar{g})^{-1}). \end{aligned}$$

In der letzten Gleichung wurde benutzt, dass A abelsch ist und dass die Abbildung $x \to x\bar{g}$ eine Permutation von X ist. □

Das nächste Lemma liefert nun, dass die Verlagerung ein Homomorphismus ist.

Lemma 3.1.2. *Die Verlagerung $V_{G\to A}$ ist ein Homomorphismus von G nach A.*

Beweis. Seien $s, t \in G$. Dann ist $x(\overline{st}) = (x\bar{s})\bar{t}$.
Also ist

$$\begin{aligned} V_{G\to A}(st) &= \prod_{x\in X} \alpha((xst)(x\overline{st})^{-1}) = \prod_{x\in X} \alpha\left((xs)(x\bar{s})^{-1}(x\bar{s})t((x\bar{s})\bar{t})^{-1}\right) \\ &= \prod_{x\in X} \alpha((xs)(x\bar{s})^{-1}) \prod_{x\in X} \alpha((x\bar{s})t((x\bar{s})\bar{t})^{-1}) \\ &= \prod_{x\in X} \alpha((xs)(x\bar{s})^{-1}) \prod_{x\in X} \alpha((xt)(x\bar{t})^{-1}) \\ &= V_{G\to A}(s)V_{G\to A}(t). \end{aligned}$$

Bei der vorletzten Gleichheit haben wir wieder ausgenutzt, dass A abelsch und die Abbildung $x \to x\bar{s}$ eine Permutation von X ist. □

Das Problem ist jetzt, zu zeigen, dass $V_{G\to A}$ nicht der triviale Homomorphismus ist. Wir müssen also ein $g \in G$ finden, das nicht im Kern liegt. Somit müssen wir $V_{G\to A}(g)$ berechnen können. Dazu benutzen wir Lemma 3.1.1. Dieses erlaubt es uns, das Nebenklassenvertretersystem so zu wählen, dass wir für das konkrete Element g, und häufig dann auch nur für dieses g, leicht das Bild unter der Verlagerung berechnen können. Wir wählen also zu jedem $g \in G$ ein passendes Vertretersystem.

Lemma 3.1.3. *Zu $g \in G$ wählen wir $x_1, \dots, x_r$ in X so, dass Hx_ig^j mit $0 \le j < n_i$ und $1 \le i \le r$ die Zyklen von g auf den Nebenklassen von H sind. Dann ist $\bar{X} = \{x_ig^j | 1 \le i \le r, 0 \le j < n_i\}$ auch ein Nebenklassenvertretersystem von H in G. Es gilt*

(a) $(g^{n_i})^{x_i^{-1}} \in H$ *für* $1 \le i \le r$.

(b) $\sum_{i=1}^r n_i = |G : H|$.

(c) $V_{G\to A}(g) = \prod_{i=1}^r \alpha((g^{n_i})^{x_i^{-1}})$.

Beweis. Der Beweis von (a) und (b) ist klar. Nach Lemma 3.1.1 können wir für $V_{G\to A}$ jedes Nebenklassenvertretersystem benutzen, also auch $\bar{X}$. Es ist

$$(x_ig^j)g = x_ig^{j+1} = (x_ig^j)\bar{g} \text{ für } j < n_i - 1$$

und

$$(x_ig^{n_i-1})g = x_ig^{n_i}, \text{ also } (xg^{n_i-1})\bar{g} = x_i.$$

Das ist (c). □

Wir wollen unsere Resultate über Verlagerung nun anwenden, um abelsche Faktorgruppen zu finden, wie wir es angekündigt hatten.

Lemma 3.1.4. *Seien G eine endliche Gruppe, p eine Primzahl und H eine Untergruppe von G, deren Index nicht durch p teilbar ist. Seien weiter K ein Normalteiler in H mit abelscher Faktorgruppe H/K und $g \in H \setminus K$ ein p-Element. Folgt für alle $m \in \mathbb{Z}$ und $a \in G$ aus $(g^m)^a \in H$ stets $(g^m)^a \in g^mK$, so ist $g \notin G'$.*

Beweis. Wir setzen $A = H/K$ und $\alpha(h) = hK$ für alle $h \in H$. Sei $\bar{X}$ ein Nebenklassenvertretersystem von H in G bezüglich g wie in Lemma 3.1.3. Nach Lemma 3.1.3 (a) ist $(g^{n_i})^{x_i^{-1}} \in H$, also ist nach Annahme $(g^{n_i})^{x_i^{-1}} \in g^{n_i}K$. Dann ist $\alpha((g^{n_i})^{x_i^{-1}}) = \alpha(g^{n_i}) = \alpha(g)^{n_i}$. Damit liefern Lemma 3.1.3 (b) und (c)

$$V_{G\to A}(g) = \alpha(g)^n \text{ mit } n = \sum_{i=1}^r n_i = |G : H|.$$

Da $|G : H|$ nicht durch p teilbar ist und g ein p-Element mit $g \notin K$ ist, ist $g^n \notin K$. Also ist

$$1 \neq \alpha(g)^n = V_{G\to A}(g).$$

Somit ist $g \notin \ker V_{G\to A}$. Da A abelsch ist und das Bild der Verlagerung in A liegt, ist $G' \leq \ker V_{G\to A}$. Somit ist $g \notin G'$. □

Definition 3.1.5. Seien G eine Gruppe und π eine Menge von Primzahlen. Wir bezeichnen mit $O^\pi(G)$ die von den π'-Elementen von G, d. h. Elementen, deren Ordnung keine Primteiler in π haben, erzeugte Untergruppe. Besteht π nur aus einer Primzahl p, so schreiben wir $O^p(G)$.

Aus der Definition folgt sofort, dass $O^p(G)$ eine charakteristische Untergruppe von G ist. Weiter ist klar, dass $O^p(G)$ der kleinste Normalteiler mit p-Faktorgruppe ist. Damit ist dann $O^p(G)G'$ der kleinste Normalteiler mit abelscher p-Faktorgruppe. Dies ist der Normalteiler, an dem wir in diesem Abschnitt interessiert sind. Eine weitere offensichtliche Eigenschaft ist, dass für Untergruppen H von G immer $O^p(H) \leq O^p(G)$ ist.

Satz 3.1.6. *Seien G eine Gruppe, p eine Primzahl und H eine Untergruppe von G, so dass p nicht $|G : H|$ teilt. Für alle p-Elemente $g \in H$ sei $g^G \cap H = g^H$. Dann ist*

$$O^p(G)G' \cap H = O^p(H)H'.$$

Beweis. Setze $G_0 = O^p(G)G'$ und $K = O^p(H)H'$. Dann ist $K \leq G_0 \cap H$. Es ist jedes p'-Element von $G_0 \cap H$ in $O^p(H) \leq K$. Wir müssen also zeigen, dass jedes p-Element $g \in G_0 \cap H$ in K liegt. Sei $m \in \mathbb{Z}$ und $a \in G$ mit $(g^m)^a \in H$. Nach Annahme gibt es ein $h \in H$ mit $(g^m)^a = (g^m)^h \in g^m K$, da H/K abelsch ist. Nun liefert Lemma 3.1.4, dass wir für jedes $g \notin K$ stets $g \notin G'$ haben. Da G_0/G' nach Definition von $O^p(G)$ eine p'-Gruppe ist, liegen alle p-Elemente von G_0 in G'. Also ist $g \notin G_0$, ein Widerspruch. □

Definition 3.1.7. Seien $H \leq G$ und S eine H-invariante Teilmenge von G. Wir sagen, dass H die Fusion in S kontrolliert, falls $s^G \cap S = s^H$ für jedes $s \in S$ gilt.
Ist $X \leq H \leq G$, so sagen wir, dass X schwach abgeschlossen in H bezüglich G ist, falls $X^G \cap H = \{X\}$ ist.

Satz 3.1.8. *Seien p eine Primzahl und $T \in \mathrm{Syl}_p(G)$. Ferner sei die Untergruppe W von T schwach abgeschlossen in T bezüglich G. Dann kontrolliert $N_G(W)$ die Fusion in $D = C_G(W)$.*

Beweis. Seien $d \in D$ und $g \in G$ mit $d^g \in D$. Dann sind $W, W^{g^{-1}} \leq C_G(d)$. Nach dem Satz von Sylow gibt es ein $x \in C_G(d)$, so dass $U = \langle W, W^{g^{-1}x}\rangle$ eine p-Gruppe ist. Sei $U \leq S \in \mathrm{Syl}_p(G)$. Da W schwach abgeschlossen in T bezüglich G ist, ist $\{W\} = W^G \cap S = \{W^{g^{-1}x}\}$. Also ist $h = x^{-1}g \in N_G(W)$ und $d^g = d^h$. □

Satz 3.1.9. *Hat G eine abelsche Sylow-p-Untergruppe T, so ist*

$$T \cap O^p(G) = [T, N_G(T)].$$

Beweis. Setze $H = N_G(T)$. Nach dem Satz von Schur-Zassenhaus gibt es ein Komplement X zu T in H. Dann ist $K = X[T,X]$ normal in $XT = H$. Weiter ist $H/K \cong T/[T,X]$ abelsch. Somit ist $H' \le K$. Da $H/K \cong T/[T,X] \cap X$ ist, folgt

$$K = O^p(H)H' \text{ und } G = TO^p(G).$$

Also ist

$$G/O^p(G) \cong T/T \cap O^p(G)$$

eine abelsche p-Gruppe. Somit ist $G' \le O^p(G)$, also ist $O^p(G) = O^p(G)G'$. Da T in sich selbst schwach abgeschlossen ist, kontrolliert nach Satz 3.1.8 H die Fusion in $C_G(T)$. Da $T \le C_G(T)$ ist, kontrolliert H die Fusion in T. Da T die Menge der p-Elemente in $C_G(T)$ ist, kontrolliert H die Fusion der p-Elemente in $C_G(T)$. Nach Satz 3.1.6 ist dann $O^p(G) \cap H = K$. Da $T \cap O^p(G)$ und $[T,H] = K \cap T$ Sylow-p-Untergruppen von $O^p(G)$ bzw. K sind, folgt $[T,H] = T \cap O^p(G)$. □

Korollar 3.1.10. *Ist P eine Sylow-p-Untergruppe von G mit $P \le Z(N_G(P))$, so hat G ein normales p-Komplement, d. h. $O^p(G)$ ist eine p'-Gruppe.*

Beweis. Nach Satz 3.1.9 ist $P \cap O^p(G) = 1$. □

Zum Abschluss noch zwei Resultate, die sich mit dem Spezialfall $p = 2$ beschäftigen und nicht direkt $V_{G\to A}$ benutzen. Hierbei spielt Fusion von Involutionen, also Elementen $x \in G$ mit $x \ne 1 = x^2$ eine besondere Rolle.

Satz 3.1.11 (Thompson[1]-Transfer-Lemma [67, Lemma 5.38]). *Es seien G eine Gruppe, $S \in \mathrm{Syl}_2(G)$ und $T \le S$ mit $|S : T| = 2$. Ist $x \in S \setminus T$ eine Involution mit $x^G \cap T = \emptyset$, so hat G eine Untergruppe vom Index 2.*

Beweis. Wir lassen G auf der Menge der Nebenklassen von T in G operieren. Sei $Tgx = Tg$. Dann ist $gxg^{-1} \in T$, was nach Annahme nicht geht. Also operiert x fixpunktfrei auf dieser Menge. In der Darstellung von x als Permutation auf dieser

1 John Griggs Thompson, *13.10. 1932 Ottawa, Kansas, USA. Thompson promovierte 1959 an der University of Chicago bei dem Algebraiker Saunders MacLane (A proof that a finite group with a fixed-point-free automorphism of prime order is nilpotent. Damit bewies er eine Vermutung von Ferdinand Georg Frobenius (siehe Satz 3.4.15).) Thompson war Professor in Harvard, Chicago und bis zu seiner Emeritierung in Cambridge und parallel in Gainesville, Florida. Thompson leistete fundamentale Beiträge zur Theorie der endlichen einfachen Gruppen. Herauszuheben sind seine Arbeit zusammen mit W. Feit über Gruppen ungerader Ordnung und die N-Gruppen-Arbeit, für die er 1970 die Fields-Medaille erhielt. Eine sporadische einfache Gruppe ist nach ihm benannt. Darüber hinaus leistete er wesentliche Beiträge zum Umkehrproblem der Galoistheorie. Für seine grundlegenden Beiträge zur Algebra erhielt J. Thompson 2008 den Abel-Preis.

Menge hat x genau $|G : T|/2 = |G : S|$ viele 2-Zyklen. Da $|G : S|$ ungerade ist, ist $\operatorname{sgn} x = -1$. Damit ist $x \notin G \cap A_m$, $m = |G : T|$, was $|G : G \cap A_m| = 2$ liefert. □

Eine Verallgemeinerung von Satz 3.1.11, die häufig sehr nützlich ist, ist das folgende Lemma.

Lemma 3.1.12. *Seien G, S, T wie in* Satz 3.1.11. *Sei $x \in S \setminus T, x \in G'$ mit $x^2 = 1$. Dann gibt es ein $g \in G$ mit $y = x^g \in T$ und $C_S(y) \in \mathrm{Syl}_2(C_G(y))$. Insbesondere ist $|C_S(x)| \leq |C_S(y)|$.*

Beweis. Wie im Beweis von Satz 3.1.11 operiert x auf der Menge der Nebenklassen von T in G. Da $x \in G'$ ist, ist x ein Produkt von gerade vielen Transpositionen. Also ist die Anzahl der Fixpunkte von x gleich $2 \cdot u$ mit ungeradem u, da $|G : T| = 2|G : S|$ ist und $|G : S|$ ungerade ist.

Ist $S = T \cup Ts$ und $Thx = Th$ für ein $h \in G$, so ist

$$Tshx = sThx = sTh = Tsh.$$

Also treten die Fixpunkte von x immer in Paaren auf, die zu einer Nebenklasse von S gehören.

Sei U eine Sylow-2-Untergruppe von $C_G(x)$. Dann operiert U auf der Menge der Fixpunkte von x und auch auf der Menge der Paare (Th, Tsh) mit $Thx = Th$. Da die Anzahl der Paare von Fixpunkten ungerade ist, lässt U ein solches Paar fest, also dann auch eine Nebenklasse Sh. Dann ist $U^{h^{-1}} \leq S$, wobei $Thx = Th$ ist, also $x^{h^{-1}} \in T$ gilt. Setzen wir $g = h^{-1}$, so ist $x^g \in T$ und $C_S(x^g) = U^g$ eine Sylow-2-Untergruppe von $C_G(x^g)$. □

3.2 Fusion

Wie wir in Lemma 3.1.4 und Satz 3.1.6 gesehen haben, benötigen wir Aussagen über die Fusion von p-Elementen, wenn wir nicht triviale abelsche p-Faktorgruppen entdecken wollen. Das Ziel dieses Abschnittes ist es, solche Aussagen bereitzustellen. Dabei werden wir globale Aussagen über G, hier die Fusion, auf das Studium der Normalisatoren nicht trivialer p-Untergruppen, sog. lokaler Untergruppen, zurückführen. Dieses Vorgehen ist ein Beispiel für Argumente in der sog. lokalen Gruppentheorie. Konkret wollen wir uns mit Gruppen beschäftigen, die die Fusion in einer Sylow-p-Untergruppe kontrollieren. In diesem Abschnitt sei P stets eine Sylow-p-Untergruppe von G. Bis Satz 3.2.8 folgen wir der Darstellung von J. Alperin[2] in [1].

2 Jonathan Lazare Alperin, *1937. J. Alperin promovierte 1961 in Princeton bei Graham Higman. J. Alperin ist Professor an der University of Chicago. Er lieferte wesentliche Beiträge zur Gruppentheorie und Darstellungstheorie. Neben seinen Resultaten zur Fusion ist der Alperin-Brauer-Gorenstein Satz zu erwähnen. In der modularen Darstellungstheorie spielt die noch heute unbewiesene Alperin-Vermutung eine wichtige Rolle.

Definition 3.2.1. Seien R und Q zwei Sylow-p-Untergruppen von G. Wir schreiben dann $R \to Q$, falls es Sylow-p-Untergruppen Q_i, $i = 1, \dots, n$, von G und Elemente $x_i \in N_G(Q_i \cap P)$ gibt, so dass gilt:

(a) $N_P(P \cap Q_i)$ und $N_{Q_i}(P \cap Q_i)$ sind Sylow-p-Untergruppen von $N_G(P \cap Q_i)$ für alle $i = 1, \dots, n$,

(b) $P \cap R \leq P \cap Q_1$ und $(P \cap R)^{x_1 \cdots x_i} \leq P \cap Q_{i+1}$ für alle $i = 1, \cdots, n-1$ und

(c) $R^x = Q$ für $x = x_1 \cdots x_n$.

Erstes Ziel ist es, zu zeigen, dass für alle $Q \in \mathrm{Syl}_p(G)$ stets $Q \to P$ gilt. Zunächst ein Spezialfall.

Lemma 3.2.2. *Es gilt* $P \to P$.

Beweis. Wir setzen $n = 1$, $Q_1 = P$ und $x_1 = 1$. □

Als Nächstes zeigen wir, dass die Relation $\to$ transitiv ist.

Lemma 3.2.3. *Sind Q, R, S Sylow-p-Untergruppen von G mit $S \to R$ und $R \to Q$, so ist $S \to Q$.*

Beweis. Es gehören $R_i, y_i, i = 1, \dots, m$, zu $S \to R$ und $Q_i, x_i, i = 1, \dots, n$, zu $R \to Q$. Wir zeigen, dass $R_1, \dots, R_m, Q_1, \dots, Q_n, y_1, \dots, y_m, x_1, \dots, x_n$ zu $S \to Q$ gehören, d. h. die Aussagen von Definition 3.2.1 (a)–(c) erfüllen.

Die Aussage (a) ist klar. Da $y = y_1 \cdots y_m$ und $x = x_1 \cdots x_n$ sind, erhalten wir

$$S^{yx} = (S^y)^x = R^x = Q,$$

was (c) ist.

Für (b) ist nur der Übergangsbereich von R_m nach Q_1 zu prüfen.

$$(P \cap S)^{y_1 \cdots y_m} = (P \cap S)^{(y_1 \cdots y_{m-1})y_m} \leq (P \cap R_m)^{y_m} = P \cap R_m,$$

da $y_m \in N_P(P \cap R_m)$ ist. Weiter ist $S^{y_1, \cdots y_m} = R$. Also ist

$$(P \cap S)^{y_1 \cdots y_m} \leq P \cap R_m \cap R \leq P \cap R \leq P \cap Q_1.$$

Das ist (b). □

Lemma 3.2.4. *Seien S und Q Sylow-p-Untergruppen von G. Weiter sei $S \to P$ mit zugehörigen $S_i, x_i, i = 1, \dots n$, und $x = x_1 \dots x_n$. Ist $P \cap Q \leq P \cap S$ und $Q^x \to P$, so ist $Q \to P$.*

Beweis. Es ist $P \cap Q \leq P \cap S \leq P \cap S_1$. Also ist

$$(P \cap Q)^{x_1 \dots x_i} \leq (P \cap S)^{x_1 \dots x_i} \leq P \cap S_{i+1}.$$

Das ist (b) der Definition, da $Q^{x_1 \cdots x_n} = Q^x$ ist. Also gehören S_i, x_i auch zu $Q \to Q^x$. Mit Lemma 3.2.3 folgt nun $Q \to P$. □

Die nächsten beiden technischen Lemmas werden uns beim Beweis von Satz 3.2.7 die Möglichkeit einer Induktion eröffnen.

Lemma 3.2.5. *Sei $Q \in \mathrm{Syl}_p(G)$. Für alle $S \in \mathrm{Syl}_p(G)$ mit $|S \cap P| > |Q \cap P|$ sei stets $S \to P$. Sei weiter R eine Sylow-p-Untergruppe von G mit $R \to P$ und $P \cap Q < R \cap Q$. Dann ist $Q \to P$.*

Beweis. Seien $x_i, i = 1, \ldots, n$, die zur Relation $R \to P$ gehörenden Elemente, also $x_1 \cdots x_n = x$ und $R^x = P$. Dann ist $P \cap Q^x = R^x \cap Q^x = (R \cap Q)^x$. Also erhalten wir

$$|P \cap Q^x| = |R \cap Q| > |P \cap Q|.$$

Nach Annahme ist $Q^x \to P$. Nun folgt die Behauptung mit Lemma 3.2.4. □

Lemma 3.2.6. *Sei Q eine Sylow-p-Untergruppe von G. Für alle Sylow-p-Untergruppen S von G mit $|S \cap P| > |P \cap Q|$ sei stets $S \to P$. Sind weiter $N_P(P \cap Q)$ und $N_Q(P \cap Q)$ beides Sylow-p-Untergruppen von $N_G(P \cap Q)$, so ist $Q \to P$.*

Beweis. Nach Lemma 3.2.2 können wir $Q \neq P$ annehmen. Damit erhalten wir dann $P \cap Q < P_0 = N_P(P \cap Q)$ und $P \cap Q < Q_0 = N_Q(P \cap Q)$. Nach Annahme sind P_0 und Q_0 beides Sylow-p-Untergruppen von $M = N_G(P \cap Q)$. Nach dem Satz von Sylow gibt es dann ein $x \in M$ mit $Q_0^x = P_0$. Also ist $Q \to Q^x$ mit $n = 1, x_1 = x$ und $Q_1 = Q$. Weiter ist $P \cap Q < P_0 = Q_0^x \leq P \cap Q^x$. Nach Annahme ist dann $Q^x \to P$. Nun liefert Lemma 3.2.3 $Q \to P$. □

Wir kommen jetzt zu dem angekündigten Satz.

Satz 3.2.7. *Es ist $Q \to P$ für alle $Q \in \mathrm{Syl}_p(G)$.*

Beweis. Sei Q ein Gegenbeispiel mit $|P \cap Q|$ maximal. Nach Lemma 3.2.2 ist $P \neq Q$. Also ist

$$P \cap Q < N_P(P \cap Q).$$

Sei S eine Sylow-p-Untergruppe von G so gewählt, dass $N_S(P \cap Q) = S_1$ eine Sylow-p-Untergruppe von $N_G(P \cap Q)$ ist, die $N_P(P \cap Q)$ enthält. Da $P \cap Q < P \cap S$ ist, folgt $S \to P$ wegen der Wahl von Q. Seien $x_1, \ldots, x_n$ die dazugehörigen Elemente und $x = x_1 \cdots x_n$. Ist $Q^x \to P$, so erhalten wir mit Lemma 3.2.4 dann $Q \to P$, da $P \cap Q < P \cap S$ ist. Das ist ein Widerspruch zur Annahme, dass Q ein Gegenbeispiel ist. Somit ist

$$Q^x \not\to P. \tag{1}$$

Wir haben $(P \cap Q)^x \le Q^x, P \cap Q \le S$ und $S^x = P$. Das liefert $(P \cap Q)^x \le P$, also ist $(P \cap Q)^x \le P \cap Q^x$. Ist $(P \cap Q)^x \ne P \cap Q^x$, so ist $|P \cap Q| < |P \cap Q^x|$ und dann nach Annahme $Q^x \to P$, was (1) widerspricht. Also ist

$$(P \cap Q)^x = P \cap Q^x.$$

Sei nun T eine Sylow-p-Untergruppe von G, so dass $N_T(P \cap Q^x)$ eine Sylow-p-Untergruppe von $N_G(P \cap Q^x)$ ist, die $N_{Q^x}(P \cap Q^x)$ enthält. Wieder ist $P \cap Q^x < T$ und $P \cap Q^x < T \cap Q^x$. Ist $T \to P$, so ist nach Lemma 3.2.5 $Q^x \to P$, was (1) widerspricht. Also gilt

$$T \not\to P. \tag{2}$$

Das liefert dann wieder mit der Annahme $Q \not\to P$, dass

$$P \cap Q^x = P \cap T$$

ist. Es sind $N_T(P \cap T) \in \mathrm{Syl}_p(N_G(P \cap T))$ und $N_S(P \cap Q) \in \mathrm{Syl}_p(N_G(P \cap Q))$. Da

$$(P \cap Q)^x = P \cap Q^x = P \cap T \text{ und } S^x = P$$

ist, erhalten wir $N_S(P \cap Q)^x = N_{S^x}((P \cap Q)^x) = N_P(P \cap T)$. Also sind $N_P(P \cap T)$ und $N_T(P \cap T)$ Sylow p-Untergruppen von $N_G(P \cap T))$. Da $|P \cap T| = |P \cap Q|$ ist, liefert nun Lemma 3.2.6 mit T statt Q, dass $T \to P$ ist, was (2) widerspricht. Somit gibt es kein Gegenbeispiel und der Satz ist bewiesen. □

Mit Satz 3.2.7 werden wir nun das angekündigte Fusionsresultat beweisen.

Satz 3.2.8 (Alperin-Fusion-Lemma). *Seien $P \in \mathrm{Syl}_p(G)$, $g \in G$ und A, A^g Untergruppen von P. Dann gibt es $Q_i \in \mathrm{Syl}_p(G), i = 1, \ldots n$, und $x_i \in N_G(P \cap Q_i)$ mit folgenden Eigenschaften:*

(a) $g = x_1 \cdots x_n$,

(b) $N_P(P \cap Q_i)$ *und* $N_{Q_i}(P \cap Q_i)$ *sind Sylow-p-Untergruppen von* $N_G(P \cap Q_i)$ *und*

(c) $A \le P \cap Q_1$ *und* $A^{x_1 \cdots x_i} \le P \cap Q_{i+1}$ *für alle* $i \in \{1, \ldots, n-1\}$.

Beweis. Nach Satz 3.2.7 ist $P^{g^{-1}} \to P$. Seien $Q_i, x_i, i = 1, \ldots, n-1$, die dazu gehörenden Gruppen und Elemente. Da $A, A^g \le P$ sind, ist $A \le P \cap P^{g^{-1}}$. Also ist $A \le P \cap Q_1$ und $A^{x_1 \ldots x_i} \le (P \cap P^{g^{-1}})^{x_1 \ldots x_i} \le P \cap Q_{i+1}$.

Wir setzen $x = x_1 \cdots x_{n-1}$. Dann ist

$$P^{g^{-1}x} = P.$$

Also ist $x_n = x^{-1}g \in N_G(P)$ und $g = xx_n = x_1 \cdots x_n$. Wir setzen nun $Q_n = P$. Somit ist $A^{x_1 \cdots x_{n-1}} = A^{g \cdot x_n^{-1}} \le P^{x_n^{-1}} = P = P \cap Q_n$. □

Wenn man statt $g = x_1 \cdots x_n$ nur $A^g = A^{x_1 \cdots x_n}$ in Satz 3.2.8 fordert, kann man die Gruppen Q_i noch einschränken. Dann muss man nur die betrachten, für die $C_P(P \cap Q_i) \leq P \cap Q_i$ gilt.

D. Goldschmidt[3] [30] hat dann festgestellt, dass man sogar nur solche Q_i betrachten muss, für die $N_G(P \cap Q_i)/P \cap Q_i$ eine stark p-eingebettete Untergruppe besitzt. Hierbei nennen wir eine Untergruppe M einer Gruppe H stark p-eingebettet, falls M eine Sylow p-Untergruppe $P \neq 1$ von H enthält, $M \neq H$ ist, und $M^g \cap M$ für alle $g \in H \setminus M$ eine p'-Gruppe ist. Insbesondere ist $O_p(N_G(P \cap Q_i)/P \cap Q_i) = 1$. Ein Resultat von U. Martin [48] besagt, dass für fast alle p-Gruppen R stets $\mathrm{Aut}(R)/\mathrm{Inn}(R)$ eine p-Gruppe ist. Diese kommen dann also nicht für die Erzeugung von Fusion in Frage.

Ein Resultat von H. Bender [9] beschreibt alle Gruppen mit einer stark 2-eingebetteten Untergruppe, so dass wir für $p = 2$ einen guten Überblick haben.

In dem folgenden Satz wollen wir das Resultat über die Kontrolle der Fusion anwenden, um einen Normalteiler K zu finden, dessen Faktorgruppe zur Sylow-p-Untergruppe P isomorph ist, also G hat ein normales p-Komplement (siehe auch Korollar 3.1.10).

Satz 3.2.9 (Frobenius[4] [25]). *Die Gruppe G besitzt ein normales p-Komplement, falls eine der folgenden Bedingungen erfüllt ist:*
(a) *$N_G(H)/C_G(H)$ ist eine p-Gruppe für jede p-Untergruppe $H \neq 1$ von G.*
(b) *$N_G(H)$ hat ein normales p-Komplement für alle p-Untergruppen $H \neq 1$ von G.*

Beweis. Gilt (b), so hat $N_G(H)$ ein normales p-Komplement K_H. Da H eine p-Gruppe und K_H eine p'-Gruppe ist, ist nun $[H, K_H] \leq K_H \cap H = 1$. Somit ist $K_H \leq C_G(H)$ und damit ist $N_G(H)/C_G(H)$ eine p-Gruppe, also gilt dann auch (a). Wir können somit stets annehmen, dass (a) gilt. Wir beweisen hierfür jetzt die Behauptung durch Induktion nach $|G|$.

Sei G_1 normal in G mit p-Faktorgruppe. Wir zeigen, dass auch G_1 die Voraussetzung (a) erfüllt. Sei dazu $H \neq 1$ eine p-Untergruppe von G_1. Dann ist nach Annahme $N_G(H)/C_G(H)$ und dann auch $N_{G_1}(H)/C_{G_1}(H)$ eine p-Gruppe. Damit erfüllt G_1 die Voraussetzung (a).

3 David M. Goldschmidt *21.5.1942 New York. David Goldschmidt promovierte 1969 in Chicago bei John Thompson. Nach einer Professur in Berkley ist er seit 1991 Direktor des Center for Communication Research in Princeton (Teil des Institute for Defense Analyses). David Goldschmidt hat wichtige Beiträge zur Gruppentheorie geleistet. Neben der Beschreibung der Gruppen mit einer stark 2-abgeschlossenen Untergruppe hat er die Grundlagen der Amalgam-Methode entwickelt, die gegen Ende der Klassifikation der endlichen einfachen Gruppen und insbesondere während einer Neufassung ihres Beweises eine herausragende Rolle spielte und spielt. Neben der Gruppentheorie befasst er sich mit Darstellungstheorie und algebraischer Geometrie.

4 Ferdinand Georg Frobenius, *26.10 1849 Berlin; †3.8 1917 Berlin. Professor in Zürich und Berlin, Hauptarbeitsgebiet Gruppentheorie.

Per Induktion hat G_1 ein normales p-Komplement K_1. Da $K_1 = O_{p'}(G_1)$ char $G_1 \lhd G$ ist, ist $K_1 \trianglelefteq G$, also ist K_1 ein normales p-Komplement in G. Somit können wir

$$G = O^p(G)$$

annehmen.

Sei P eine Sylow-p-Untergruppe von G. Wir zeigen, dass P die Fusion in P kontrolliert. Seien dazu $g \in G$ und $a \in P$ mit $a^g \in P$. Nach Satz 3.2.8 gibt es Untergruppen $Q_i \in \mathrm{Syl}_p(G)$ und $x_i \in N_G(P \cap Q_i)$, $i = 1, \ldots, n$, die Satz 3.2.8 mit $A = \langle a \rangle$ erfüllen. Insbesondere ist $g = x_1 \cdots x_n$. Wir zeigen, dass für alle i stets $a^{x_1 \cdots x_i} \in a^P$ ist. Sei dazu i minimal mit $a^{x_1 \cdots x_i} \notin a^P$. Es ist $b = a^{s_1 \cdots x_{i-1}} \in P \cap Q_i = U$ und $x_i \in N_G(U) = L$, wobei $P \cap L \in \mathrm{Syl}_p(L)$ ist. Nach Annahme ist $N_G(U)/C_G(U)$ eine p-Gruppe. Also ist $L = C_G(U)(P \cap L)$. Nun ist $x_i = yt$ mit $y \in C_G(U)$ und $t \in P$. Da $b \in U$ ist, folgt $b^{x_i} = b^{yt} = b^t \in b^P$. Da $b \in a^P$ ist, ist $b^{x_i} \in a^P$, ein Widerspruch. Also kontrolliert P die Fusion in P.

Mit Satz 3.1.6 folgt nun

$$O^p(G)G' \cap P = O^p(P)P'.$$

Es ist $O^p(P) = 1$ und $O^p(G) = G$. Also folgt

$$O^p(G)G' \cap P = P = O^p(P)P' = P'.$$

Das liefert dann aber $P = 1$. Somit ist G eine p'-Gruppe und damit ihr eigenes normales p-Komplement. □

3.3 Ein Satz von Baer

In diesem kurzen Abschnitt wollen wir ein Kriterium dafür angeben, dass $O_p(G)$ nicht trivial ist. Ist ein Element $x \in G$ in $O_p(G)$ enthalten, so ist für jedes $g \in G$ auch $x^g \in O_p(G)$. Also ist $\langle x, x^g \rangle$ eine p-Gruppe. Der Satz von Baer liefert, dass dieses notwendige Kriterium dafür, dass x in $O_p(G)$ liegt, auch hinreichend ist.

Satz 3.3.1 (Baer[5][6]). *Sei X eine p-Untergruppe von G. Dann ist $X \leq O_p(G)$ oder es gibt ein $g \in G$, so dass $\langle X, X^g \rangle$ keine p-Gruppe ist.*

---

5 Reinhold Baer, * 22.7 1902 Berlin; †22.10. 1979 Zürich. Nach der Studienzeit arbeitete R. Baer in Kiel, Freiburg und Halle. Nach der Machtergreifung der Nationalsozialisten emigirierte er in die USA, war dort zunächst in Princeton und dann als Professor an der University of Illinois at Urbana. Nach dem Krieg kam er nach Deutschland zurück und nahm eine Professur in Frankfurt an. Seine Hauptarbeitsgebiete waren Gruppentheorie und Geometrie. Nach ihm benannt sind Baer-Gruppen, Baer-Ringe und das Baer-Radikal einer Gruppe. Baer führte 1941 das Konzept des injektiven Moduls ein. Darüber hinaus leistete er auch Beiträge zur Geometrie, Topologie und Mengenlehre.

Beweis. ([2]) Sei G ein Gegenbeispiel. Dann ist $X \not\leq O_p(G)$ und für jedes $g \in G$ ist stets $\langle X, X^g \rangle$ eine p-Gruppe. Wir halten ein $x \in X$ mit $x \notin O_p(G)$ fest und setzen $K = x^G$. Aus der Voraussetzung folgt, dass für jedes $g \in G$ auch $\langle x, x^g \rangle$ eine p-Gruppe ist.

Da $x \notin O_p(G)$ ist, ist $\langle K \rangle \not\leq O_p(G)$, insbesondere ist $\langle K \rangle$ keine p-Gruppe. Wir wählen eine Sylow-p-Untergruppe P von G. Dann ist offenbar $K \nsubseteq P$. Also gibt es ein $y \in K \setminus P$. Ist Q eine Sylow-p-Untergruppe von G mit $y \in Q$, so ist dann $K \cap P \neq K \cap Q$.

Es gibt somit Sylow-p-Untergruppen P und Q von G, so dass $K \cap P \neq K \cap Q$ ist. Unter allen diesen Paaren P, Q von Sylow-p-Untergruppen von G mit $K \cap P \neq K \cap Q$, wählen wir eines, so dass $|K \cap P \cap Q|$ maximal ist. Sei $g \in G$ mit $P^g = Q$. Da $K^g = K$ ist, gilt $|K \cap P| = |(K \cap P)^g| = |K^g \cap Q| = |K \cap Q|$. Somit haben wir

$$K \cap P \nsubseteq Q \text{ und } K \cap Q \nsubseteq P.$$

Wir setzen $D = \langle K \cap Q \cap P \rangle$ und wählen eine Reihe $P_0, \ldots, P_n$ von Untergruppen von P mit

$$D = P_0 \trianglelefteq P_1 \cdots \trianglelefteq P_n = P.$$

Da $K \cap P$ nicht in Q liegt, ist $K \cap P \nsubseteq D$. Sei nun i minimal, so dass $K \cap P_i \nsubseteq D$ ist. Wir wählen ein $y \in K \cap P_i \setminus D$. Es wird $K \cap P_{i-1}$ von y normalisiert. Da nach Wahl von i aber $K \cap P_{i-1} = K \cap D = K \cap P \cap Q$ ist, ist $y \in N_P(D)$. Indem wir nun die gleiche Konstruktion in Q vornehmen, erhalten wir ein $z \in K \cap Q \setminus D$, das D normalisiert. Nach Annahme ist $\langle y, z \rangle$ eine p-Gruppe, was liefert, dass auch $\langle D, y, z \rangle$ eine p-Gruppe ist. Nun wählen wir eine Sylow-p-Untergruppe R von G mit $\langle D, y, z \rangle \leq R$. Dann sind $(K \cap D) \cup \{y\} \subseteq K \cap P \cap R$ und $(K \cap D) \cup \{z\} \subseteq K \cap Q \cap R$. Also gilt $|K \cap P \cap R| > |K \cap D| < |K \cap Q \cap R|$. Die Wahl von P und Q liefert nun, dass $K \cap P = K \cap R = K \cap Q$ ist, was $K \cap P \neq K \cap Q$ widerspricht.

Somit gibt es kein $x \in X \setminus O_p(G)$ und damit ist $X \leq O_p(G)$. □

Im Spezialfall $p = 2$ sind die Dinge besonders einfach.

Korollar 3.3.2. *Sei t eine Involution in G. Ist $t \notin O_2(G)$, so gibt es ein $1 \neq g \in G$ ungerader Ordnung mit $g^t = g^{-1}$.*

Beweis. Nach Satz 3.3.1 gibt es ein $h \in G$, so dass $\langle t, t^h \rangle$ keine 2-Gruppe ist. Es ist $\langle t, t^h \rangle = \langle tt^h, t \rangle$. Da $(tt^h)^t = (tt^h)^{-1}$ ist, ist $\langle tt^h \rangle$ normal in $\langle t, t^h \rangle$. Somit ist $|\langle t, t^h \rangle| = 2|\langle tt^h \rangle|$. Also ist $o(tt^h)$ keine 2-Potenz und wegen $(tt^h)^t = (tt^h)^{-1}$ gibt es in $\langle t, t^h \rangle$ ein Element ungerader Ordnung, das von t invertiert wird. □

3.4 Die Sätze von Glauberman und Thompson

Ziel dieses Abschnittes ist es, einen Satz von Thompson zu beweisen, der besagt, dass eine Gruppe G, die einen Automorphismus von Primzahlordnung besitzt, der fixpunktfrei auf G operiert, nilpotent ist. Siehe hierzu auch Korollar 2.2.8. Dazu werden wir eine neue charakteristische Untergruppe von p-Gruppen P studieren, die sog. Thompsonuntergruppe $J(P)$.

Wir werden unter anderem eine Verallgemeinerung des Satzes von Frobenius beweisen, der für ungerades p ein normales p-Komplement liefert, falls $N_G(\Omega_1(Z(J(P))))$ ein normales p-Komplement hat.

Wir werden feststellen, dass die Thompsonuntergruppe etwas mit quadratischer Operation zu tun hat, was dann zu einem Kriterium führt, wann $\Omega_1(Z(J(P)))$ eine normale Untergruppe von G ist.

Zunächst aber die notwendigen Definitionen.

Definition 3.4.1.
(a) Sei P eine p-Gruppe.
  i. Mit $\mathscr{A}(P)$ bezeichnen wir die Menge der elementar abelschen Untergruppen von P von maximaler Ordnung und setzen

$$J(P) = \langle X | X \in \mathscr{A}(P) \rangle.$$

  Wir nennen $J(P)$ die Thompsonuntergruppe von P.
  ii. Seien $A \leq P$ und Q eine A-invariante Untergruppe von P. Wir sagen, dass A quadratisch auf Q operiert, falls $[Q, A, A] = 1$ ist.
(b) Seien V ein Vektorraum über $GF(p)$ und $G \leq GL(V)$. Ist $[V, A, A] = 1$ für ein $1 \neq A \leq G$, so nennen wir V einen quadratischen G-Modul.

Lemma 3.4.2. *Seien V ein Vektorraum über $GF(p)$ und $1 \neq A$ eine Untergruppe von $GL(V)$ mit $[V, A, A] = 1$. Dann ist A eine elementar abelsche p-Gruppe.*

Beweis. Sei $B \leq A$ eine p'-Gruppe. Nach Lemma 2.2.9 gilt $1 = [V, B, B] = [V, B]$. Also ist $B = 1$ und A ist eine p-Gruppe. Da $[V, A] = [A, V]$ ist, folgt aus $[V, A, A] = 1$ dann auch $[A, V, A] = 1$. Mit dem Drei-Untergruppen-Lemma erhalten wir nun $[A', V] = [A, A, V] = 1$. Also ist $A' = 1$. Ist $x \in A$, so ist $[V, x, x^p] = 1$. Sei $v \in V$ und $v^x = vz$ mit $z \in V$. Dann ist $v^{x^p} = vz^p = v$. Also ist $[v, x^p] = 1$, d. h. $x^p = 1$. Somit ist A elementar abelsch. □

Lemma 3.4.3. *Sei P eine p-Gruppe.*
(a) *Es ist $J(P)$ char P.*
(b) *Seien $Q \leq P$ und $A \in \mathscr{A}(P)$ mit $A \leq Q$. Dann ist $J(Q) \leq J(P)$.*
(c) *Ist $Q \leq P$ und $J(P) \leq Q$, so ist $J(P) = J(Q)$.*

Beweis. Seien $\alpha \in \mathrm{Aut}(P)$ und $A \in \mathscr{A}(P)$. Dann ist A^α elementar abelsch und $|A^\alpha| = |A|$. Also operiert α auf $\mathscr{A}(P)$ und dann auch auf $J(P) = \langle \mathscr{A}(P) \rangle$. Das ist (a).

Da $A \le Q$ ist, ist $A \in \mathscr{A}(Q)$. Somit ist $\mathscr{A}(Q)$ in $\mathscr{A}(P)$ enthalten. Das liefert $J(Q) = \langle \mathscr{A}(Q) \rangle \le \langle \mathscr{A}(P) \rangle = J(P)$. Also gilt (b).

Ist $J(P) \le Q$, so ist $\mathscr{A}(P) \subseteq \mathscr{A}(Q)$ und dann $\mathscr{A}(P) = \mathscr{A}(Q)$, woraus (c) folgt. □

Lemma 3.4.4. *Seien P eine p-Gruppe und $A \in \mathscr{A}(P)$. Ist V eine Untergruppe von P, so dass $[V, A]$ elementar abelsch ist, so ist $[V, A] \le A$ genau dann, wenn $[V, A, A] = 1$ ist.*

Beweis. Ist $[V, A] \le A$, so ist $[V, A, A] = 1$, da A abelsch ist. Sei also umgekehrt $[V, A, A] = 1$. Dann ist $[V, A] \le C_P(A)$. Da $[V, A]$ elementar abelsch ist, ist auch $[V, A]A$ elementar abelsch. Wegen $A \in \mathscr{A}(P)$ folgt dann $|[V, A]A| \le |A|$, also ist $[V, A] \le A$. □

Wir wollen in Satz 3.4.6 zeigen, dass es für jeden elementar abelschen Normalteiler V von P, der nicht in $Z(J(P))$ liegt, ein $A \in \mathscr{A}(P)$ gibt, das quadratisch auf V operiert. Dazu benötigen wir noch ein technisches Lemma.

Lemma 3.4.5. *Seien P eine p-Gruppe und $A \in \mathscr{A}(P)$. Ist $x \in P$, so dass $M = [x, A]$ elementar abelsch ist, so ist $MC_A(M) \in \mathscr{A}(P)$.*

Beweis. Da M elementar abelsch ist, ist $C_A(M)M$ elementar abelsch. Wir müssen somit nur $|MC_A(M)| \ge |A|$ zeigen. Es ist

$$C_A(M) \cap M \le A \cap M \le C_M(A),$$

da A abelsch ist. Es sind M und A elementar abelsch, somit ist auch $C_M(A)A$ elementar abelsch. Außerdem ist $A \in \mathscr{A}(P)$ und deshalb $C_M(A) \le A \cap M$. Also ist

$$A \cap M = C_M(A).$$

Nun ist

$$\begin{aligned} |MC_A(M)| = |M||C_A(M)|/|C_A(M) \cap M| &\ge |M||C_A(M)|/|A \cap M| \\ &= |M||C_A(M)|/|C_M(A)|. \end{aligned}$$

Es genügt also

$$|M/C_M(A)| \ge |A/C_A(M)|$$

zu zeigen.

Seien dazu $u, v \in A$ mit $uC_A(M) \ne vC_A(M)$. Wir zeigen

$$[x, u]C_M(A) \ne [x, v]C_M(A)\,,$$

was dann die Behauptung liefert.

Nehmen wir also im Gegenteil an, dass

$$y = [x, u]^{-1}[x, v] \in C_M(A)$$

ist. Es ist

$$y = (x^{-1}x^u)^{-1}(x^{-1}x^v) = (x^u)^{-1}x^v.$$

Da $y \in C_M(A)$ ist, ist $y = y^{u^{-1}}$. Also erhalten wir

$$[x, vu^{-1}] = x^{-1}x^{vu^{-1}} = ((x^u)^{-1}x^v)^{u^{-1}} = y^{u^{-1}} = y \in C_M(A).$$

Damit ist

$$[x, vu^{-1}, a] = 1 \text{ für alle } a \in A.$$

Da A abelsch ist, ist auch

$$[vu^{-1}, a, x] = 1 \text{ für alle } a \in A.$$

Nach dem Drei-Untergruppen-Lemma ist dann auch

$$[x, a, uv^{-1}] = 1 \text{ für alle } a \in A.$$

Das liefert den Widerspruch $vu^{-1} \in C_A([x, A]) = C_A(M)$. □

Ist V ein elementar abelscher p-Normalteiler, auf dem ein Element aus $\mathscr{A}(P)$ für eine Sylow-p-Untergruppe P von G nicht trivial operiert, so liefert der folgende Satz ein Element in $\mathscr{A}(P)$, das sogar quadratisch operiert.

Satz 3.4.6 (Thompson-Replacement [68]). *Seien P eine p-Gruppe und V ein elementar abelscher Normalteiler von P mit $[V, J(P)] \neq 1$. Ist $A \in \mathscr{A}(P)$ mit $[V, A] \not\leq A$, so gibt es ein $A^* \in \mathscr{A}(P)$ mit $A \cap V < A^* \cap V$ und $[A, A^*] \leq A$. Weiter gibt es ein $A_1 \in \mathscr{A}(P)$ mit $[V, A_1, A_1] = 1$ und $[V, A_1] \neq 1$.*

Beweis. Wir setzen $N = N_V(A)$. Nun ist $[A, N] \leq A \cap V \leq N$. Also ist N normal in AV und, da $[V, A] \not\leq A$ ist, haben wir $N \neq V$. Da V/N normal in VA/N ist, ist $V/N \cap Z(VA/N) \neq 1$ nach Lemma 1.1.10. Wir wählen ein $x \in V \setminus N$ mit $[x, A] \leq N$ und setzen dann $M = [x, A]$. Wegen $M \leq V$ ist M elementar abelsch. Nach Lemma 3.4.5 ist $A^* = MC_A(M) \in \mathscr{A}(P)$. Wir werden zeigen, dass A^* die Aussagen des Satzes erfüllt. Da $M \leq N$ ist, ist $[M, A] \leq A$. Also ist $[A^*, A] \leq A$. Es ist $M \leq V$ und somit ist $A \cap V \leq C_A(M)$. Also ist $A \cap V \leq A^* \cap V$. Da $x \notin N$ ist, ist $[x, A] \not\leq A$. Dies ergibt $M \not\leq A$ und damit $A \cap V < A^* \cap V$.

Da $[J(P), V] \neq 1$ ist, gibt es ein $A_1 \in \mathscr{A}(P)$ mit $[V, A_1] \neq 1$. Wir wählen ein solches A_1 mit $A_1 \cap V$ maximal und zeigen, dass A_1 quadratisch operiert. Ist $[V, A_1, A_1] \neq 1$, so ist nach Lemma 3.4.4

$$[V, A_1] \not\leq A_1. \qquad (*)$$

Also gibt es, wie eben gezeigt, ein $A^* \in \mathscr{A}(P)$ mit $A_1 \cap V < A^* \cap V$ und $[A_1, A^*] \leq A_1$. Die Maximalität von $A_1 \cap V$ liefert $[V, A^*] = 1$. Also ist $V \leq A^*$, da $A^* \in \mathscr{A}(P)$ ist. Dann ist aber $[A_1, V] \leq [A_1, A^*] \leq A_1$, ein Widerspruch zu $(*)$. Somit ist

$$[V, A_1, A_1] = 1.$$

□

Bezeichnung. *Sei $n \in \mathbb{N} \cup \{0\}$. Wir setzen $[x, y; 0] = x$ und für $n > 0$ setzen wir $[x, y; n] = [x, \underbrace{y, \dots, y}_{n}]$. Entsprechend setzen wir für Untergruppen A, B von G dann $[A, B; 0] = A$ und für $n > 0$ setzen wir $[A, B; n] = [A, \underbrace{B, \dots, B}_{n}]$.*

Unser nächstes Ziel ist es, Satz 3.4.6 auf nicht abelsches V von der Klasse zwei zu verallgemeinern.

Lemma 3.4.7. *Seien P eine p-Gruppe, B ein Normalteiler von P und A eine elementar abelsche Untergruppe von P mit $P = BA$. Weiter sei $\phi(B) \leq Z(P)$. Dann gilt*

(a) *$K_i(P)\phi(B) = [B, A; i-1]\phi(B)$ für alle $i \geq 2$.*

(b) *$[B, A; i+1] \leq [B, A; i]$ für alle $i \geq 0$.*

(c) *Sei n die kleinste natürliche Zahl, für die $[B, A; n]$ abelsch ist.*
Ist $[B, A; n+1] = 1$, so ist $n \leq 2$ und P hat Klasse höchstens 4.

Beweis. Wir beweisen (a) durch Induktion nach i. Da $B/\phi(B)$ elementar abelsch ist, genügt es,die Behauptung für elementar abelsches B zu beweisen. Also gelte ab jetzt $\phi(B) = 1$.

Es ist $K_2(P) = P' = [B, A]$, was die Behauptung für $i = 2$ ist. Sei jetzt $i > 2$. Da P/B elementar abelsch ist, ist $K_i(P) \leq B$ für alle $i \geq 2$. Da B abelsch ist, ist für alle $x \in K_i(P)$, $b \in B$ und $a \in A$

$$[ba, x] = a^{-1}b^{-1}x^{-1}bax = a^{-1}x^{-1}ax = [a, x].$$

Also ist

$$K_{i+1}(P) \underset{\text{Satz 1.6.5}}{=} [P, K_i(P)] = [BA, K_i(P)] = [A, K_i(P)] = [K_i(P), A].$$

Da per Induktion $K_i(P) = [B, A; i-1]$ ist, ist dann $K_{i+1}(P) = [B, A; i]$, die Behauptung.

(b) Da A die Gruppen $[B, A; i]$ normalisiert, ist $[B, A; i+1] \leq [B, A; i]$.

(c) Nach (a) ist $K_{n+2}(P) \leq [B, A; n+1]\phi(B) = \phi(B) \leq Z(P)$. Also ist $K_{n+3}(P) = 1$. Sei $m = \lfloor \frac{1}{2}(n+4) \rfloor$. Da $n \geq 1$ ist, ist $m \geq 2$ und $2m \geq n+3$.

Das liefert mit Korollar 1.6.6 (b)

$$[K_m(P), K_m(P)] \leq K_{2m}(P) \leq K_{n+3}(P) = 1.$$

Also ist $K_m(P)$ abelsch. Nach (a) ist

$$K_m(P)Z(P) = [B, A; m-1]Z(P).$$

Somit ist auch $[B, A; m-1]$ abelsch. Da $m - 1 > 0$ ist, ist nach Wahl von n dann $m - 1 \geq n$.

Wir erhalten

$$n \leq m - 1 \leq \tfrac{1}{2}(n + 4) - 1 = \tfrac{n}{2} + 1,$$

was

$$n \leq 2.$$

liefert. Da $K_{n+3}(P) = 1$ ist, folgt $K_5(P) = 1$, also hat P eine Klasse höchstens 4. □

Nun die angekündigte Verallgemeinerung.

Satz 3.4.8 (Glauberman[6]-Replacement [28]). *Seien p eine ungerade Primzahl und P eine p-Gruppe. Sei weiter B ein Normalteiler von P mit $\phi(B) \leq Z(B) \cap \Omega_1(Z(J(P)))$ und $\Omega_1(B) = B$. Ist $A \in \mathscr{A}(P)$ mit $[A, B] \nleq A$, so gibt es ein $A^* \in \mathscr{A}(P)$ mit*
(a) *$A \cap B < A^* \cap B$ und*
(b) *$[A^*, A] \leq A$.*

Beweis. Wir folgen im Beweis einer Idee von Isaacs [39]. Setze $Q = AB$. Nach Lemma 3.4.3 (b) ist $J(Q) \leq J(P)$. Da $A \leq J(Q)$ und $\Omega_1(Z(J(P))) \leq A$ sind, folgt $\Omega_1(Z(J(P))) \leq \Omega_1(Z(J(Q)))$. Also ist $\phi(B) \leq \Omega_1(Z(J(Q)))$. Somit können wir $P = AB$ annehmen. Das liefert dann $\phi(B) \leq \Omega_1(Z(J(P))) \leq A$ und somit ist $\phi(B) \leq Z(P)$. Damit haben wir die Voraussetzungen von Lemma 3.4.7.

Sei nun n minimal, so dass $[B, A; n]$ abelsch ist. Sei zunächst $[B, A; n + 1] \neq 1$ und r die kleinste natürliche Zahl mit $[B, A; r] = 1$. Dann ist $r \geq n + 2 \geq 3$, da $n \geq 1$ war. Also ist $[B, A; r - 3]$ definiert und $[B, A; r - 2] \neq 1$. Sei $x \in [B, A; r - 3]$. Dann ist $[[x, A], A] \leq [B, A; r - 1] \neq 1$. Somit können wir ein x mit $[[x, A], A] \neq 1$ wählen. Wir definieren $M = [x, A]$. Da $r \geq n + 2$ ist, folgt

$$M \leq [B, A; r - 2] \leq [B, A; n] \tag{$*$}$$

mit Lemma 3.4.7 (b). Hieraus folgt, dass M abelsch ist. Wir haben $\phi(B) \leq Z(B)$, also ist mit Lemma 1.2.13 dann $y^p = 1$ für alle $y \in B$. Da M in B liegt, ist M elementar abelsch. Nach Lemma 3.4.5 ist dann $A^* = MC_A(M) \in \mathscr{A}(P)$. Wir zeigen nun, dass A^* die Aussagen des Satzes erfüllt.

Es sind

$$[B, A \cap B, A] \leq [B, B, A] \leq [Z(P), A] = 1 \text{ und } [A \cap B, A, B] \leq [A, A, B] = 1.$$

Mit dem Drei-Untergruppen-Lemma erhalten wir dann

$$[A, B, A \cap B] = 1.$$

Nach Lemma 3.4.7 (b) ist

$$[[B, A; i], A \cap B] = 1 \text{ für alle } i \geq 1.$$

6 George Glauberman, *3.3.1941 New York. Professor an der University of Chicago. Seine Hauptarbeitsgebiete sind die endliche Gruppentheorie und die Darstellungstheorie.

Also gilt mit $(*)$ $[M, A \cap B] = 1$ und dann $[A^*, A \cap B] = 1$. Da $[[A, x], A] \neq 1$ war, ist $M \nleq A$. Wegen $M \leq B$ folgt $A^* \cap B > A \cap B$.

Es ist $[A^*, A, A] = [M, A, A] \leq [B, A; r] = 1$. Da $[A^*, A] = [M, A]$ ist und $M = [x, A]$ von A normalisiert wird, ist $[A^*, A]$ elementar abelsch. Anwendung von Lemma 3.4.4 liefert $[A^*, A] \leq A$. Somit ist der Satz in diesem Fall bewiesen.

Sei nun $[B, A; n+1] = 1$. Nach Lemma 3.4.7 (c) ist dann $n \leq 2$. Wäre $n = 1$, so wäre $[B, A]$ abelsch und $[B, A, A] = 1$. Da nach Lemma 1.2.13 $y^p = 1$ für alle $y \in B$ gilt, ist $[B, A]$ dann elementar abelsch. Anwendung von Lemma 3.4.4 liefert den Widerspruch $[B, A] \leq A$. Also ist $n = 2$.

Seien nun $x \in B$ und $u, v \in A$. Wir setzen $w = [x, v] \in B$. Nach der Wittschen Identität (Lemma 1.2.5) ist

$$[x, u, w]^{u^{-1}}[u^{-1}, w^{-1}, x]^w[w, x^{-1}, u^{-1}]^x = 1.$$

Da $B' \leq Z(P)$ ist, liegt jeder dieser Kommutatoren in $Z(P)$. Der letzte ist sogar trivial. Also gilt

$$[x, u, w][u^{-1}, w^{-1}, x] = 1.$$

Da $[u^{-1}, w^{-1}]$ und x in B sind und da $B' \leq Z(P)$ ist, gilt

$$[u^{-1}, w^{-1}, x]^{-1} \underset{\text{Lemma 1.2.3}}{=} [[u^{-1}, w^{-1}]^{-1}, x] = [w^{-1}, u^{-1}, x],$$

d. h.

$$[x, u, w] = [w^{-1}, u^{-1}, x].$$

Also ist

$$[[x, u], [x, v]] = [[x, v]^{-1}, u^{-1}, x]. \tag{1}$$

Wir setzen $\bar{P} = P/B'$. Da $[\bar{B}, \bar{A}, \bar{A}, \bar{A}] = 1$ und $\bar{B}$ abelsch ist, ist

$$[\bar{B}, \bar{A}, \bar{A}] \leq Z(\bar{P}).$$

Somit erhalten wir

$$\overline{[[x, v]^{-1}, u^{-1}]} \underset{\text{Lemma 1.2.3}}{=} \overline{[[x, v], u^{-1}]}^{-1} \underset{\text{Lemma 1.2.3}}{=} \overline{[x, v, u]}. \tag{2}$$

Weiter ist wieder mit der Wittschen Identität

$$\overline{[x, v, u]}^{v^{-1}} \overline{[v^{-1}, u^{-1}, x]}^u \overline{[u, x^{-1}, v^{-1}]}^x = 1. \tag{3}$$

Es sind $[v^{-1}, u^{-1}] = 1$ und $\overline{[B, A, A]} \leq Z(\bar{P})$. Damit erhalten wir mit (3)

$$\begin{aligned}\overline{[x, v, u]} = \overline{[u, x^{-1}, v^{-1}]}^{-1} &\underset{\text{Lemma 1.2.3}}{=} \overline{[u, x^{-1}, v]} = \overline{[[x^{-1}, u]^{-1}, v]} \\ &\underset{\text{Lemma 1.2.3}}{=} \overline{[x, u, v]}.\end{aligned}$$

Das liefert

$$\overline{[x,v,u]} = \overline{[x,u,v]}. \tag{4}$$

Da $B' \leq Z(P)$ ist, folgt

$$\begin{aligned}[][x,u],[x,v]] &\underset{(1)}{=} [[x,v]^{-1},u^{-1},x] \\ &\underset{(2)}{=} [[x,v,u],x] \\ &\underset{(4)}{=} [[x,u,v],x].\end{aligned}$$

Per Symmetrie ist auch

$$[[x,v],[x,u]] = [[x,u,v],x].$$

Also ist

$$\begin{aligned}[][x,u],[x,v]]^2 &= [[x,u],[x,v]][[x,v],[x,u]]^{-1} \\ &= [[x,u,v],x][[x,u,v],x]^{-1} = 1.\end{aligned}$$

Da p ungerade ist, ist dann

$$[[x,u],[x,v]] = 1.$$

Somit ist für alle $x \in B$ stets $[x,A]$ abelsch. Da $y^p = 1$ für alle $y \in B$ gilt, ist dann $[B,A]$ elementar abelsch.

Da $[B,A] \nleq A$ ist, ist nach Lemma 3.4.4

$$[B,A,A] \neq 1.$$

Wir wählen nun wieder $x \in B$ mit $[x,A,A] \neq 1$ und setzen $M = [x,A]$. Nach Lemma 3.4.5 ist dann $A^* = MC_A(M) \in \mathscr{A}(P)$. Da $M \nleq A$ und $M \leq B$ ist, folgt nun wieder $A^* \cap B > A \cap B$. Nach Annahme ist $[B,A,A,A] = 1$. Also ist

$$[A^*,A,A] = [MC_A(M),A,A] = 1.$$

Da $M = [x,A]$ elementar abelsch ist, folgt wieder, dass $[A^*,A]$ elementar abelsch ist. Jetzt liefert Lemma 3.4.4 die Behauptung $[A^*,A] \leq A$. Damit gilt der Satz auch in diesem Fall. □

Korollar 3.4.9. *Es seien die Voraussetzungen des vorherigen Satzes erfüllt. Dann gibt es ein $A \in \mathscr{A}(P)$ mit $[B,A] \leq A$.*

Beweis. Wir wählen A mit $A \cap B$ maximal und $[B,A] \nleq A$. Dann ist für A^* aus Satz 3.4.8 $[B,A^*] \leq A^*$. □

Also haben wir auch in diesem Fall eine quadratische Operation.

Definition 3.4.10. Sei p eine ungerade Primzahl. Eine Gruppe H heißt p-stabil, falls für alle p-Untergruppen Q von H und jedes p-Element $x \in N_H(Q)$ mit $[Q, x, x] = 1$ stets $xC_H(Q) \in O_p(N_H(Q)/C_H(Q))$ gilt.

Nun beweisen wir den angekündigten Satz, der ein Kriterium dafür angibt, dass $\Omega_1(Z(J(P)))$ ein Normalteiler von G ist.

Satz 3.4.11 (Glaubermans ZJ-Satz [28]). *Seien p eine ungerade Primzahl und G eine Gruppe mit $F^*(G) = O_p(G)$, die p-stabil ist. Ist P eine Sylow-p-Untergruppe von G, so ist $\Omega_1(Z(J(P))) \trianglelefteq G$.*

Beweis. Wir setzen $Z = \Omega_1(Z(J(P)))$. Zunächst zeigen wir

$$Z \leq O_p(G). \tag{$*$}$$

Da $[O_p(G), Z] \leq Z$ ist, haben wir

$$[O_p(G), Z, Z] = 1.$$

Weiter ist G p-stabil. Also ist

$$ZC_G(O_p(G))/C_G(O_p(G)) \leq O_p(G/C_G(O_p(G)).$$

Schließlich folgt aus $C_G(O_p(G)) \leq O_p(G)$ dann $Z \leq O_p(G)$, was $(*)$ beweist.

Wir wollen jetzt annehmen, dass Z nicht normal in G ist. Insbesondere ist dann wegen $(*)$ auch $Z \cap O_p(G)$ nicht normal in G. Damit gibt es eine normale p-Untergruppe B in G, so dass $Z \cap B$ nicht normal in G ist. Unter diesen normalen p-Untergruppen wählen wir B von minimaler Ordnung. Es ist

$$B = \langle (Z \cap B)^g \mid g \in G \rangle. \tag{1}$$

Da $B' < B$ ist, ist $Z \cap B'$ normal in G. Weiter ist $Z \cap B$ normal in B, da Z normal in P und $B \leq P$ ist. Es ist

$$B' = [B, B] = [\langle (Z \cap B)^g \mid g \in G \rangle, B] = \langle [Z \cap B, B]^g \mid g \in G \rangle \leq \\ \langle (Z \cap B')^g \mid g \in G \rangle = Z \cap B'.$$

Also ist $B' \leq Z$. Dann ist $[B', Z \cap B] = 1$ und dann auch $[B', (Z \cap B)^g] = 1$ für alle $g \in G$. Somit ist $[B', B] = 1$, was

$$B' \leq Z(B)$$

liefert. Da B nach (1) von Elementen der Ordnung p erzeugt wird und p ungerade ist, folgt mit Lemma 1.2.13, dass $x^p = 1$ für alle $x \in B$ ist. Insbesondere ist nach Satz 1.8.8 (b)

$$\phi(B) \leq Z(B).$$

Da $B' = \phi(B) \leq Z$ ist, erfüllt B die Voraussetzungen von Satz 3.4.8. Nun können wir Korollar 3.4.9 anwenden. Dieses liefert ein $A \in \mathscr{A}(P)$ mit $[B,A] \leq A$. Also ist $[B,A,A] = 1$. Da G p-stabil ist, folgt mit $G = N_G(B)$

$$AC_G(B)/C_G(B) \leq O_p(N_G(B)/C_G(B)) = O_p(G/C_G(B)). \qquad (2)$$

Sei nun L normal in G und L maximal mit $[Z \cap B, L] \leq Z \cap B$. Da $Z \cap B$ nicht normal in G ist, ist $L \neq G$. Nach dem Frattini-Argument ist $G = LN_G(P \cap L)$. Somit erhalten wir mit Lemma 3.4.3 (a), dass

$$G = LN_G(J(P \cap L)) \qquad (3)$$

ist. Da Z normal in $N_G(J(P))$ und B normal in G sind, ist $Z \cap B$ normal in $N_G(J(P))$. Ist $J(P) \leq P \cap L$, so ist nach Lemma 3.4.3 (c) $J(P) = J(P \cap L)$ also $N_G(J(P)) = N_G(J(P \cap L))$. Dann ist nach (3) auch $Z \cap B$ normal in G, ein Widerspruch. Somit ist

$$J(P) \not\leq L \cap P. \qquad (4)$$

Es ist $[C_G(B), B \cap Z] = 1$, also ist auch $[LC_G(B), B \cap Z] \leq B \cap Z$. Da $C_G(B)$ normal in G ist, liefert die Maximalität von L dann

$$C_G(B) \leq L.$$

Nach (2) ist $O_p(G/C_G(B)) = P_1C_G(B)/C_G(B)$ mit einer p-Untergruppe P_1 von G, die A enthält. Da $P_1C_G(B)$ normal in G ist und $C_G(B) \leq L$ ist, ist auch P_1L normal in G. Also ist

$$AL/L \leq O_p(G/L).$$

Sei $K/L = O_p(G/L)$. Dann haben wir $K = (P \cap K)L$. Es ist $[Z \cap B, P \cap K] \leq Z \cap B$, was $[K, Z \cap B] \leq Z \cap B$ liefert. Da K normal in G ist, liefert die Maximalität von L dann $K = L$. Also ist $O_p(G/L) = 1$. Dies zeigt

$$A \leq L.$$

Nun liefert Lemma 3.4.3 (b) $J(P \cap L) \leq J(P)$, da $A \leq P \cap L$ ist. Aus $A \in \mathscr{A}(P)$ folgt $Z \leq A \leq J(P \cap L)$ und dann

$$Z \cap B \leq \Omega_1(Z(J(P \cap L))) = X.$$

Anwendung von Lemma 3.4.3 (a) und (3) ergibt

$$G = LN_G(X).$$

Da $[L, Z \cap B] \leq Z \cap B$ ist, erhalten wir $(Z \cap B)^G = (Z \cap B)^{N_G(X)} \leq X$. Das liefert mit (1)

$$B \leq X.$$

Nach (4) ist $J(P) \nleq L \cap P$. Somit gibt es ein $A_1 \in \mathscr{A}(P)$ mit $A_1 \nleq L$. Da G p-stabil und $K = L$ ist, ist dann auch

$$[B, A_1, A_1] \neq 1. \tag{5}$$

Nun wählen wir A_1 mit $A_1 \nleq L$ und $|A_1 \cap B|$ maximal. Da $B \leq X$ ist, ist wegen $[B, A_1] \leq [X, A_1]$ dann $[B, A_1]$ elementar abelsch. Nach Lemma 3.4.4 ist dann $[B, A_1] \nleq A_1$. Weiter liefert Satz 3.4.6 ein $A^* \in \mathscr{A}(P)$ mit $A_1 \cap B < A^* \cap B$ und $[A^*, A_1] \leq A_1$. Nach Wahl von A_1 folgt $A^* \leq P \cap L$. Also ist $X \leq A^*$. Da $B \leq X$ ist, folgt nun

$$[B, A_1, A_1] \leq [X, A_1, A_1] \leq [A^*, A_1, A_1] \leq [A_1, A_1] = 1$$

ein Widerspruch zu (5). Also ist $Z = Z \cap O_p(G)$ normal in G. □

Nun ist die Voraussetzung, dass G p-stabil ist, sicherlich nicht so griffig, dass man diese leicht nachprüfen kann. Das nächste Lemma gibt ein hinreichendes Kriterium an, das für unsere Bedürfnisse ausreichen wird.

Lemma 3.4.12. (siehe [29]) *Seien G eine Gruppe und p eine ungerade Primzahl. Ist $|G|$ ungerade oder hat G elementar abelsche Sylow-2-Untergruppen, so ist G p-stabil.*

Beweis. Sei G ein minimales Gegenbeispiel. Da sich die Vorraussetzungen auf Untergruppen und Faktorgruppen übertragen, gilt für jede Untergruppe U und jede Untergruppe V mit $U \trianglelefteq V$ und $|V : U| < |G|$, dass V/U dann p-stabil ist.

Da G nicht p-stabil ist, gibt es eine p-Untergruppe P und ein Element $x \in N_G(P)$ mit

$$[P, x, x] = 1 \text{ und } xC_G(P) \notin O_p(N_G(P)/C_G(P)). \tag{$*$}$$

Sei nun P eine p-Untergruppe von minimaler Ordnung, für die $(*)$ gilt.

$$G = N_G(P) \text{ und } O_{p'}(G) = 1: \tag{1}$$

Es ist offenbar $N_G(P)$ nicht p-stabil. Also ist wegen der minimalen Wahl von G dann $G = N_G(P)$. Weiter ist dann

$$[P, O_{p'}(G)] \leq P \cap O_{p'}(G) = 1.$$

Also ist $O_{p'}(G) \leq C_G(P)$. Wir setzen nun $\bar{G} = G/O_{p'}(G)$. Dann ist $C_{\bar{G}}(\bar{P}) = \overline{C_G(P)}$. Damit erfüllt $(\bar{G}, \bar{P}, \bar{x})$ auch $(*)$. Also ist $\bar{G}$ nicht p-stabil, was dann $G = \bar{G}$, also $O_{p'}(G) = 1$ liefert.

$$C_G(P) \text{ ist eine } p\text{-Gruppe:} \tag{2}$$

Nach (1) ist P normal in G. Also ist auch $C_G(P)$ normal in G. Sei r eine Primzahl und $R \in \mathrm{Syl}_r(C_G(P))$. Wir setzen $H = N_G(R)$. Dann erhalten wir mit dem Frattini-

Argument $G = C_G(P)H$. Somit ist $x = yz$ mit $y \in H, z \in C_G(P)$. Es ist $[P, x, x] = [P, y, y]$. Da $H/H \cap C_G(P) \cong G/C_G(P)$ ist, ist $yC_G(P) \notin O_p(H/C_H(P))$. Damit erfüllt (H, P, y) auch $(*)$. Somit ist $H = G$. Nach (1) ist $O_{p'}(G) = 1$, also ist $p = r$.

$$P \text{ ist ein minimaler Normalteiler von } G, \\ \text{insbesondere ist } P \text{ elementar abelsch:} \qquad (3)$$

Sei K ein minimaler Normalteiler von G mit $K \leq P$. Ist $K \neq P$, so erfüllt nach Wahl von P das Tripel (G, K, x) nicht $(*)$. Also ist

$$x \in O_p(G/C_G(K)).$$

Sei L das volle Urbild von $O_p(G/C_G(K))$. Dann ist $L/C_G(K)$ eine p-Gruppe, die auf K operiert. Da K eine p-Gruppe ist, ist nach Lemma 1.1.10 $C_K(L) \neq 1$. Es sind L und K beide normal in G. Somit ist auch $C_K(L)$ normal in G. Weiter ist K ein minimaler Normalteiler und $1 \neq C_K(L) \leq K$, was dann $[K, L] = 1$, also

$$x \in L = C_G(K)$$

liefert. Wir setzen jetzt $\bar{G} = G/K$. Da $K \neq 1$ und G ein minimales Gegenbeispiel ist, ist $\bar{G}$ p-stabil. Wir haben $C_{\bar{G}}(\bar{P}) = C_G(P/K)/K$. Sei M normal in G mit $M/C_G(P/K) = O_p(G/C_G(P/K))$. Da $\bar{G}$ p-stabil ist, ist $x \in M$. Also ist

$$x \in M \cap L.$$

Wir zeigen, dass $M \cap L$ eine p-Gruppe ist. Hierzu betrachten wir die Reihe

$$1 \leq C_G(P) \leq C_G(P/K) \cap L \leq M \cap L.$$

Nach (2) ist $C_G(P)$ eine p-Gruppe. Da $C_G(P/K) \cap L$ die Reihe $1 < K < P$ stabilisiert, ist auch diese Gruppe eine p-Gruppe nach Lemma 2.2.9.

Es ist $M \cap L/C_G(P/K) \cap L$ zu einer Untergruppe von $M/C_G(P/K)$ isomorph. Letztere ist aber eine p-Gruppe. Somit ist $M \cap L$ eine p-Gruppe. Da $M \cap L$ normal in G ist, ist $M \cap L \leq O_p(G)$. Somit ist $x \in O_p(G)$ und dann

$$xC_G(P) \leq O_p(G/C_G(P)),$$

was (1) und $(*)$ widerspricht. Dies liefert (3).

$$\text{Es gibt ein Konjugiertes } y \text{ von } x \text{ mit } G = \langle x, y, C_G(P) \rangle : \qquad (4)$$

Nach (3) ist P elementar abelsch. Weiter ist $x \notin O_p(G)$. Der Satz von Baer (Satz 3.3.1) liefert jetzt, dass es ein zu x konjugiertes Element $y \in G$ gibt, so dass $\langle x, y \rangle$ keine p-Gruppe ist.

Wir setzen $G_1 = \langle x, y, C_G(P) \rangle$ und $\bar{G}_1 = G_1/C_G(P)$. Wäre $\bar{x} \in O_p(\bar{G}_1)$, so wäre $\bar{G}_1 = \langle O_p(\bar{G}_1), y \rangle$ eine p-Gruppe. Da nach (2) $C_G(P)$ eine p-Gruppe ist, folgt dann, dass G_1 eine p-Gruppe ist, ein Widerspruch dazu, dass $\langle x, y\rangle$ keine p-Gruppe ist. Also ist $\bar{x} \notin O_p(\bar{G}_1)$. Somit ist G_1 nicht p-stabil, da $P \leq G_1$ ist. Jetzt liefert die minimale Wahl von G, dass $G_1 = G$ ist.

$$C_P(G) = 1: \tag{5}$$

Es ist $[P, x] \neq 1$. Also ist $P \nleq Z(G)$. Da nach (3) P ein minimaler Normalteiler von G ist, folgt nun (5).

Wir setzen $F = \mathrm{End}_G(P)$, die Menge der mit der Operation von G auf P vertauschbaren Endomorphismen. Seien $f \in F$ und $U = \ker f$. Dann ist U unter G invariant. Nach (3) ist P ein minimaler Normalteiler von G. Also operiert G irreduzibel auf P. Dann ist entweder $\ker f = 1$ oder $\ker f = P$. Ist also $f \neq 0$, so ist f invertierbar. Damit ist F ein Schiefkörper. Da $|F| < \infty$ ist, ist F nach dem Satz von Wedderburn [60, Satz 11.35] ein Körper.

Wir zeigen nun, dass wir P als 2-dimensionalen F-Vektorraum auffassen können, und setzen dazu $P_1 = C_P(x)$. Wegen $[P, x, x] = 1$ ist $[P, x] \leq P_1$. Da P abelsch ist, ist nach Lemma 1.2.2 (b) die Abbildung $u \to [u, x]$ ein Homomorphismus von P nach P_1 mit Kern P_1. Also ist $|[P, x]| = |P : P_1|$. Wir setzen weiter $P_2 = C_P(y)$. Dann ist P_2 zu P_1 in G konjugiert. Da nach (4) $P_1 \cap P_2 \leq Z(G)$ ist, folgt mit (5) $P_1 \cap P_2 \leq C_P(G) = 1$. Also ist $|P_1| = |P_2| = |P : P_1|$ und dann

$$P = P_1 \times P_2.$$

Wir definieren nun eine Abbildung $\lambda : P \to P$ mit

$$\lambda(u) = [u, y, x] \text{ für alle } u \in P_1 \text{ und}$$
$$\lambda(v) = [v, x, y] \text{ für alle } v \in P_2,$$

weiter

$$\lambda(uv) = \lambda(u)\lambda(v) \text{ für alle } u \in P_1, v \in P_2.$$

Da

$$[u, y, x] \in [P, x] = P_1 \text{ und}$$
$$[v, x, y] \in [P, y] = P_2 \text{ ist, gilt}$$
$$\lambda(P_i) = P_i \text{ für } i = 1, 2.$$

Es ist $[u_1u_2, y] = [u_1, y][u_2, y]$ für alle $u_1, u_2 \in P_1$, wegen der quadratischen Operation von y und genauso $[v_1v_2, x] = [v_1, x][v_2, x]$ für alle $v_1, v_2 \in P_2$. Also ist λ ein Homomorphismus.

Sei $u \in P_1$. Dann ist $\lambda(u) \in P_1$, also ist

$$\lambda(u^x) = \lambda(u) = \lambda(u)^x.$$

Sei $v \in P_2$. Dann ist $v^x = vw$ mit $w = [v, x] \in P_1$. Also ist

$$\begin{aligned}\lambda(v)^x &= \lambda(v)[\lambda(v), x] = \lambda(v)[v, x, y, x] \\ &= \lambda(v)[w, y, x] = \lambda(v)\lambda(w) = \lambda(vw) = \lambda(v^x).\end{aligned}$$

Somit ist λ mit der Operation von x und dann auch mit der von y vertauschbar. Das liefert, dass

$$\lambda \in \mathrm{End}_G(P) = F$$

ist.

Sei Q eine $\langle\lambda\rangle$-invariante nicht triviale Untergruppe von P_1 und sei weiter $U = Q \times [Q, y]$. Seien $a \in Q$ und $b \in [Q, y]$. Dann gibt es ein $c \in Q$ mit $b = [c, y]$. Also ist

$$(ab)^x = a^x b^x = ab[b, x] = ab[c, y, x] = ab\lambda(c).$$

Da Q unter $\langle\lambda\rangle$ invariant ist, ist $a\lambda(c) \in Q$. Also ist

$$(ab)^x = (a\lambda(c))b \in Q[Q, y] = U,$$

d. h.

$$U^x \subseteq U.$$

Weiter erhalten wir

$$(ab)^y = a^y b^y = a[a, y]b = a[a, y][c, y] = a[ac, y].$$

Also ist auch

$$U^y \subseteq U.$$

Damit ist U normal in G, was $U = P$ liefert. Dies bedeutet $Q = P_1$. Somit operiert $\langle\lambda\rangle$ irreduzibel auf P_1.

Wir setzen jetzt $\tilde{F} = GF(p)(\lambda) \subseteq F$. Dann ist P ein $\tilde{F}$-Vektorraum. Hierin ist P_1 ein 1-dimensionaler Unterraum. Somit ist $|\tilde{F}| = p^f = |P_1|$. Weiter haben wir $\dim_{\tilde{F}} P = 2$.

Sei nun $1 \neq u \in P_1$ und setze $v = [u, y]$. Dann ist $\{u, v\}$ eine $\tilde{F}$-Basis von P. Es ist

$$\begin{aligned}u^x &= u \\ v^x &= v[v, x] = \lambda(u)v, \\ u^y &= u[u, y] = uv \qquad \text{und} \\ v^y &= v.\end{aligned}$$

Indem wir $\lambda(u)$ mit der Körpermultiplikation mit $\lambda \in \tilde{F}$ identifizieren (es ist $\mathrm{End}_G(P) = F$), werden den Elementen x, y die 2×2-Matrizen

$$\begin{pmatrix} 1 & \lambda \\ 0 & 1 \end{pmatrix} \text{ und } \begin{pmatrix} 1 & 0 \\ 1 & 1 \end{pmatrix}$$

über $\tilde{F}$ zugeordnet.

Weiter ist $G/C_G(P) = H$ eine Untergruppe von $SL_2(p^f)$. Wir zeigen nun, dass H Elemente der Ordnung 4 enthält, was den Annahmen, dass $|G|$ ungerade ist oder G elementar abelsche Sylow-2-Untergruppen hat, widerspricht. Wir betten zunächst H in $SL_2(p^{2f})$ ein. Sei q der kleinste ungerade Primteiler von $|H|$ mit $q \neq p$. Da $|GL_2(p^f)| = (p^f - 1)(p^{2f} - 1)p$ ist (siehe z. B. [60, Satz 5.43]) und q die Ordnung von $SL_2(p^f)$ teilt, ist $q | p^{2f} - 1$. Seien $Q \in \mathrm{Syl}_q(U)$ und $g \in Q$ mit $o(g) = q$. Da $GF(p^{2f})$ primitive q-te Einheitswurzeln besitzt, ist g als Element in $SL_2(p^{2f})$ diagonalisierbar. Also kann g bezüglich einer Basis $\mathscr{B}$ eine Matrix

$$\begin{pmatrix} a & 0 \\ 0 & a^{-1} \end{pmatrix}, a \in GF(p^{2f}), o(a) = q$$

zugeordnet werden. Insbesondere ist g fixpunktfrei auf dem 2-dimensionalen $GF(p^{2f})$-Vektorraum V. Indem wir jetzt speziell $g \in Z(Q)$ wählen, folgt, dass Q die Eigenräume invariant lässt. Also ist bezüglich $\mathscr{B}$

$$Q = \left\{ \begin{pmatrix} b & 0 \\ 0 & b^{-1} \end{pmatrix} \middle| \text{für geeignete } 0 \neq b \in GF(p^{2f}) \right\}.$$

Damit ist Q zu einer Untergruppe der multiplikativen Gruppe von $GF(p^{2f})$ isomorph, und somit zyklisch [59, III.7].

Sei jetzt zunächst $N_H(Q) > C_H(Q)$. Dann gibt es ein $z \in N_H(Q) \setminus C_H(Q)$ und einen Primteiler s von $|N_H(Q)/C_H(Q)|$, so dass $z^s \in C_H(Q)$ ist. Weiter ist nach Satz 2.2.16 $[z, \Omega_1(Q)] \neq 1$. Also ist s ein Teiler von $q - 1$, d. h. $s < q$. Da q eine ungerade Primzahl ungleich p war, folgt $s = 2$ oder $s = p$.

Angenommen, es sei $s = p$. Dann operiert ein p-Element z auf der Menge der Eigenräume von g. Also vertauscht z die beiden oder normalisiert beide. Im ersten Fall hat z gerade Ordnung, was ein Widerspruch ist, da p ungerade ist. Also ist z bezüglich $\mathscr{B}$ die Martix $\left(\begin{smallmatrix} u & 0 \\ 0 & u^{-1} \end{smallmatrix}\right)$ zugeordnet. Dann ist aber $o(u) = p$ ein Teiler von $p^{2f} - 1$, ein Widerspruch.

Es folgt $s = 2$. Da Involutionen in $SL_2(p^{2f})$ diagonalisierbar sind, haben sie die Matrix $\left(\begin{smallmatrix} -1 & 0 \\ 0 & -1 \end{smallmatrix}\right)$ und liegen insbesondere in $Z(GL_2(p^{2f}))$. Somit ist $z^2 \neq 1$, insbesondere enthält U Elemente der Ordnung 4.

Dies liefert nun, dass $N_H(Q) = C_H(Q)$ ist. Dann gibt es nach Satz 3.2.9 eine normale Untergruppe K von H mit $H = KQ$ und $Q \cap K = 1$. Da $q \neq p$ und $o(x) = o(y) = p$ ist, folgt $\langle x, y \rangle \leq K$, ein Widerspruch.

Somit ist H eine $\{2, p\}$-Gruppe. Da H keine normale Sylow-p-Untergruppe hat (H operiert irreduzibel auf P), enthält H ein 2-Element ungleich $\left(\begin{smallmatrix} -1 & 0 \\ 0 & -1 \end{smallmatrix}\right)$, also Elemente der Ordnung 4, was wieder ein Widerspruch ist. □

Bemerkung 3.4.13. Mit $AGL_2(p)$ wollen wir die Gruppe der affinen Transformationen eines 2-dimensionalen Vektorraumes W über $GF(p)$ bezeichnen. Weiter setzen wir $ASL_2(p) = O^{p'}(AGL_2(p))$.

Es ist $ASL_2(p)$ eine zerfallende Erweiterung von $O_p(ASL_2(p))$ mit $SL_2(p)$, wobei $O_p(ASL_2(p)) = V \cong W$ ist. Sei $x = \left(\begin{smallmatrix}1 & 0\\ 1 & 1\end{smallmatrix}\right) \in SL_2(p)$. Dann ist $[V, x, x] = 1$ aber $xC_{ASL_2(p)}(V) = xV \notin O_p(ASL_2(p)/V)$. Somit ist $ASL_2(p)$ nicht p-stabil.

Man kann nun zeigen, dass G genau dann p-stabil ist, wenn G keine Untergruppen U, V mit $U \trianglelefteq V$ und $V/U \cong ASL_2(p)$ hat. Der Beweis (siehe [29]) geht ähnlich wie der von Lemma 3.4.12. An der Stelle, an der wir die Matrizen

$$\begin{pmatrix}1 & \lambda\\ 0 & 1\end{pmatrix}, \begin{pmatrix}1 & 0\\ 1 & 1\end{pmatrix}$$

konstruiert haben, zitiert man dann einen Satz von Dickson[7](siehe [21]), der besagt, dass

$$\left\langle \begin{pmatrix}1 & \lambda\\ 0 & 1\end{pmatrix}, \begin{pmatrix}1 & 0\\ 1 & 1\end{pmatrix} \right\rangle$$

entweder $SL_2(\tilde{F})$ ist, oder dass $|\tilde{F}| = 9$ und diese Gruppe zu $SL_2(5)$ isomorph ist. Da $SL_2(5)$ eine zu $SL_2(3)$ isomorphe Untergruppe enthält, haben wir in jedem Fall eine Untergruppe $SL_2(p)$. Die Minimalität liefert nun $G/C_G(P) \cong SL_2(p)$ und $|P| = p^2$. Mit einigen weiteren Argumenten zeigt man $P = C_G(P)$, und somit ist $G = ASL_2(p)$.

Wir wollen nun Satz 3.2.9 und Satz 3.4.11 verbinden, um die angekündigte Verallgemeinerung des Satzes von Frobenius für ungerade Primzahlen p zu beweisen.

Satz 3.4.14 (Glauberman-Thompson [28],[65],[66]). *Seien p eine ungerade Primzahl und $P \in \mathrm{Syl}_p(G)$. Hat $N_G(\Omega_1(Z(J(P))))$ ein normales p-Komplement, so hat G ein normales p-Komplement.*

Beweis. Sei G ein minimales Gegenbeispiel. Dann hat jede echte Untergruppe von G, die P enthält, ein normales p-Komplement. Nach Satz 3.2.9 gibt es eine p-Untergruppe $H \neq 1$, so dass $N_G(H)$ kein normales p-Komplement hat.

Wir wählen H so, dass eine Sylow-p-Untergruppe von $N_G(H) = N$ maximale Ordnung hat. Dabei können wir $P \cap N \in \mathrm{Syl}_p(N)$ annehmen. Wir nehmen zunächst $P \not\leq N$ an. Wir setzen nun $R = P \cap N, L = N_N(\Omega_1(Z(J(R))))$ und weiter $M = N_G(\Omega_1(Z(J(R))))$. Dann sind $L \leq M$ und $R \neq P$. Somit ist $R < N_P(R) \leq M$ nach Lemma 3.4.3 (a). Also haben wir $P \cap M > R$.

7 Leonard Dickson, *22.1. 1874 Independence, Iowa; †17.1. 1954 Harlingen, Texas. Professor an der University of Chicago. Dickson war 1917/18 Präsident der American Mathematical Society. Er war einer der ersten amerikanischen Forscher auf dem Gebiet der abstrakten Algebra, insbesondere in der Theorie der endlichen Körper und der klassischen Gruppen. Er leistete wesentliche Beiträge zur Algebra und Zahlentheorie. Sein mathematisches Werk ist ungewöhnlich umfangreich. Er publizierte 250 Artikel und 18 Bücher. Dickson hatte auch historische Interessen. Sein dreibändiges Werk *History of the Theory of Numbers* gilt noch heute als eine wichtige Quelle. Der geplante vierte Band wurde niemals geschrieben.

Nach Wahl von H hat dann M ein normales p-Komplement. Da $L \leq M$ ist, hat auch L ein normales p-Komplement. Da $P \nleq N$ ist, ist $N \neq G$. Also hat per Induktion N ein normales p-Komplement, ein Widerspruch. Somit haben wir

$$P \leq N$$

gezeigt. Da G ein minimales Gegenbeispiel ist, ist dann $N = G$. Weiter sind alle Voraussetzungen auf $G/O_{p'}(G)$ übertragbar. Das liefert $O_{p'}(G) = 1$. Da nun H normal in G ist, ist $O_p(G) \neq 1$ und wegen $G = N_G(O_p(G))$ können wir $H = O_p(G)$ annehmen.

Ist $H = P$, so ist $\Omega_1(Z(J(P)))$ normal in G, aber $N_G(\Omega_1(Z(J(P)))$ hat nach Annahme ein normales p-Komplement. Somit ist

$$P \neq H.$$

Wir betrachten nun $\bar{G} = G/H$. Dann ist $\bar{P} \neq 1$. Wir setzen $\bar{H}_1 = \Omega_1(Z(J(\bar{P})))$ und $\bar{N}_1 = N_{\bar{G}}(\bar{H}_1)$. Weiter seien H_1 und N_1 die entsprechenden Urbilder. Dann sind $N_1 = N_G(H_1)$ und $H < H_1$. Da $\bar{P} \leq \bar{N}_1$ ist, ist $P \leq N_1$. Da $H = O_p(G)$ ist, und $H < H_1$ ist, ist H_1 nicht normal in G. Insbesondere folgt $N_1 < G$. Da $P \leq N_1$ ist, folgt nach Wahl von G, dass N_1 ein normales p-Komplement hat. Dann hat aber auch $\bar{N}_1$ ein normales p-Komplement. Da $|\bar{G}| < |G|$ ist, hat dann $\bar{G}$ ein normales p-Komplement. Also ist

$$G = O_{p,p',p}(G).$$

Wir zeigen nun

$$C_G(O_p(G)) \leq O_p(G): \tag{$*$}$$

Wir betrachten dazu $N = C_G(O_p(G))P$. Ist $N \neq G$, so hat N wegen der minimalen Wahl von G dann ein normales p-Komplement K. Somit erhalten wir $N = PK$. Damit ist $K = O_{p'}(C_G(O_p(G))) \trianglelefteq G$. Dann ist aber $K \leq O_{p'}(G) = 1$, also $K = 1$ und dann $N = P$, also ist $(*)$ in diesem Fall gezeigt.

Ist $N = G$, so ist $C_G(O_p(G))O_p(G) \geq O_{p,p'}(G)$. Das liefert

$$C_{O_{p,p'}(G)}(O_p(G)) = K \times Z(O_p(G)),$$

wobei K eine p'-Gruppe ist. Dann ist aber $K = O_{p'}(C_{O_{p,p'}(G)}(O_p(G))) \trianglelefteq G$ und dann $K \leq O_{p'}(G) = 1$. Also ist auch in diesem Fall $(*)$ bewiesen.

Wir zeigen nun, dass G elementar abelsche Sylow 2-Untergruppen hat. Da $G \neq P$ ist, ist $O_{p'}(\bar{G}) \neq 1$. Mit dem Frattini-Argument erhalten wir ein $\bar{Q} \in \mathrm{Syl}_q(O_{p'}(\bar{G}))$, $\bar{Q} \neq 1$, das von $\bar{P}$ normalisiert wird. Also normalisiert $\bar{P}$ auch $\Omega_1(Z(\bar{Q}))$. Sei G_1 das Urbild von $\Omega_1(Z(\bar{Q}))\bar{P}$. Dann ist $G_1 = PQ_1$ und $Q_1 \cong \Omega_1(Z(\bar{Q}))$ ist elementar abelsch. Ist $G_1 \neq G$, so hat G_1 ein normales p-Komplement. Also ist

$$Q_1 = O_{p'}(G_1) \trianglelefteq G_1.$$

Dann ist

$$[Q_1, O_p(G)] \leq Q_1 \cap O_p(G) = 1.$$

Mit $(*)$ erhalten wir den Widerspruch $Q_1 = 1$. Also ist $G_1 = G$. Insbesondere ist

$$G = O_{p,q,p}(G)$$

mit einer Primzahl q. Weiter sind die Sylow q-Untergruppen elementar abelsch. Nun folgt mit Lemma 3.4.12 und Satz 3.4.11, dass $Z(J(P))$ normal in G ist, was aber der Wahl von G widerspricht. □

Jetzt kommen wir zu dem eingangs angekündigten Hauptresultat. Dieses erschien zuerst in der Dissertation von Thompson [64].

Satz 3.4.15 (Thompson). *Ist G eine Gruppe mit einem fixpunktfreien Automorphismus ω von Primzahlordnung r, so ist G nilpotent.*

Beweis. Offenbar ist $\mathrm{ggT}(r, |G|) = 1$, da ω fixpunktfrei ist. Sei jetzt G ein minimales Gegenbeispiel. Insbesondere wird $|G|$ von mindestens zwei verschiedenen Primzahlen geteilt.

Wir wollen zunächst annehmen, dass G keine echten nicht trivialen ω-invarianten Normalteiler hat. Nach Satz 2.1.12 gibt es ein $P \in \mathrm{Syl}_p(G)$, p ungerade, mit $[P, \omega] \subseteq P$. Dann ist auch $Z(J(P))$ unter ω invariant. Insbesondere ist $Z(J(P))$ nicht normal in G. Wir setzen $N = N_G(Z(J(P)))$. Dann operiert ω auf N, und da $N < G$ und G ein minimales Gegenbeispiel ist, ist N nilpotent. Insbesondere hat N ein normales p-Komplement. Es liefert Satz 3.4.14, dass auch G ein normales p-Komplement K hat. Da $K = O_{p'}(G)$ ist, ist K nun ω-invariant. Aus $P \neq 1$ folgt $K \neq G$, also ist $K = 1$. Das liefert den Widerspruch $P = G$. Damit haben wir:

Es gibt einen Normalteiler H von G mit $1 \neq H \neq G$ und $[H, \omega] \leq H$. (1)

Wir zeigen zunächst, dass G auflösbar ist. Sei H wie in (1). Da G ein minimales Gegenbeispiel ist, ist dann H nilpotent. Da ω auf G/H nach Satz 2.1.11 fixpunktfrei ist, ist dann auch G/H nilpotent. Also erhalten wir:

G ist auflösbar.

Seien nun $1 \neq H_1, H_2$ beide normal in G, beide ω-invariant und $H_1 \cap H_2 = 1$. Dann ist $G_i = G/H_i$, $i = 1, 2$, nilpotent nach Satz 2.1.11 und der Minimalität von G. Also ist auch $G_1 \times G_2$ nilpotent. Die Abbildung $\alpha : x \to (H_1 x, H_2 x)$ liefert eine Einbettung von G in $G_1 \times G_2$, denn: Ist $x \in \ker \alpha$, so ist $x \in H_1 \cap H_2 = 1$. Aber Untergruppen nilpotenter Gruppen sind nilpotent. Also gibt es kein solches Paar von Normalteilern. Das liefert:

Sind $1 \neq H_1, H_2$ zwei ω-invariante Normalteiler von G, so ist $H_1 \cap H_2 \neq 1$. (2)

Sei nun N eine minimale ω-invariante normale Untergruppe von G (d. h. ein minimaler Normalteiler im semidirekten Produkt $G\langle\omega\rangle$). Da G auflösbar ist, ist nach Lemma 1.3.10 N eine elementar abelsche p-Gruppe für eine Primzahl p. Weiter ist $\bar{G} = G/N$ wegen der Minimalität von G und Satz 2.1.11 nilpotent. Da G nicht nilpotent ist, ist G/N keine p-Gruppe.

Sei $\bar{Q}$ eine Sylow-q-Untergruppe von $\bar{G}$ für eine Primzahl $q \neq p$. Da $\bar{G}$ nilpotent ist, ist $[\bar{Q}, \omega] \leq \bar{Q}$. Dann ist auch $\Omega_1(Z(\bar{Q}))$ ω-invariant. Sei nun $1 \neq \bar{M} \leq \Omega_1(Z(\bar{Q}))$ eine minimale ω-invariante Untergruppe. Es ist $\bar{M}$ normal in $\bar{G}$, da $\bar{G}$ nilpotent ist. Sei M das volle Urbild von $\bar{M}$. Ist $M \neq G$, so ist M nilpotent, da G ein minimales Gegenbeispiel ist. Es ist $O_q(M)$ charakteristisch in M. Da M normal in G ist, ist dann $O_q(M)$ normal in G. Aber $N \cap O_q(M) = 1$, da $p \neq q$ ist, ein Widerspruch zu (2). Also ist $M = G$. Damit ist G/N eine elementar abelsche q-Gruppe, auf der ω irreduzibel operiert.

Ist $N \leq Z(G)$, so ist $Z_2(G) = G$, also ist G nilpotent, ein Widerspruch. Da $G\langle\omega\rangle$ auf N irreduzibel operiert, ist somit $C_N(G) = 1$. Wir betrachten nun die Operation von $\bar{G}\langle\omega\rangle$ auf N.

$$\text{Ist } a \in \bar{G}\langle\omega\rangle \text{ mit } a \notin \bar{G}, \text{ so ist } a \in \langle\omega^h\rangle \text{ für ein } h \in \bar{G}: \tag{3}$$

Es ist $|\omega^{\bar{G}\langle\omega\rangle}| \underset{\text{Lemma 1.1.5}}{=} |\bar{G}\langle\omega\rangle : C_{\bar{G}\langle\omega\rangle}(\omega)| = |\bar{G}\langle\omega\rangle : \langle\omega\rangle| = |\bar{G}|$. Weiter ist offenbar $|\bar{G}| = |\bar{G}\omega|$. Also sind alle Elemente in der Nebenklasse $\bar{G}\omega$ zu ω konjugiert. Ist nun $\langle\omega^g\rangle = \langle\omega^h\rangle$ mit $g, h \in \bar{G}$, so ist $gh^{-1} \in N_G(\langle\omega\rangle)$. Damit erhalten wir $[gh^{-1}, \omega] \in \bar{G} \cap \langle\omega\rangle = 1$. Das liefert $gh^{-1} \in C_{\bar{G}}(\omega) = 1$, d. h. $g = h$. Dies beweist (3).

Es ist $\bar{G}\langle\omega\rangle = \bar{G} \cup \bigcup_{h\in\bar{G}}(\langle\omega\rangle \setminus \{1\})^h$. Somit haben wir in $\mathbb{Z}[\bar{G}\langle\omega\rangle]$ die folgende Relation:

$$\sum_{h\in\bar{G}\langle\omega\rangle} h - \sum_{g\in\bar{G}} g - \sum_{\substack{h\in\bar{G}\\ a\in\langle\omega^h\rangle}} a + |\bar{G}| \cdot 1 = 0$$

Wir wenden nun den Satz von Wielandt (Satz 2.3.4) an. Dabei ist $A_1 = \bar{G}\langle\omega\rangle$ und $n_1 = 1$, $A_2 = \bar{G}$ und $n_2 = -1$. Weiter sind A_3 bis $A_{3+|\bar{G}|}$ die Gruppen $\langle\omega^h\rangle$ mit $h \in \bar{G}$ und die n_i hierzu sind gleich -1. Schließlich ist noch $A_s = \langle 1\rangle$ mit $n_s = |\bar{G}|$. Wenn man noch beachtet, dass $|C_N(\omega)| = |C_N(\omega^h)|$ für alle $h \in \bar{G}$ ist, so erhalten wir

$$|C_N(\bar{G}\langle\omega\rangle)|^{|\bar{G}\langle\omega\rangle|} \cdot |C_N(\bar{G})|^{-|\bar{G}|} \cdot |C_N(\omega)|^{-|\bar{G}|r} \cdot |C_N(1)|^{|\bar{G}|} = 1.$$

Da die ersten drei Faktoren alle trivial sind, folgt

$$|C_N(1)|^{|\bar{G}|} = 1.$$

Das liefert $C_N(1) = 1$ und dann den Widerspruch $N = 1$. □

3.5 Übungen

1. Seien W eine elementar abelsche 2-Gruppe und G eine Automorphismengruppe von W. Seien Y eine Untergruppe ungerader Ordnung von G und $x \in G$ ein Element der Ordnung 4, das Y normalisiert. Ist weiter $[W, x^2, x] = 1$, so ist $C_Y(x^2) \neq 1$.
2. Seien G eine Gruppe und A eine p-Untergruppe von G mit $G = \langle A, a^g \rangle$ für ein $a \in A$ und $g \in G$. Sei V eine elementar abelsche p-Gruppe, auf der G operiert. Dabei sei $V = [V, G]$. Ist $A \leq B$ mit $[V, B, B] = 1$, so ist $[V, A] = [V, B] = C_V(A)$.
3. Seien V ein elementar abelscher p-Normalteiler von G und A eine p-Untergruppe, so dass $|A||C_V(A)|$ maximal ist. Ist B eine Untergruppe von G, so dass $\langle A, B \rangle$ eine p-Gruppe und $|A||C_V(A)| = |B||C_V(B)|$ ist, so sind $\langle A, B \rangle = AB$ und $|C_V(AB)||AB| = |A||C_V(A)|$.
4. Sei V eine elementar abelsche 2-Gruppe.
   (a) Es operiere eine Involution x auf V. Dann ist $[V, x, x] = 1$.
   (b) Sei $W = \langle x, y \rangle$ eine elementar abelsche Gruppe der Ordnung vier, die auf V operiert. Ist $[V, x, y] = 1$, so ist $[V, W, W] = 1$.
   (c) Es operiere die Gruppe G auf V. Sei $E \leq G$ mit $[V, E, E] = 1$ und $|E| = 4$. Ist $1 \neq e \in E$, so setze $R_e = \langle E^{C_G(e)} \rangle$. Dann gilt
      i. $[V, e, R_e] = [V, R_e, e] = 1$.
      ii. Ist $f \in R_e \setminus \langle e \rangle$ mit $o(f) = 2$, so setze $F = \langle e, f \rangle$. Dann ist $[V, F, F] = 1$.
5. Seien P eine p-Gruppe und $x \in P$ mit $x^p = 1$ und $[x, J(P)] = 1$. Dann ist $x \in \Omega_1(Z(J(P)))$.
6. Sei $G = VH$ mit einem elementar abelschen 3-Normalteiler V und $H \cap V = 1$. Sei $A \leq H$ mit $|A| = 3$ und $[V, A, A] = 1$. Ist R eine 2-Untergruppe von H mit $[A, R] = R$ und $|\phi(A)| = 2$, so ist $RA \cong SL_2(3)$.
7. Zeige mit dem Satz von Frobenius : Eine Gruppe, in der jede echte Untergruppe nilpotent ist, ist auflösbar.
8. (Ito[40]) Seien G eine Gruppe und p eine Primzahl. Jede echte Untergruppe von G habe ein normales p-Komplement, G selbst aber nicht. Zeige:
   (a) G hat eine normale Sylow-p-Untergruppe P.
   (b) $|G| = p^a q^b$ mit einer Primzahl $q \neq p$.
   (c) Eine Sylow-q-Untergruppe Q von G ist zyklisch.
   (d) $[\phi(Q), P] = 1$.
   (e) Q operiert irreduzibel auf $P/\phi(P)$. Ist $\phi(P) \neq 1$, so ist $\phi(P) = Z(P) = P'$.
   (f) Ist p ungerade, so ist $x^p = 1$ für alle $x \in P$. Ist $p = 2$, so ist $x^4 = 1$ für alle $x \in P$.

9. Seien G eine Gruppe, S eine Sylow p-Untergruppe von G und Q eine Untergruppe von S. Dann sind gleichwertig:
   (a) Q ist schwach abgeschlossen in S bezüglich G (siehe Definition 3.1.7).
   (b) Ist $Q \leq T \leq S$, so ist $N_G(T) \leq N_G(Q)$.
10. Seien G eine Gruppe, S eine Sylow-p-Untergrupe und $Q \leq S$. Für jede p-Untergruppe $1 \neq A \leq C_G(Q)$ sei $N_G(A) \leq N_G(Q)$. Dann ist Q schwach abgeschlossen in S bezüglich G. (Hinweis: Benutze Übung 9).
11. Seien G eine Gruppe, S eine Sylow-2-Untergruppe von G und $1 \neq x \in Z(S)$ eine Involution. Es gelte $F^*(C_G(x)) = O_2(C_G(x))$. Ist $\langle x \rangle = Z(O_2(C_G(x)))$, so ist $O_2(C_G(x))$ schwach abgeschlossen in S bezüglich G.
12. Seien G eine endliche Gruppe und p der kleinste Primteiler von $|G|$. Sind die Sylow-p-Untergruppen von G zyklisch, so hat G ein normales p-Komplement.
13. Sei $G = \langle a, b \rangle$ mit $a^2 = b^2 = 1$ und $a \neq 1 \neq b$. Dann nennen wir G eine Diedergruppe. Zeige:
   (a) Ist $o(ab)$ ungerade, so sind alle Involutionen in G konjugiert.
   (b) Ist $o(ab)$ gerade, so gibt es genau drei Konjugiertenklassen von Involutionen in G.
14. Sei $G = \langle a, b \rangle$ mit $o(b) = 2^n$, $n \geq 3$, und $a^2 = 1$. Weiter sei $b^a = b^{-1+2^{n-1}}$. Dann nennen wir G eine Semidiedergruppe. Zeige, dass in G alle Involutionen in $G \setminus \langle a^{2^{n-1}} \rangle$ konjugiert sind.
15. Seien G eine endliche einfache Gruppe und $S \in \mathrm{Syl}_2(G)$. Ist S eine Dieder- oder Semidiedergruppe, so bilden die Involutionen von G eine einzige Konjugiertenklasse.
16. Seien G eine Gruppe und S eine Sylow-p-Untergruppe. Ist $J(P)$ abelsch, so kontrolliert $N_G(J(P))$ die Fusion in $J(P)$.
17. Sei G eine Gruppe und S eine Sylow-2-Untergruppe von G. Es sei S nicht normal in G und $S \cap S^g = 1$ für alle $g \in G \setminus N_G(S)$. Zeige:
   (a) Ist $a \in S$ eine Involution und $b \in G \setminus S$ eine Involution, so ist $\langle a, b \rangle$ eine Diedergruppe der Ordnung $2u$ mit ungeradem u.
   (b) Alle Involutionen in G sind konjugiert.
   (c) $\Omega_1(S) = \Omega_1(Z(S))$.

4 Involutionen

Wir wollen uns nun mehr mit denjenigen Gruppen beschäftigen, die als Komponenten von G in $E(G)$ vorkommen. Dazu werden wir in Kapitel 5 einige einfache Gruppen näher betrachten. Nach dem bereits auf Seite 66 erwähnten Satz von Feit[1] und Thompson haben nicht abelsche einfache Gruppen gerade Ordnung. Insofern gibt es in ihnen immer Elemente der Ordnung zwei, sog. Involutionen. Wir wollen in diesem Kapitel zeigen, dass die Zentralisatoren der Involutionen die Struktur einer einfachen Gruppe dominieren. Wir folgen in diesem Kapitel weitgehend der Darstellung in [63, Chapter 5, §1].

4.1 Der Satz von Brauer und Fowler

In diesem Abschnitt werden wir einen Satz beweisen, der die Ordnung einer Gruppe durch eine Funktion in der Ordnung des Zentralisators einer Involution abschätzt. Dieser Satz war fundamental für die Klassifikation der endlichen einfachen Gruppen. Er besagt, dass es zu vorgegebenem Zentralisator nur endlich viele einfache Gruppen gibt, die eine Involution besitzen, deren Zentralisator zu dem vorgegebenen isomorph ist. Es macht also Sinn, danach zu fragen, welche die endlichen einfachen Gruppen sind, die eine Involution besitzen, deren Zentralisator isomorph zu einem vorgegebenen ist. Dies nennt man eine Zentralisatorklassifikation. Im Prinzip folgt der Beweis des Klassifikationssatzes der endlichen einfachen Gruppen dieser Idee. Die Resultate in diesem Abschnitt stammen aus [13].

Definition 4.1.1. Sei G eine Gruppe.

(a) Mit $I(G)$ bezeichnen wir die Menge der Involutionen von G, also der Elemente $x \in G$ mit $x^2 = 1 \neq x$.

(b) Ein Element $g \in G$ nennen wir stark reell, falls es $i_1, i_2 \in I(G)$ mit $i_1 \neq i_2$ gibt, so dass $i_1 i_2 = g$ ist. Mit $S_r(G)$ bezeichnen wir die Menge der stark reellen Elemente von G.

(c) Sei $I(G) \cup S_r(G) = C_1 \cup \ldots \cup C_t$ mit Konjugiertenklassen C_i von G. Weiter setzen wir für jedes $i = 1, \ldots, t$ und $x_i \in C_i$

$$g_i = |C_i|,\ n_i = |G|/g_i = |C_G(x_i)|$$

und

$$h_0 = \max\{n_1, \ldots, n_t\}.$$

---

[1] Walter Feit, 26.10 1930 Wien; †29.7. 2004 Branford, Connecticut. Er konnte 1939 mit dem letzten Zug jüdischer Kinder, der Österreich verließ, nach England fliehen. Seine Eltern kamen im Holocaust um. Nach dem Krieg ging er in die USA zu seinem Onkel in Miami. Er war ab 1952 Professor an der Cornell University und ab 1964 an der Yale University, wo er 2003 emeritiert wurde. Sein Arbeitsgebiet waren die endlichen Gruppen und ihre Darstellungen.

Diese Bezeichnungen halten wir fest.

Lemma 4.1.2. *Sei $M \subseteq I(G)$ eine Vereinigung von Konjugiertenklassen. Für jedes stark reelle Element w sei $d(w)$ die Anzahl der Paare (u, v), $u, v \in M$, mit $w = uv$. Ist $m = |M|$, so ist*

$$m(m-1) = \sum_{w \in S_r(G)} d(w) < h_0 |G|.$$

Beweis. Es gibt genau $m(m-1)$ Paare (u, v) mit $u, v \in M$ und $u \neq v$. Jedes liefert ein stark reelles Element w. Also ist

$$m(m-1) = \sum_{w \in S_r(G)} d(w).$$

Für jedes $w \in G$ bezeichnen wir mit $i(w)$ die Anzahl der Involutionen $s \in I(G)$ mit $w^s = w^{-1}$. Ist w stark reell, d. h. $w = uv$ mit Involutionen u und v, so ist $w^u = w^{-1} = w^v$. Also gibt es zu jedem Paar (u, v) mit $w = uv$ mindestens eine Involution, die w invertiert. Somit ist $d(w) \leq i(w)$. Also gilt

$$m(m-1) \leq \sum_{w \in S_r(G)} d(w) \leq \sum_{w \in S_r(G)} i(w).$$

Ist $w \in I(G)$, so ist $i(w)$ die Anzahl der Involutionen in $C_G(w)$, also $i(w) \leq |C_G(w)|$.

Ist $w \notin I(G)$, so definieren wir

$$C_G^*(w) = \{x | x \in G,\ w^x = w^{-1} \text{ oder } w^x = w\}.$$

Es ist $C_G^*(w)$ eine Untergruppe von G. Ist insbesondere $w = uv$ mit Involutionen u und v, so ist $C_G^*(w) = C_G(w) \cup C_G(w)u$. Also ist $i(w) = |C_G^*(w)u| = |C_G(w)|$.

Somit ist für alle $w \in S_r(G)$ stets $i(w) \leq |C_G(w)|$. Das liefert

$$\sum_{w \in S_r(G)} d(w) \leq \sum_{w \in S_r(G)} i(w) \leq \sum_{w \in S_r(G)} |C_G(w)| \leq h_0 |S_r(G)|.$$

Dabei kommt die letzte Ungleichung daher, dass für jedes $w \in S_r(G)$ nach Definition von h_0 stets $|C_G(w)| \leq h_0$ ist.

Da $1 \notin S_r(G)$ ist, ist $|S_r(G)| < |G|$. Somit ist

$$\sum_{w \in S_r(G)} |C_G(w)| < h_0 |G|.$$ □

Nun kommen wir zu dem angekündigten Satz.

Satz 4.1.3 (Brauer-Fowler). *Seien G eine endliche Gruppe und u eine Involution in G. Wir setzen $|C_G(u)| = n$. Dann ist $|G|/h_0 \leq n^2$. Ist $|Z(G)|$ ungerade, so enthält G eine echte Untergruppe H mit $|G : H| \leq n^2$. Weiter gibt es eine Abbildung $f : \mathbb{N} \to \mathbb{N}$ und eine normale Untergruppe N von G, so dass*

$$1 < |G : N| < f(n)$$

ist. Ist insbesondere G einfach, so ist $|G| < f(n)$.

Beweis. Wir wollen Lemma 4.1.2 anwenden. Dazu setzen wir $M = u^G$. Ist $g = |G|$, so ist $|M| = |G : C_G(u)| = g/n$. Mit Lemma 4.1.2 folgt nun

$$(g/n)(g/n - 1) < h_0 g$$

bzw.

$$g < n + h_0 n^2.$$

Die Definition von h_0 liefert $n \leq h_0$. Also ist

$$g/h_0 < 1 + n^2.$$

Da g von h_0 geteilt wird, folgt

$$g/h_0 \leq n^2.$$

Dies ist die erste Behauptung.

Sei nun $|Z(G)|$ ungerade. Dann ist h_0 die Ordnung einer echten Untergruppe H von G. Also ist $|G : H| \leq n^2$. Dies ist die zweite Behauptung.

Sei $k = |G : H|$. Dann gibt es einen Homomorphismus $\sigma : G \to \Sigma_k$, dessen Kern $N = \ker \sigma$ in H enthalten ist. Somit ist $|G/N|$ ein Teiler von $k!$. Da $k \leq n^2$ ist, ist $|G/N|$ ein Teiler von $(n^2)!$.

Wenn wir $f(n) = (n^2)! + 1$ setzen, so folgt die dritte Behauptung

$$1 < |G : N| < f(n).$$

Ist G einfach, so ist $N = 1$ und $|G| < f(n)$. □

Dieser Satz hat die für die Klassifikation der endlichen einfachen Gruppen wichtige Folgerung:

Korollar 4.1.4. *Seien L eine Gruppe und u eine Involution in L. Ist $n = |C_L(u)|$, so gibt es nur endlich viele einfache Gruppen G mit einer Involution x, für die $C_G(x) \cong C_L(u)$ ist.*

Beweis. Nach Satz 4.1.3 ist $|G| < f(n)$. Es gibt aber nur endlich viele Gruppen G mit $|G| < f(n)$. □

Bemerkung 4.1.5. Die Klassifikation der endlichen einfachen Gruppen zeigt, dass man die Aussage von Korollar 4.1.4, so verschärfen könnte, dass es zu vorgegebenem $C_L(u)$ maximal drei einfache Gruppen G mit einer Involution x gibt, für die $C_G(x) \cong C_L(u)$ ist. Allerdings würde man zum Beweis dieser Aussage die volle Klassifikation der endlichen einfachen Gruppen benötigen.

4.2 Ordnungsformeln

Im vorherigen Abschnitt hatten wir eine Abschätzung für $|G|$ angegeben. Wir wollen nun unter gewissen Zusatzannahmen genaue Formeln für $|G|$ angeben.

Zunächst betrachten wir den Fall, dass $I(G)$ mindestens zwei Konjugiertenklassen enthält. Wir halten zwei Klassen C_1 und C_2 in $I(G)$ fest und betrachten alle Paare (u, v) mit $u \in C_1$ und $v \in C_2$. Es ist $\langle uv \rangle \trianglelefteq \langle u, v \rangle$, da $(uv)^u = (uv)^{-1}$ ist. Ist $o(uv)$ ungerade, so sind $\langle u \rangle$ und $\langle v \rangle$ zwei Sylow-2-Untergruppen in $\langle u, v \rangle$. Nach dem Satz von Sylow sind sie dann konjugiert, was der Tatsache widerspricht, dass u und v in verschiedenen Konjugiertenklassen von G liegen. Also ist stets $o(uv)$ gerade. Damit enthält $\langle uv \rangle$ eine Involution t mit $t = (uv)^m$ für geeignetes m. Da $t^u = t^{-1} = t$ ist, sind $u, v \in C_G(t)$.

Für jedes $w \in I(G)$ setzen wir

$$a(w) = |\{(u, v) | u \in C_1, v \in C_2 \text{ mit } w = (uv)^m \text{ für geeignetes } m\}|.$$

Sind w und w' Involutionen, die in G konjugiert sind, so ist offenbar $a(w) = a(w')$. Da nun jedes Paar (u, v) zu genau einem w gehört, gilt:

Satz 4.2.1 (Thompson-Ordnungs-Formel). *Es sei $I(G) = C_1 \cup \ldots \cup C_s$ mit Konjugiertenklassen $C_i, s \geq 2$. Für jedes $i \in \{1, \ldots, s\}$ wählen wir ein $z_i \in C_i$. Mit den obigen Definitionen und Bezeichnungen gilt dann:*

$$|G| = |C_G(z_1)||C_G(z_2)| \sum_{k=1}^{s} a(z_k)/|C_G(z_k)|.$$

Beweis. Es ist $|G : C_G(z_1)| = |C_1|$ und $|G : C_G(z_2)| = |C_2|$, also ist die Anzahl der Paare (u, v) mit $u \in C_1$ und $v \in C_2$ gleich $|G : C_G(z_1)||G : C_G(z_2)|$.

Für jedes $w \in C_k$ gibt es genau $a(w)$ viele Paare (u, v) mit $(uv)^m = w$ für geeignetes m.

Also ist

$$|G : C_G(z_1)||G : C_G(z_2)| = \sum_{k=1}^{s} a(z_k)|G : C_G(z_k)|.$$

Das ist die angegebene Formel. □

Ein Spezialfall für $s = 2$ liefert

$$|G| = a(z_1)|C_G(z_2)| + a(z_2)|C_G(z_1)|.$$

Halten wir w fest und sei (u, v) ein Paar mit $(uv)^m = w$. Dann ist $w \in Z(\langle u, v \rangle)$, also sind

$$u \in C_1 \cap C_G(w) \quad \text{und} \quad v \in C_2 \cap C_G(w).$$

Dies bedeutet, dass wir $a(w)$ allein aus der Kenntnis von $C_G(w)$ berechnen können. Als Anwendung dieser Methode wollen wir das folgende Lemma beweisen:

Lemma 4.2.2. *Ist G eine Gruppe mit genau zwei Konjugiertenklassen von Involutionen z_1^G, z_2^G und ist $C_G(z_1) \cong D_8$, eine Diedergruppe von der Ordnung 8, also $C_G(z_1) = \langle a, b\rangle$ mit $a^2 = 1 = b^2$ und $[a, b] = z_1$, und $C_G(z_2) \cong \mathbb{Z}_2 \times \Sigma_3$, so ist $G \cong \Sigma_5$.*

Beweis. Wir wollen zunächst $|G|$ bestimmen. Dazu studieren wir erst einmal die Fusion in $C_G(z_i)$ für $i = 1, 2$. Da offenbar $\langle z_1\rangle = Z(C_G(z_1))$ ist, ist $C_G(z_1)$ eine Sylow-2-Untergruppe von G. Somit können wir $z_1 \in C_G(z_2)$ annehmen. Dann ist auch $z_2 \in C_G(z_1)$ und $z_2 \notin Z(C_G(z_1))$. Damit ist $\langle z_1, z_2\rangle$ eine Sylow-2-Untergruppe von $C_G(z_2)$ und $z_2 \sim z_1z_2$ in $C_G(z_1)$.

Sei $\rho \in C_G(z_2)$ mit $o(\varrho) = 3$. Es ist $\langle\varrho\rangle$ normal in $C_G(z_2)$ und $\varrho^{z_1} = \varrho^{-1}$. Ist also $v \in C_G(z_2)$ mit $v \sim z_1$, so ist $v = z_1\varrho^i$, $i = 1, 2, 3$. Ist $u \in C_G(z_2)$ mit $u \sim z_2$, so ist $u = z_2$ oder $u = z_2z_1\varrho^i$.

Wir wollen nun $a(z_2)$ berechnen. Seien dazu $u, v \in C_G(z_2)$, wobei in u zu z_2 und v zu z_1 in G konjugiert ist. Sei weiter $(uv)^m = z_2$ für geeignetes m. Wir betrachten zunächst den Fall $u = z_2$. Dann ist $o(uv) = 2$, also ist $(uv)^m = uv$ oder $(uv)^m = 1$ und damit gilt niemals $(uv)^m = z_2$.

Somit haben wir, dass $u = z_2z_1\varrho^i$ und $v = z_1\varrho^j$ ist. Dann gilt $uv = z_2\varrho^{-i}\varrho^j$. Es ist $(z_2\varrho^{-i}\varrho^j)^3 = z_2$, d. h. jedes solche Paar ist zulässig. Das liefert

$$a(z_2) = 9.$$

Wir bestimmen jetzt $a(z_1)$. In $C_G(z_1) \setminus \langle z_1\rangle$ gibt es genau vier Involutionen i. Da stets i zu iz_1 in $C_G(z_1)$ konjugiert ist, sind entweder alle Involutionen in $C_G(z_1) \setminus \langle z_1\rangle$ in G zu z_2 konjugiert, oder genau zwei. Im ersten Fall wäre $a(z_1) = 0$. Im zweiten gibt es zwei Möglichkeiten für u und zwei für v, also ist $a(z_1) = 4$.

Das liefert für $|G|$ mit Satz 4.2.1

(1) $9 \cdot 8 = 72$ oder

(2) $4 \cdot 12 + 9 \cdot 8 = 120$.

Betrachten wir den ersten Fall. Da in diesem Fall $a(z_1) = 0$ ist, sind alle Involutionen in $C_G(z_1) \setminus \langle z_1\rangle$ in G zu z_2 konjugiert. Damit haben wir $a \sim b \sim az_1 \sim bz_1 \not\sim z_1$ in G. Es sind $\langle a, z_1\rangle \in \mathrm{Syl}_2(C_G(a))$ und $\langle b, z_1\rangle \in \mathrm{Syl}_2(C_G(b))$. Da a und b in G konjugiert sind, gibt es ein $g \in G$ mit $a^g = b$. Wir können dann g so wählen, dass $\langle a, z_1\rangle^g = \langle b, z_1\rangle$ ist. Wie wir gesehen haben, ist $z_1^G \cap \langle a, z_1\rangle = z_1^G \cap \langle b, z_1\rangle = \{z_1\}$. Dann ist $z_1^g = z_1$. Aber $a \not\sim b$ in $C_G(z_1)$.

Damit ist der erste Fall nicht möglich und wir sind im zweiten Fall. Somit ist

$$|G| = 120.$$

Mit den Bezeichnungen wie oben ist $a \sim az_1 \sim z_1$ und $b \not\sim z_1$ in G. Es ist $\langle a, z_1\rangle$ eine Untergruppe vom Index zwei in $C_G(z_1)$. Da b zu keinem Element in dieser Gruppe in G konjugiert ist, erhalten wir mit dem Thompson-Transfer-Lemma (Satz 3.1.11), dass G eine Untergruppe U vom Index zwei hat, also ist $|U| = 60$. Da $z_1 \in C_G(z_1)' \le U$ ist, und weiter $a \sim z_1$ in G ist, folgt $\langle z_1, a\rangle \le U$. Somit haben wir, dass $\langle a, z_1\rangle$ eine Sylow-2-Untergruppe von U ist.

Wir wollen nun zeigen, dass U eine einfache Gruppe ist, die zu A_5 isomorph ist. Wir setzen $H = N_U(\langle z_1, a\rangle)$. Da $G = UC_G(z_1)$ ist, ist nach Lemma 1.1.25 a zu z_1 in U konjugiert. Da $C_U(z_1) = \langle z_1, a\rangle = C_U(a)$ ist, ist $z_1 \sim z_1 a \sim a$ in H. Das liefert $|H| = 12$. Nun ist $|G : H| = 5$. Somit gibt es einen Homomorphismus $\sigma : U \to \Sigma_5$ mit $\ker\sigma \leq H$. Da $H \cong A_4$ ist, folgt nun $\ker\sigma = 1$ oder $\langle z_1, a\rangle \leq \ker\sigma$. Im zweiten Fall wäre $H = U$, ein Widerspruch. Also ist σ ein Monomorphismus und U ist zu einer Untergruppe von Σ_5 isomorph. Da offenbar U keinen Normalteiler vom Index zwei hat, ist $U \cong A_5$ und dann $G \cong \Sigma_5$. □

Wir wollen uns nun noch dem Fall zuwenden, dass alle Involutionen in G konjugiert sind. Sei $z \in I(G)$. Wir wollen hier nur den Spezialfall behandeln, dass es eine Untergruppe H mit $|G : H| < |z^G|$ gibt.

Sei b_n die Anzahl der von H verschiedenen Nebenklassen von H in G, die genau n Involutionen enthalten, $n \in \mathbb{N} \cup \{0\}$. Mit diesen Bezeichnungen gilt:

$$|I(G)| = |I(H)| + b_1 + 2b_2 + 3b_3 + \dots \text{ und } |G : H| = 1 + b_0 + b_1 + b_2 \dots . \quad \text{(I)}$$

Da $|z^G| = |I(G)| > |G : H|$ ist, erhalten wir

$$0 < |I(G)| - |G : H| = |I(H)| - 1 - b_0 + b_2 + 2b_3 + \dots .$$

Setzen wir

$$f = \frac{|I(G)| - |G : H|}{|G : H|},$$

so haben wir $f \in \mathbb{Q}$ und $f > 0$. Es ist

$$f^{-1}(|I(G)| - |G : H|) = f^{-1}(|I(H)| + b_2 + b_3 + \dots) - \frac{1 + b_0}{f}.$$

Andererseits ist

$$f^{-1}(|I(G)| - |G : H|) = |G : H| = 1 + b_0 + b_1 + \dots .$$

Das liefert nun

$$b_1 = f^{-1}(|I(H)| + b_2 + 2b_3 + \dots) - (1 + b_2 + b_3 + \dots) - \frac{1 + b_0}{f} - b_0.$$

Indem wir die letzten beiden Terme weglassen, erhalten wir

$$b_1 < f^{-1}(|I(H)| + b_2 + 2b_3 + \dots) - 1 - b_2 - b_3 - \dots . \quad \text{(II)}$$

Diese Formel nennt man die Bender-Formel [10]. Wir wollen an einem Beispiel, das auch aus [10] stammt, ihre Anwendung aufzeigen.

Beispiel 4.2.3. Sei G eine Gruppe mit nur einer Konjugiertenklasse von Involutionen. Es sei $C_G(z) \cong D_8$ für eine Involution z. Dann ist $\langle z \rangle = Z(C_G(z))$, also ist $C_G(z)$ eine Sylow-2-Untergruppe von G und $|I(G)| = |G|/8$.

Sei U eine der beiden normalen Vierergruppen in $C_G(z)$, die wir ab jetzt festhalten. Wir setzen $V = N_G(U)$. Da alle Involutionen in U in G konjugiert sind, ist $\langle C_G(u) | u \in U^\sharp \rangle \leq N_G(U)$. Somit hat V genau drei Sylow-2-Untergruppen, nämlich die Zentralisatoren der Involutionen aus U. Das liefert $|V| = 24$.

Wir wählen eine Sylow-3-Untergruppe T in V, die wir auch für den Rest dieses Beispiels festhalten. Dann ist nach dem Satz von Sylow $|N_V(T)| = 6$. Damit ist $|V : N_V(T)| = 4$ und wir haben einen Homomorphismus τ von V in Σ_4 mit Kern in $N_V(T)$. Weder T noch eine Untergruppe der Ordnung zwei in V ist normal in V. Also ist der Kern trivial und τ ist ein Monomorphismus. Aus Ordnungsgründen ist dann τ ein Isomorphismus, also $V \cong \Sigma_4$.

Wir betrachten nun zwei Fälle, die beide vorkommen. Der erste kommt in $G = A_6$ und der zweite in $G = SL_3(2)$ vor.

<u>Fall 1:</u> Es sei $A = C_G(T) \not\leq V$.

(1) A ist abelsch und $C_G(x) = A$ für alle $1 \neq x \in A$:

Da $V \cong \Sigma_4$ ist, gibt es eine Involution s in $N_V(T)$. Also normalisiert s auch die Gruppe A. Ist i eine Involution in A, so zentralisiert i insbesondere T. Da alle Involutionen konjugiert sind und der Zentralisator einer Involution eine 2-Gruppe ist, ist das nicht möglich. Also hat A ungerade Ordnung. Aus dem gleichen Grund ist jetzt auch $C_A(s) = 1$. Nach Korollar 2.2.8 ist dann A abelsch und $x^s = x^{-1}$ für alle $x \in A$. Für jedes $1 \neq x \in A$ gilt mit dem gleichen Argument, dass $C_G(x)$ abelsch ist. Dann ist $C_G(x) \leq C_G(T) = A$. Das ist (1).

Wir werden die Bender-Formel auf $H = N_G(T)$ anwenden. Dazu müssen wir die Anzahl der Involutionen in den Nebenklassen von H bestimmen.

(2) Es ist $|H : A| = 2$. Ist $y \in G$ und $1 \neq x \in A$ mit $x^y = x^{-1}$, so ist $y \in H$:

Da $|T| = 3$ und $|N_V(T) : C_V(T)| = 2$ ist, folgt $|H : A| = 2$. Sei nun $y \in G$ mit $x^y = x^{-1}$. Dann ist $x^y = x^s$, wobei s wie oben eine Involution in $N_G(T)$ ist. Also ist $ys \in C_G(x) = A$, d. h.

$$y \in \langle A, s \rangle = H.$$

(3) Ist $u \notin H$ eine Involution, so enthält Hu höchstens zwei Involutionen:

Seien u, v und w drei verschiedene Involutionen in Hu. Dann ist $vu \in H$ und $(vu)^u = (vu)^{-1}$. Da $u \notin H$ ist, ist nach (2) $vu \notin A$. Genauso sind $wu \notin A$ und $vw \notin A$. Aber nach (2) ist $|H : A| = 2$ und dann $vw = (vu)(wu)^{-1} \in A$, ein Widerspruch.

(4) Sei $a = |A|$. Dann gilt $|I(H)| = a, b_2 = 2a$ und $b_n = 0$ für alle $n \geq 3$:

Sei wieder $s \in H$ eine Involution, also $T^s = T$. Dann ist $H = \langle A, s\rangle$ und für alle $x \in A$ gilt $x^s = x^{-1}$. Damit hat jedes Element in $H \setminus A$ die Form xs mit $x \in A$. Es ist $(xs)^2 = xsxs = xx^s = xx^{-1} = 1$. Also sind alle Elemente in $H \setminus A$ Involutionen. Das liefert $|I(H)| = a$.
Nach (3) ist $b_n = 0$ für alle $n \geq 3$. Sei wie oben $s \in H$ eine Involution, die T invertiert und $t \in C_G(s)$ eine Involution mit $t \neq s$. Dann ist $t \notin H$. In Ht gibt es die Involutionen t und ts. Also ist $b_2 \neq 0$. Enthält eine Nebenklasse von H genau zwei Involutionen u und v, so ist $uv \in H$. Da alle Elemente in $u\langle uv\rangle$ Involutionen sind, ist $o(uv) = 2$ nach (3), d. h. $w = uv$ ist eine Involution. Damit ist $[u, w] = 1$. In $C_G(w)$ vertauscht w mit genau vier von w verschiedenen Involutionen. Weiter gibt es in H genau a Involutionen, welche unter H alle konjugiert sind. Somit erhalten wir $b_2 = 2a$.

Nun können wir die Bender-Formel anwenden.

Da $C_G(T) \not\leq V$ war, ist $a \geq 9$. Weiter ist

$$|I(G)| = |G|/8 > |G|/9 > |G|/2a = |G : H|$$

und

$$|G|/8 - |G|/2a = |I(G)| - |G : H| = f|G : H| = f|G|/2a.$$

Also erhalten wir

$$f = 2a/8 - 1 = \frac{2a-8}{8}.$$

Nun ist

$$\begin{aligned} 0 \leq b_1 &< \frac{8}{2a-8}(a + 2a) - 1 - 2a \\ &= \frac{12a}{a-4} - 1 - 2a = \frac{12a - a + 4}{a-4} - 2a = 11 + \frac{48}{a-4} - 2a. \end{aligned}$$

Da $a \geq 9$ ist, ist $\frac{48}{a-4} \leq 10$. Mit $11 + \frac{48}{a-4} > 2a$ folgt dann $a = 9$.

Einsetzen liefert

$$0 \leq b_1 < 3.$$

Wir bestimmen jetzt b_1. Sei v die einzige Involution in Hv. Dann ist für jedes $x \in A$ die Involution v^x die einzige in Hv^x. Da $v \neq v^x$ ist, ist $Hv \neq Hv^x$. Damit ist a ein Teiler von b_1. Das liefert $b_1 = 0$.

Nun folgt mit (I) $|G|/8 = a + 2(2a) = 45$ und

$$|G| = 360.$$

Man kann leicht (mit Beispiel 2.3.5 (c) und dem Frattini-Argument) zeigen, dass G einfach ist. Mit etwas mehr Aufwand lässt sich dann $G \cong A_6$ beweisen.

Fall 2: $C_G(T) \leq V$.
In diesem Fall setzen wir $H = V$. Es ist $H \cong \Sigma_4$ und H enthält Elemente der Ordnung 2, 3 und 4. Ist ω ein Element der Ordnung 3 in H, so ist $\langle\omega\rangle$ zu T in H konjugiert, da beide Sylow-3-Untergruppen sind. Somit ist $N_G(\langle\omega\rangle) \leq H$ nach Annahme. Ist $o(\omega) = 4$, so ist $\omega^2 \in A_4$. Alle Involutionen in A_4 sind konjugiert und z ist eine davon. Die Zentralisatoren dieser Involutionen liegen alle in H, also auch der Normalisator von $\langle\omega\rangle$ für jedes Element ω der Ordnung 4 in H.

Sei s eine Involution in H mit $s \notin H'$. Dann ist $C_G(s) \nleq H$. Da $C_G(s)$ von Involutionen erzeugt wird, gibt es eine Involution $t \in C_G(s)$ mit $t \notin H$. Also liegen t und st beide in Ht. Insbesondere ist $b_n \neq 0$ für ein $n \geq 2$.

Wir zeigen $b_2 = 6$ und $b_n = 0$ für alle $n \geq 3$. Sei dazu $u \in I(G) \setminus H$ und $v \in Hu$ eine Involution mit $v \neq u$. Wir setzen $w = uv$. Dann ist $w \in H$ und $w^u = w^{-1}$. Da $u \notin H$ ist, ist nach obiger Bemerkung w eine Involution in $H \setminus U$. Sei nun r eine dritte Involution in Hu. Dann ist

$$uvvr = ur.$$

Da uv, vr und ur alle Involutionen sind, ist dann $[uv, ur] = 1$. Somit ist $\langle uv, vr\rangle$ eine Vierergruppe in Σ_4, die die Untergruppe A_4 trivial schneidet, ein Widerspruch. Damit ist $b_n = 0$ für alle $n \geq 3$. Also enthält Hu genau zwei Involutionen und es ist $w = uv \in H \setminus U$. Es gibt genau 6 Involutionen w in $H \setminus U$. Weiter ist für jedes $g \in H$ mit $w^g \neq w$ dann auch $Hu \neq Hu^g$. Das liefert, dass $b_2 = 6$ ist.

Nun gilt

$$|I(G)| = \frac{|G|}{8} > |G : H| = \frac{|G|}{24}.$$

Es ist $f = \frac{|I(G)| - |G:H|}{|G:H|} = \frac{\frac{|G|}{8} - \frac{|G|}{24}}{\frac{|G|}{24}} = 2$.

Da $|I(H)| = 9$ ist, folgt mit (II) dann

$$0 \leq b_1 < (9 + 6)/2 - 1 - 6 < 1.$$

Das liefert $b_1 = 0$ und (I) zeigt $|G|/8 = 9 + 12 = 21$, d. h.

$$|G| = 168.$$

Wieder folgt mit einiger Arbeit, dass $G \cong SL_3(2)$ ist. Siehe Übung 4 aus Kapitel 1.

4.3 Übungen

1. Sei K eine endliche Gruppe ungerader Ordnung, auf der $V = \langle t_1, t_2 \rangle \cong Z_2 \times Z_2$ operiert. Beweise die Brauersche Fixpunktformel

$$|K| \cdot |C_K(V)|^2 = |C_K(t_1)| \cdot |C_K(t_2)| \cdot |C_K(t_1 t_2)|$$

mit Hilfe der Thompsonschen Ordnungsformel.
(Hinweis: Betrachte $G = K \cdot V$. Zur Berechnung von $a(t_1 t_2)$ ist die Anzahl der Elemente zu bestimmen, die von t_1 bzw. t_2 invertiert und von $t_1 t_2$ zentralisiert werden. Benutze dazu Lemma 2.2.6 und Lemma 2.2.7.)
2. Sei $G = \Sigma_9$ und $x = (12)(34)$. Bestimme $F^*(C_G(x))$.
3. Seien G eine einfache Gruppe, $i \in I(G)$ und $C_G(i)$ eine elementar abelsche Untergruppe der Ordnung 4. Zeige, dass G zu A_5 isomorph ist.
4. Seien G eine Gruppe mit $Z(G) = 1$ und D eine Menge von Involutionen von G mit $D^g = D$ für alle $g \in G$. Für alle $e, f \in D$ sei stets $o(ef) \leq 3$. Ist $G = \langle D \rangle$, so gibt es Untergruppen $G_1, \ldots, G_r$, $r \in \mathbb{N}$, von G, so dass $D_j = D \cap G_j$ für jedes $j = 1, \ldots, r$ eine Konjugiertenklasse von G_j, $[G_i, G_j] = 1$ für alle $i \neq j$ und $G = G_1 \cdots G_r$ ist.

5 Einfache Gruppen

In diesem Kapitel wollen wir uns mit den einfachen Gruppen beschäftigen. Wir beginnen mit den linearen Gruppen als Beispiel für die sogenannten klassischen Gruppen. Anschließend werden wir einen Üerblick über die restlichen klassischen Gruppen geben. Ein Kapitel über einfache Gruppen muss sich aber auch den sporadischen Gruppen widmen. Insbesondere wollen wir die sporadische einfache Gruppe HiS, die Higman-Sims-Gruppe, konstruieren. Hierfür müssen wir zunächst die wohl wichtigsten sporadischen einfachen Gruppen, die Mathieu-Gruppen, studieren. Wir enden mit einem Üerblick über die einfachen Gruppen und einige historische Bemerkungen zu ihrer Klassifikation. Ein Überblick über die Klassifikation soll hier nicht gegeben werden. Dazu sei auf die Bücher [5], [32] oder den Artikel von R. Solomon [57] verwiesen.

5.1 Die lineare Gruppe

In diesem Abschnitt seien stets K ein Körper, $n \in \mathbb{N}$ und V ein n-dimensionaler Vektorraum über K. Wir betrachten $GL(V)$, wofür wir auch $GL_n(K)$ schreiben. Falls $|K| = q$ ist, so schreiben wir auch $GL_n(q)$. Die Elemente von $GL(V)$ beschreiben wir durch Matrizen. Es operiert $GL(V)$ als Permutationsgruppe auf den 1-dimensionalen Unterräumen von V. Sei π die zugehörige Darstellung. Die Gruppe $GL(V)/\ker\pi$ nennen wir $PGL(V)$ oder $PGL_n(K)$. Das Bild von $SL(V)$ in $PGL(V)$ heißt $PSL(V)$ oder auch $PSL_n(K)$. Wir wollen zeigen, dass bis auf wenige Ausnahmen die Gruppe $PSL(V)$ einfach ist. Damit haben wir neben A_n, deren Einfachheit üblicherweise in einer Algebra-Vorlesung gezeigt wird (siehe hierzu z. B. [59, Satz 5.21]), eine zweite Serie einfacher Gruppen.

Lemma 5.1.1. *Sei V ein n-dimensionaler Vektorraum über K. Dann gilt:*
(a) *$Z(\mathrm{End}_K(V))$ ist die Menge der Skalartransformationen.*
(b) *$Z(GL(V)) = \{aE \mid a \in K^*\}$, E die Einheitsmatrix.*
(c) *$Z(GL(V)) = \ker\pi$.*

Beweis. (a) Sei $a \neq 1$ und

$$S_a = \begin{pmatrix} 1 & & & 0 \\ & a & & \\ & & \ddots & \\ 0 & & & a \end{pmatrix} \in \mathrm{End}_K(V)\,.$$

Ist $T \in \mathrm{End}_K(V)$ mit $TS_a = S_aT$, so ist

$$T = \begin{pmatrix} b & 0 \cdots\cdots 0 \\ 0 & \\ \vdots & \boxed{\quad * \quad} \\ 0 & \end{pmatrix}, \quad \text{mit geeignetem } b \in K^*.$$

Ist also $T \in Z(\mathrm{End}_K(V))$, so erhalten wir, indem wir in S_a die 1 in der Diagonale an jede Stelle verschieben, dass T eine Diagonalmatrix

$$\begin{pmatrix} a_1 & & & 0 \\ & a_2 & & \\ & & \ddots & \\ 0 & & & a_n \end{pmatrix}$$

ist. Ist nun $n \geq 2$, so betrachten wir die Matrix

$$A = \begin{pmatrix} 0 & 1 & & & \\ 1 & 0 & & & 0 \\ & & 1 & & \\ & & & \ddots & \\ 0 & & & & 1 \end{pmatrix}.$$

Da

$$\begin{pmatrix} a_1 & 0 \\ 0 & a_2 \end{pmatrix}\begin{pmatrix} 0 & 1 \\ 1 & 0 \end{pmatrix} = \begin{pmatrix} 0 & a_1 \\ a_2 & 0 \end{pmatrix} \text{ und}$$
$$\begin{pmatrix} 0 & 1 \\ 1 & 0 \end{pmatrix}\begin{pmatrix} a_1 & 0 \\ 0 & a_2 \end{pmatrix} = \begin{pmatrix} 0 & a_2 \\ a_1 & 0 \end{pmatrix}$$

ist, folgt, dass wir aus $TA = AT$ erhalten, dass die beiden ersten Einträge in T gleich sind. Wiederholtes Anwenden dieses Arguments und Verschieben des Kästchens $\begin{pmatrix} 0 & 1 \\ 1 & 0 \end{pmatrix}$ auf der Diagonale von A zeigt $T = bE$.

(b) Dies folgt direkt aus (a).

(c) Es ist $Z(GL(V)) \leq \ker \pi$ nach (b). Sei umgekehrt $A \in \ker \pi$. Dann lässt A jeden 1-dimensionalen Unterraum invariant. Also ist $A = aE \in Z(GL(V))$. □

Bemerkung 5.1.2. Seien $v \in V$ und $\alpha \in \mathrm{End}_K(V)$. Wir definieren

$$[v, \alpha] = \alpha(v) - v.$$

Wir nennen $[v, \alpha]$ den Kommutator von v mit α. Ist G das semidirekte Produkt von V mit $GL(V)$, so stimmt diese Kommutatordefinition mit der üblichen in G überein. Entsprechend definieren wir für eine Untergruppe H von $GL(V)$

$$[V, H] = \langle [v, h] \mid v \in V, h \in H \rangle.$$

Eine Transvektion ist ein Element $t \in GL(V)$, für das $[V, t]$ 1-dimensional, $C_V(t)$ $(n-1)$-dimensional und $[V, t] \leq C_V(t)$ ist. Bezüglich einer geeigneten Basis hat t dann die Matrix

$$\begin{pmatrix} 1 & 0 & \cdots & 0 & 1 \\ & 1 & & 0 & 0 \\ & & \ddots & & 0 \\ 0 & 0 & & & 1 \end{pmatrix}.$$

Lemma 5.1.3.

(a) *Transvektionen haben Determinante 1.*

(b) *Die Transvektionen bilden eine Konjugiertenklasse in $GL(V)$.*

(c) *Ist $n > 2$ oder sind alle Elemente in K Quadrate, so bilden die Transvektionen eine Konjugiertenklasse in $SL(V)$.*

(d) *Ist $n > 2$ oder $n = 2$ und $|K| > 3$, so ist jede Transvektion in $SL(V)'$ enthalten.*

Beweis. (a) Dies folgt sofort aus der Matrixdarstellung.

(b) Seien $t_1 \neq t_2$ Transvektionen mit $[V, t_i] = \langle v_i \rangle, i = 1, 2$. Wir wählen $g \in GL(V)$ mit $g(v_1) = v_2$. Dann gilt

$$[V, t_1^g] = g([V, t_1]) = g(\langle v_1 \rangle) = \langle v_2 \rangle.$$

Also genügt es zu zeigen, dass alle Transvektionen zum gleichen Vektor v konjugiert sind. Wir wollen ab jetzt $v_1 = v_2$ annehmen. Ist $C_V(t_1) = C_V(t_2)$, so ist $t_1 = t_2$. Also können wir weiter annehmen, dass $W = C_V(t_1) \cap C_V(t_2)$ die Kodimension zwei in V hat. Dann ist $V = W \bigoplus \langle w_1, w_2 \rangle$, mit $[W, t_i] = 0, i = 1, 2$, und $t_1(w_1) = w_1 + v_1$, $t_1(w_2) = w_2$, $t_2(w_1) = w_1$ und $t_2(w_2) = w_2 + v_1$.

Sei nun $g \in GL(V)$ mit $g(w_1) = w_2, g(w_2) = w_1$ und $[g, W] = 0$. Dann ist

$$g^{-1} t_1 g(w_1) = g^{-1} t_1(w_2) = g^{-1}(w_2) = w_1$$

und

$$g^{-1} t_1 g(w_2) = g^{-1} t_1(w_2) = g^{-1}(w_1 + v_1) = w_2 + v_1.$$

Somit ist $t_1^g = t_2$.

(c) Sei
$$t = \begin{pmatrix} 1 & \cdots & \cdots & \cdots & \cdots & 1 \\ \vdots & 1 & & & & 0 \\ \vdots & & 1 & & & \vdots \\ \vdots & & & 1 & & \vdots \\ \vdots & & & & 1 & \vdots \\ 0 & \cdots & \cdots & \cdots & \cdots & 1 \end{pmatrix}$$

Wir setzen

$$A = \left\{ \begin{pmatrix} 1 & & & \\ & a & & \\ & & 1 & \\ & & & \ddots & \\ & & & & 1 \end{pmatrix} \middle| \, a \in K^* \right\} \text{ für } n > 2$$

bzw.

$$A = \left\{ \begin{pmatrix} a & 0 \\ 0 & a \end{pmatrix} \middle| \, a \in K^* \right\} \text{ für } n = 2.$$

Dann ist $A \leq C_{GL(V)}(t)$. Weiter ist die Abbildung $\det : A \to K^*$ surjektiv, da für $n = 2$ alle Elemente in K Quadrate sind. Somit ist $GL(V) = SL(V)A$. Nun folgt die Behauptung mit (b), da $[A, t] = 1$ ist.

(d) Sei $n > 2$ und t eine Transvektion wie in (c), also $[V, t] = \langle v_1 \rangle$ mit $v_1 \in V$. Sei s eine Transvektion mit $C_V(s) = C_V(t)$ und $[V, s] = \langle v_2 \rangle \neq \langle v_1 \rangle$. Dann ist auch st eine Transvektion mit $[V, st] = \langle v_1 + v_2 \rangle$. Da nach (c) $SL(V)$ transitiv auf der Menge der Transvektionen ist, gibt es ein $g \in SL(V)$ mit $g^{-1}sg = st$, also $s^{-1}g^{-1}sg = t \in SL(V)'$.

Sei nun $n = 2$. Für $b \in K^*$ setze $t(b) = \left(\begin{smallmatrix} 1 & b \\ 0 & 1 \end{smallmatrix}\right)$. Es gilt $t(b_1)t(b_2) = t(b_1 + b_2)$. Also ist $t(b)^{-1} = t(-b)$. Sei nun $a \in K^*$ und $g = \left(\begin{smallmatrix} a & 0 \\ 0 & a^{-1} \end{smallmatrix}\right) \in SL(V)$. Es ist

$$t(b)^g = t(a^{-2}b).$$

Ist $|K| > 3$, so gibt es ein a mit $a^2 \neq 1$. Setze $b = (1 - a^{-2})^{-1}$. Dann ist

$$\begin{aligned} [t(b), g] = g^{-1}t(-b)gt(b) &= t(-a^{-2}(1 - a^{-2})^{-1} + (1 - a^{-2})^{-1}) \\ &= t((1 - a^{-2})(1 - a^{-2})^{-1}) \\ &= t(1) = t \in SL(V)'. \end{aligned}$$ □

Wir wollen nun zeigen, dass $PSL_n(K)$ einfach ist, falls $n > 2$ oder $|K| > 3$ ist. Dies soll mit dem Satz von Iwasawa (Satz 1.2.16) geschehen. Dazu müssen wir zeigen, dass $SL(V)$ perfekt ist. Da wir gerade gesehen haben, dass bis auf die oben genannten Ausnahmefälle alle Transvektionen in $SL(V)'$ liegen, genügt es zu zeigen, dass $SL(V)$ von Transvektionen erzeugt wird.

Satz 5.1.4. *$SL(V)$ wird durch Transvektionen erzeugt.*

Beweis. Seien T die durch Transvektionen erzeugte Untergruppe von $G = SL(V)$ und Ω die Menge der n-Tupel $\omega = (v_1, \dots, v_{n-1}, \langle v_n \rangle)$, wobei $\{v_1, \dots, v_n\}$ eine Basis von V ist. Sei schließlich $x \in G_\omega$. Dann ist bezüglich dieser Basis x die Matrix

$$\begin{pmatrix} 1 & & & & 0 \\ & 1 & & & \\ & & \ddots & & \\ & & & 1 & \\ 0 & & & & \lambda \end{pmatrix}$$

mit $\lambda \in K^*$ zugeordnet. Da $\det x = 1$ ist, ist dann auch $\lambda = 1$. Also ist $G_\omega = 1$.

Wenn wir $G = G_\omega T$ zeigen können, so erhalten wir $T = G$. Nach Lemma 1.1.25 genügt es, zu zeigen, dass T transitiv auf Ω ist. Das wollen wir jetzt beweisen.

Wir halten dazu ω fest. Sei $\alpha = (y_1, \dots, y_{n-1}, \langle y_n \rangle) \in \Omega$ mit $\alpha \notin T\omega$. Dabei soll ω mit α auf den ersten m Stellen übereinstimmen, also $y_i = v_i$ für alle $i \leq m$. Wir wählen α so, dass m maximal ist, und setzen $U = \langle v_i | i \leq m \rangle$, $v = v_{m+1}$, $w = y_{m+1}$ und $W = \langle U, v, w \rangle$. Insbesondere ist $\dim W/U = k \leq 2$.

Sei $k = 2$. Dann gibt es einen Unterraum H von V mit $\dim H = n - 1$ und $\langle U, v - w \rangle \leq H$, der v nicht enthält. Sei t die Transvektion zu H, also mit $t_{|H} = id$

und $t(w) = (v - w) + w = v$. Es ist $t(\alpha) = (y_1, \ldots, y_m, v_{m+1}, \ldots)$. Also stimmen $t(\alpha)$ und ω auf den ersten $m + 1$ Stellen überein. Nach Wahl von α ist dann aber $t(\alpha) \in T\omega$ und somit $\alpha \in T\omega$, ein Widerspruch.

Somit ist $k = 1$. Sei zunächst $m = n - 1$. Da $k = 1$ ist, ist $av - w \in U$ für geeignetes $a \in K^*$. Wegen $m = n - 1$ und $\alpha \neq \omega$ ist $av - w \neq 0$. Also gibt es eine Transvektion t mit $t_{|U} = id$ und $t(w) = (av - w) + w = av$. Dann ist aber $t(\alpha) = \omega$, ein Widerspruch wie zuvor.

Sei nun $m < n - 1$. Dann gibt es ein $z \in V \setminus W$. Nun gibt es Transvektionen s, t mit $t_{|U} = s_{|U} = id$ und $s(w) = z, t(z) = v$. Dann ist $(ts)(v_i) = v_i, i \leq m$, und $(ts)(w) = v$. Damit sind wieder nach der maximalen Wahl von m beide Elemente $(ts)(\alpha)$ und ω in einer T-Bahn enthalten, ein Widerspruch zur Wahl von α. □

Satz 5.1.5. *Ist $n > 2$ oder $n = 2$ und $|K| > 3$, so ist $SL(V)' = SL(V)$.*

Beweis. Nach Satz 5.1.4 genügt es zu zeigen, dass alle Transvektionen in $SL(V)'$ liegen. Dies folgt aus Lemma 5.1.3 (d). □

Satz 5.1.6. *Ist $n > 2$ oder $n = 2$ und $|K| > 3$, so ist die Gruppe $PSL_n(K)$ einfach.*

Beweis. Wir wollen die Aussage mit dem Satz von Iwasawa (Satz 1.2.16) beweisen. Nach Lemma 1.1.34 operiert die Gruppe $G = PSL_n(K)$ 2-fach transitiv auf der Menge der 1-dimensionalen Unterräume von V. Nach Satz 1.1.33 ist G primitiv auf dieser Menge. Nach Satz 5.1.5 ist $PSL_n(K)' = PSL_n(K)$, falls $n \geq 3$ oder $n = 2$ und $|K| > 3$ ist. Also ist

$$G' = G.$$

Sei $0 \neq v \in V$ und

$$T_v = \{t \mid t \text{ Transvektion mit } [V, t] = \langle v \rangle\} \cup \{id\}.$$

Sind $a, b \in T_v$, so ist $(ab)(v) = v$ und $[V, ab] \leq \langle v \rangle$. Also ist $ab \in T_v$. Damit ist T_v eine Gruppe. Seien wieder $a, b \in T_v$ und $w \in V$. Dann ist

$$a(w) = w - k_a v, \quad b(w) = w - k_b v$$

für geeignete $k_a, k_b \in K$.

Es ist

$$(ab)(w) = a(w - k_b v) = w - k_a v - k_b v = (ba)(w).$$

Also ist T_v abelsch und damit auflösbar. Offenbar ist T_v normal in $SL(V)_{\langle v \rangle}$, dem Stabilisator von $\langle v \rangle$ in $SL(V)$. Weiter ist

$$\langle T_v^g \mid g \in SL(V) \rangle = \langle T_{g^{-1}(v)} \mid g \in SL(V) \rangle = \langle t \mid t \text{ Transvektion} \rangle \underset{\text{Satz 5.1.4}}{=} SL(V).$$

Sei $K_v = T_v Z(SL(V))/Z(SL(V))$. Dann ist K_v normal in $G_{\langle v \rangle}$.

Weiter ist

$$G = \langle K_v^g \,|\, g \in G \rangle.$$

Nun folgt die Behauptung mit dem Satz von Iwasawa. □

Bemerkung 5.1.7.

(a) Die Ausnahmen in Satz 5.1.6 existieren wirklich. Es ist $PSL_2(2) \cong \Sigma_3$ und $PSL_2(3) \cong A_4$. Also sind beide Gruppen nicht einfach.

(b) Es gibt noch weitere Isomorphien zwischen $PSL_n(q)$ und A_n bzw. $PSL_m(r)$:
i. $PSL_2(4) \cong PSL_2(5) \cong A_5$.
ii. $PSL_2(7) \cong PSL_3(2)$.
iii. $PSL_2(9) \cong A_6$.
iv. $PSL_4(2) \cong A_8$.
Die ersten drei Aussagen folgen aus der Tatsache, dass es nur jeweils eine einfache Gruppe der Ordnung 60, 168 bzw. 360 gibt. Die vierte Aussage werden wir im nächsten Abschnitt zeigen. (Dass dies alle Isomorphismen sind, findet man in §5 und §6 in [3].)

(c) Wir definieren nun auf V noch eine Sesquilinearform (,) bezüglich eines Automorphismus α von K, $|K| = q < \infty$, mit $\alpha^2 = 1$. Für eine solche Form gilt:

$$(v, w_1 + w_2) = (v, w_1) + (v, w_2)$$
$$(v_1 + v_2, w) = (v_1, w) + (v_2, w)$$
$$(av, w) = a(v, w)$$
$$(v, aw) = a^\alpha(v, w)$$

für alle $v, w, v_1, v_2, w_1, w_2 \in V$ und $a \in K$.

Nimmt man an, dass (,) nicht singulär ist und aus $(v, w) = 0$ stets $(w, v) = 0$ folgt, so kann man zeigen, dass es im Wesentlichen nur vier Typen solcher Sesquilinearformen gibt. Dabei gilt für alle $v, w \in V$:
i. Symplektisch: $\alpha = 1$, $(v, v) = 0$ und $(v, w) = -(w, v)$.
ii. Orthogonal: $\alpha = 1$, $(v, w) = (w, v)$.
iii. Unitär: $\alpha \neq 1 = \alpha^2$, $(v, w) = (w, v)^\alpha$
iv. Schiefunitär: $\alpha \neq 1 = \alpha^2$, $(v, w) = -(w, v)^\alpha$.
Wir betrachten nun die Isometrien dieser Formen. Dabei liefern (c) iii. und (c) iv. die gleichen Gruppen. Wir wollen in (c) ii. zunächst den Fall $\operatorname{char} K = 2$ ausklammern.
Es lässt sich zeigen, dass in (c) i. und (c) iii. jeweils genau eine solche Form existiert.
In (c) i. gibt es eine Basis

$$\{v_1, \ldots, v_m, v_{m+1}, \ldots, v_{2m}\} \quad \text{mit } (v_i, v_{m+i}) = 1 \text{ und } (v_i, v_j) = 0 \text{ sonst.}$$

Insbesondere ist die Dimension gerade.

In (c) iii. gibt es eine Basis wie in (c) i., falls die Dimension gleich $2m$ ist. Ist sie $2m+1$, so gibt es eine Basis

$$\{v_1, \ldots, v_{2m}, v_{2m+1}\} \quad \text{mit } (v_i, v_i) = 0 \text{ für alle } i = 1, \ldots, 2m,$$

$$(v_{2m+1}, v_{2m+1}) = 1\,, (v_i, v_{i+m}) = 1$$
$$\text{für alle } i = 1, \ldots, m \text{ und } (v_i, v_j) = 0 \text{ sonst.}$$

Die zugehörigen Isometriegruppen werden mit $Sp_{2m}(q)$ (symplektische Gruppe) bzw. mit $GU_n(r)$, $r^2 = q$, (unitäre Gruppe) bezeichnet. Betrachten wir wieder nur diejenigen Isometrien mit Determinante 1 und faktorisieren wir das Zentrum heraus, so erhalten wir die Gruppen $PSp_{2m}(q)$ und $PSU_n(r)$.
Im orthogonalen Fall (c) ii. gibt es in ungerader Charakteristik zwei Typen von Sesquilinearformen. Ist $n = 2m$, so gibt es eine Basis

$$\begin{aligned} \{v_1, \ldots, v_{2m-2}, v_{2m-1}, v_{2m}\} \quad & \text{mit } (v_i, v_i) = 0 \text{ für alle } i = 1, \ldots, 2m-2, \\ (v_i, v_{i+m-1}) = 1 \quad & \text{für alle } i = 1, \ldots, m-1, \end{aligned}$$

und

$$(v_i, v_j) = 0 \qquad \text{für alle } i, j \le 2m-2.$$

Nun gibt es zwei Möglichkeiten:

$$\begin{aligned} (+) \quad & (v_{2m-1}, v_{2m-1}) = (v_{2m}, v_{2m}) = 0 \quad \text{und} \\ & (v_{2m-1}, v_{2m}) = 1 \end{aligned}$$

oder

$$\begin{aligned} (-) \quad & (v_{2m-1}, v_{2m-1}) = 1, (v_{2m-1}, v_{2m}) = 0 \quad \text{und} \\ & (v_{2m}, v_{2m}) = k, k \notin K^2\,. \end{aligned}$$

Die zugehörigen Gruppen werden mit $O_n^+(q)$ und $O_n^-(q)$ (orthogonale Gruppe) bezeichnet.
Ist $n = 2m+1$, so gibt es eine Basis

$$\{v_1, \ldots, v_{2m+1}\} \quad \text{mit } (v_i, v_i) = 0 \text{ für alle } i \in \{1, \ldots, 2m\},$$

$$(v_i, v_{i+m}) = 1 \quad \text{für alle } i \in \{1, \ldots, m\}, \text{ und } (v_i, v_j) = 0 \text{ sonst.}$$

Weiter gilt im Fall $(+)$

$$(v_{2m+1}, v_{2m+1}) = 1$$

und im Fall $(-)$

$$(v_{2m+1}, v_{2m+1}) = k, k \notin K^2.$$

Hier kann man zeigen, dass sich die beiden Gruppen nicht unterscheiden. Die Gruppe wird mit $O_n(q)$ bezeichnet.
Wir betrachten wieder $SO_n^\pm(q)$, die Menge der Abbildungen aus $O_n^\pm(q)$ mit Determinante 1. Allerdings ist $SO_n^\pm(q)/Z(SO_n^\pm(q))$ i. a. nicht einfach. Wir definieren daher

$$\Omega_n^\pm(q) = SO_n^\pm(q)'/Z(SO_n^\pm(q)) \cap SO_n^\pm(q)'.$$

Ist $\operatorname{char} K = 2$, so könnte man wieder die Isometrien betrachten. Diese ergeben aber keine neuen Gruppen, sondern die schon in (c) i. betrachteten.
Wir betrachten deshalb sogenannte quadratische Formen. Eine Abbildung

$$q : V \to K$$

heißt quadratische Form, falls es eine symmetrische Bilinearform $(\,,\,)$ gibt, so dass für alle $x, y \in V$ und $\lambda, \mu \in K$ gilt:

$$q(\lambda x + \mu y) = \lambda^2 q(x) + \mu^2 q(y) + \lambda\mu(x, y).$$

Ist $\operatorname{char} K \neq 2$, so bestimmen sich die Bilinearform $(\,,\,)$ und die quadratische Form q umkehrbar eindeutig. Ist $\operatorname{char} K = 2$, so folgt $(x, y) = (y, x)$ und $(x, x) = 0$. Also ist die Form vom Typ (c) i.
Wir betrachten nun die Abbildungen $T : V \to V$ mit $q(Tx) = q(x)$ für alle $x \in V$. Wegen $(x, y) = q(x + y) + q(x) + q(y)$ folgt dann

$$(Tx, Ty) = (x, y).$$

Also ist $T \in Sp(V)$.
Wir beschränken uns darauf, dass V bezüglich $(\,,\,)$ radikalfrei ist. Dann folgt $n = 2m$. Man kann zeigen, dass es bezüglich einer Basis $\{v_1, \dots, v_{2m}\}$ nur zwei quadratische Formen gibt:

$$q_+\left(\sum_{i=1}^{2m} x_i v_i\right) = \sum_{i=1}^{m} x_i x_{m+i}$$

und

$$q_-\left(\sum_{i=1}^{2m} x_i v_i\right) = \sum_{i=1}^{m-1} x_i x_{m+i} + x_m^2 + x_m x_{2m} + a x_{2m}^2$$

mit einem über K irreduziblen Polynom $x^2 + x + a$.
Wir bezeichnen wie oben wieder mit $\Omega_{2m}^\pm(q)$ die Kommutatorgruppe der Isometriegruppe.

Es kann der folgende Satz bewiesen werden:

Satz 5.1.8. *Es sei* $\dim V \geq 2$.

(a) *Bis auf die Ausnahmen* $PSp_2(2) \cong \Sigma_3$, $PSp_2(3) \cong A_4$ *und* $PSp_4(2) \cong \Sigma_6$ *sind die Gruppen* $PSp_{2m}(q)$ *einfach.*

(b) *Bis auf* $PSU_2(2) \cong \Sigma_3$, $PSU_2(3) \cong A_4$ *und* $PSU_3(2)$, *welche eine zerfallende Erweiterung einer elementar abelschen Gruppe der Ordnung 9 mit* Q_8 *ist, sind die Gruppen* $PSU_n(r)$ *einfach.*

(c) *Es sind* $\Omega_2^{\pm}(q)$ *zyklische Gruppen der Ordnung* $(q-1)/\operatorname{ggT}(4, q-1)$ *bzw.* $(q+1)/\operatorname{ggT}(4, q+1)$, $\Omega_3(3) \cong A_4$ *und* $\Omega_4^{+}(q) \cong PSL_2(q) \times PSL_2(q)$. *Die anderen Gruppen* $\Omega_n^{\pm}(q)$ *sind einfach.*

Der Beweis ist ähnlich dem, mit dem wir die Einfachheit von $PSL_n(q)$ gezeigt haben. Zunächst haben wir wieder Transvektionen in den Gruppen $Sp(V), O^{\pm}(V)$ und $GU(V)$. Wieder können wir die Gruppen $PSp(V)$ und $PSU(V)$ durch Transvektionen erzeugen. Im Fall der orthogonalen Gruppen sind die Transvektionen allerdings nicht in $\Omega_n^{\pm}(q)$ enthalten, aber dies war ja auch schon die Kommutatorgruppe. Wir erhalten dann wieder (bis auf die kleinen Fälle), dass $G = G'$ ist.

Alle Gruppen sind transitiv auf der Menge der Vektoren v von V mit $(v, v) = 0$ bzw. $q(v) = 0$ für char $K = 2$ und $G = \Omega_n^{\pm}(q)$. Außer für $\Omega_4^{\pm}(q)$ sieht man dann auch wieder die Primitivität. (Allerdings sind die Gruppen nicht 2-transitiv!) Zumindest im symplektischen und unitären Fall kann man nun wie im Beweis von Satz 5.1.6 fortfahren. Für weitere Einzelheiten sei auf das Buch von R. Wilson [72] verwiesen.

5.2 Die Mathieu-Gruppen

In diesem Abschnitt wollen wir die neben den alternierenden Gruppen wichtigsten mehrfach transitiven Gruppen, die Mathieu-Gruppen, behandeln. Diese wurden von E. Mathieu[1] 1861 entdeckt (siehe [50], [51]). In seiner Arbeit beschreibt er M_{12} als eine einfache 5-fach transitive Gruppe auf einer Menge Ω mit $|\Omega| = 12$. Der Stabilisator eines Punktes $x \in \Omega$ ist eine einfache 4-fach transitive Gruppe auf $\Omega \setminus \{x\}$, die wir mit M_{11} bezeichen.

Wir wollen uns in diesem Abschnitt weniger mit M_{11} und M_{12} als vielmehr mit den großen Mathieu-Gruppen M_{22}, M_{23} und M_{24} beschäftigen, die Mathieu 1873 (siehe [52]) beschrieben hat.

1 Emile Leonard Mathieu, *15.5.1835 Metz, †19.10.1890 Nancy. Mathieu endeckte die ersten fünf sporadischen einfachen Gruppen. Er war Professor in Besancon und ab 1874 in Nancy, wo er sich hauptsächlich mit mathematischer Physik beschäftigte. Neben den Mathieu-Gruppen sind auch die mathieuschen Differentialgleichungen nach ihm benannt.

Es ist M_{24} eine 5-fach transitive Gruppe auf einer Menge Ω mit $|\Omega| = 24$, M_{23} ist der Stabilisator eines Punktes aus Ω, also 4-fach transitiv auf einer Menge mit 23 Elementen. Der Stabilisator eines weiteren Punktes aus Ω ist dann M_{22}. Dies ist eine 3-fach transitive Gruppe auf einer Menge Γ mit $|\Gamma| = 22$. Insbesondere die Gruppe M_{22} werden wir genauer studieren, da wir diese im nächsten Abschnitt zur Konstruktion einer weiteren einfachen Gruppe verwenden wollen. Die hier gewählte Beschreibung der Mathieu-Gruppen geht auf E. Witt [73] zurück.

Definition 5.2.1. Sei G eine Permutationsgruppe auf Ω und $\Omega' = \Omega \cup \{v\}$, $v \notin \Omega$. Eine transitive Permutationsgruppe K auf Ω' heißt transitive Erweiterung von G, falls $G \leq K$ und $K_v = G$ ist.

Satz 5.2.2 (Witt). *Sei G eine 2-fach transitive Gruppe auf $\Omega = \{p_1, \ldots, p_n, q_1, q_2\}$. Sei $s_1 \in G$ mit $s_1(q_1) = q_2$ und $s_1(q_2) = q_1$. Setze $H = G_{q_1,q_2}$. Für ein $t \geq 2$ sei $\Omega' = \{p_1, \ldots, p_n, q_1, \ldots, q_t\}$. Wir erweitern die Operation von G zu einer auf Ω', in der G auf $\{q_3, \ldots, q_t\}$ trivial operiert. Seien $s_2, \ldots, s_{t-1}$ Permutationen von Ω' mit*

(a) $s_i(q_i) = q_{i+1}, s_i(q_{i+1}) = q_i$, $s_i(q_j) = q_j$ *für alle* $j \in \{1, \ldots, t\}$ *mit* $j \neq i, i+1$.
(b) $s_i^2 \in H$ *für alle* $i \in \{1, \ldots, t-1\}$.
(c) $(s_i s_{i+1})^3 \in H$ *für alle* $i \in \{1, \ldots, t-2\}$.
(d) $(s_i s_j)^2 \in H$ *für alle* i, j *mit* $|i - j| \neq 1$.
(e) s_i *normalisiert* G_{q_2} *für alle* $i \geq 2$.

Für jedes $j \in \{2, \ldots, t\}$ definieren wir eine Menge $G(j)$ von Permutationen auf Ω' durch

$$G(1) = G_{q_2}, G(j) = G(j-1) \cup G(j-1) s_{j-1} G(j-1).$$

Dann ist $G = G(2)$. Weiter ist $G(t)$ eine t-fach transitive Gruppe auf der Menge Ω' mit $G(t)_{q_1,\ldots,q_t} = H$.

Beweis. Zunächst wollen wir $G = G(2)$ zeigen.

Seien $x \in G \setminus G_{q_2}$ und $u = x(q_2) \in \Omega$. Dann gibt es wegen der 2-fachen Transitivität von G auf Ω ein $y \in G_{q_2}$ mit

$$y(u) = q_1.$$

Also ist

$$s_1^{-1} y x(q_2) = q_2.$$

Damit ist

$$s_1^{-1} y x \in G_{q_2},$$

was

$$x \in G_{q_2} s_1 G_{q_2}$$

liefert.

Also ist

$$G = G_{q_2} \cup G_{q_2} s_1 G_{q_2} = G(2).$$

Wir zeigen nun durch Induktion, dass $G(t)$ eine Gruppe ist.

Es ist $G(t) = G(t-1) \cup G(t-1)s_{t-1}G(t-1)$. Da per Induktion $G(t-1)$ eine Gruppe ist, genügt es zu zeigen, dass für jedes $g \in G(t-1)$ stets

$$s_{t-1} g s_{t-1} \in G(t)$$

gilt.

Zunächst ist klar, dass

$$G(t-2) = \langle G_{q_2}, s_1, \ldots, s_{t-3} \rangle \tag{1}$$

gilt.

Es ist $H \leq G(1) \leq G(t-2)$. Für $i \leq t-3$ ist dann

$$s_{t-1} s_i s_{t-1}^{-1} = (s_{t-1} s_i)^2 s_i^{-1} s_{t-1}^{-2}.$$

Nach (d) haben wir $(s_{t-1}s_i)^2 \in H$ und (b) liefert $s_{t-1}^{-2} \in H$. Weiter ist wegen (1) auch $s_i^{-1} \in G(t-2)$. Also folgt

$$s_{t-1} s_i s_{t-1}^{-1} \in G(t-2). \tag{2}$$

Die Aussage (e) ist

$$s_{t-1} \in N_G(G_{q_2}). \tag{3}$$

Also folgt mit (1), (2) und (3)

$$s_{t-1} \in N_G(G(t-2)). \tag{4}$$

Sei zunächst $g \in G(t-2)$. Dann ist

$$s_{t-1} g s_{t-1} = s_{t-1} g s_{t-1}^{-1} s_{t-1}^2.$$

Nach (4) ist $s_{t-1} g s_{t-1}^{-1} \in G(t-2)$ und nach (2) ist $s_{t-1}^2 \in H$. Das liefert

$$s_{t-1} g s_{t-1} \in G(t-2) \subseteq G(t).$$

Sei nun $g = x s_{t-2} y$ mit $x, y \in G(t-2)$. Dann ist

$$s_{t-1} x s_{t-2} y s_{t-1} = (s_{t-1} x s_{t-1}^{-1}) s_{t-1} s_{t-2} s_{t-1} (s_{t-1}^{-1} y s_{t-1}).$$

Wegen (4) sind $s_{t-1} x s_{t-1}^{-1}$ und $s_{t-1}^{-1} y s_{t-1}$ beide in $G(t-2)$ enthalten.

Wir müssen somit nur

$$s_{t-1}s_{t-2}s_{t-1} \in G(t)$$

zeigen.

Nach (c) ist

$$\begin{aligned} G(t-2)s_{t-1}s_{t-2}s_{t-1}G(t-2) &= G(t-2)s_{t-2}^{-1}s_{t-1}^{-1}s_{t-2}^{-1}G(t-2) \\ &\subseteq G(t-1)s_{t-1}^{-1}G(t-1). \end{aligned}$$

Nach (b) ist

$$G(t-1)s_{t-1}^{-1}G(t-1) = G(t-1)s_{t-1}G(t-1) \subseteq G(t).$$

Damit haben wir $s_{t-1}s_{t-2}s_{t-1} \in G(t)$ gezeigt.

Es bleibt, die letzte Behauptung des Satzes zu zeigen, d. h. $G(t)$ ist t-fach transitiv.

Unter $G(t-1)s_{t-1}G(t-1)$ wird q_t in die Menge $\{p_1, \ldots, p_n, q_1, \ldots, q_{t-1}\}$ abgebildet. Also ist $G(t)_{q_t} = G(t-1)$, und da per Induktion $G(t-1)$ eine $(t-1)$-fach transitive Gruppe ist, ist nach Satz 1.18 $G(t)$ eine t-fach transitive Gruppe. □

Wir wollen nun Satz 5.2.2 zur Konstruktion der großen Mathieu-Gruppen benutzen. Dazu benötigen wir zuerst eine Startgruppe G.

Sei $V = V(3,4)$ der 3-dimensionale Vektorraum $GF(4)^3$ über $GF(4)$ und

$$\Omega = \{U \mid U \text{ ist 1-dimensionaler Unterraum von } V\}.$$

Es ist $|\Omega| = \frac{4^3-1}{4-1} = 21$. Nach Lemma 1.1.34 wissen wir, dass die Operation der Gruppe $G = PSL_3(4)$ auf Ω sogar 2-fach transitiv ist. Damit ist sie als Startgruppe geeignet.

Satz 5.2.3. *Seien G und Ω wie eben beschrieben. Setze $\Omega' = \Omega \cup \{u, v, w\}$. Sei weiter $b \in GF(4) \setminus \{0,1\}$ fest gewählt. Wir definieren die folgenden Permutationen von Ω', wobei $\langle(x,y,z)\rangle$ stets ein 1-dimensionaler Unterraum in Ω ist. Die Permutationen geben wir in der Zyklenzerlegung an.*

$$\begin{aligned} s_1 &= (u)(v)(w)(\langle(x,y,z)\rangle, \langle(y,x,z)\rangle). \\ s_2 &= (\langle(1,0,0)\rangle, u)(v)(w)(\langle(x,y,z)\rangle, \langle(x^2+yz, y^2, z^2)\rangle) \\ &\qquad \textit{für } \langle(x,y,z)\rangle \neq \langle(1,0,0)\rangle. \\ s_3 &= (u,v)(w)(\langle(x,y,z)\rangle, \langle(x^2,y^2,bz^2)\rangle). \\ s_4 &= (u)(v,w)(\langle(x,y,z)\rangle, \langle(x^2,y^2,z^2)\rangle). \end{aligned}$$

Wir erweitern die Operation von G auf Ω' dadurch, dass G trivial auf $\{u, v, w\}$ operiert. Dann gilt

$$\begin{aligned} M_{22} &= \langle G, s_2\rangle \textit{ ist } 3\textit{-fach transitiv vom Grad } 22 \textit{ auf } \Omega \cup \{u\} \textit{ und} \\ |M_{22}| &= 2^7 \cdot 3^2 \cdot 5 \cdot 7 \cdot 11. \\ M_{23} &= \langle M_{22}, s_3\rangle \textit{ ist } 4\textit{-fach transitiv vom Grad } 23 \textit{ auf } \Omega \cup \{u, v\} \textit{ und} \\ |M_{23}| &= 2^7 \cdot 3^2 \cdot 5 \cdot 7 \cdot 11 \cdot 23. \\ M_{24} &= \langle M_{23}, s_4\rangle \textit{ ist } 5\textit{-fach transitiv vom Grad } 24 \textit{ auf } \Omega' \textit{ und} \\ |M_{24}| &= 2^{10} \cdot 3^3 \cdot 5 \cdot 7 \cdot 11 \cdot 23. \end{aligned}$$

Beweis. Wir setzen $q_1 = \langle(0, 1, 0)\rangle, q_2 = \langle(1, 0, 0)\rangle, q_3 = u, q_4 = v$ und $q_5 = w$. Sei weiter $\Omega \setminus \{q_1, q_2\} = \{p_1, \dots, p_{19}\}$. Hierauf wollen wir Satz 5.2.2 anwenden. Es entspricht s_1 der linearen Abbildung

$$A = \begin{pmatrix} 0 & 1 & 0 \\ 1 & 0 & 0 \\ 0 & 0 & 1 \end{pmatrix}.$$

Wegen $\det A = 1$ ist $s_1 \in G$. Die Abbildungen s_3 und s_4 sind sicher bijektive Abbildungen. Da für alle $x \in GF(4)$ stets $x^4 = x$ gilt, folgt $s_4^2 = 1$. Weiter ist

$$s_3^2(\langle(x, y, z)\rangle) = \langle(x, y, bb^2 z)\rangle.$$

Wegen $b^3 = 1$ folgt auch $s_3^2 = 1$.

Bei s_2 ist die Bijektivität nicht sofort ersichtlich. Sei dazu

$$(x^2 + yz, y^2, z^2) = (\lambda(x'^2 + y'z'), \lambda y'^2, \lambda z'^2) \text{ für ein } \lambda \in GF(4) \setminus \{0\}.$$

Da $\lambda \in GF(4)$ ist, ist $\lambda = \lambda'^2$ für ein $\lambda' \in GF(4)$. Somit sind $z = \lambda' z'$, $y = \lambda' y'$ und dann auch $x = \lambda' x'$. Damit ist auch s_2 bijektiv. Weiter ist

$$s_2^2(\langle(x, y, z)\rangle) = \langle(x^2 + yz)^2 + y^2 z^2, y, z)\rangle = \langle(x, y, z)\rangle,$$

da $GF(4)$ die Charakteristik 2 hat. Also ist auch $s_2^2 = 1$. Weiter sind $s_2, s_3, s_4 \in \Sigma_{\Omega'}$.

Wir wenden nun Satz 5.2.2 an. Dazu müssen wir die Eigenschaften (a)–(e) nachprüfen.

Offenbar ist Eigenschaft (a) erfüllt. Weiter ist Eigenschaft (b) erfüllt, da $s_i^2 = 1$ für alle i gilt.

Wir wollen die Eigenschaften (c) und (d) nur exemplarisch nachprüfen. Die restlichen Relationen folgen dann analog. Wir wählen die Aussage $(s_3 s_2)^3 \in H$ und werden sogar $(s_3 s_2)^3 = 1$ zeigen.

Es wird $\langle(1,0,0)\rangle$ unter s_3s_2 auf v und v auf u und u auf $\langle(1,0,0)\rangle$ abgebildet. Weiter ist

$$\begin{aligned} s_3s_2(w) &= w, \text{und} \\ s_3s_2(\langle(x,y,z)\rangle) &= \langle(x+y^2z^2, y, bz)\rangle, \\ s_3s_2(\langle(x+y^2z^2, y, bz)\rangle) &= \langle(x+y^2z^2+y^2b^2z^2, y, b^2z)\rangle \end{aligned}$$

und

$$s_3s_2(\langle(x+(1+b^2)y^2z^2, y, b^2z)\rangle) = \langle(x+(1+b^2)y^2z^2+y^2z^2b, y, b^3z)\rangle.$$

Da $b^3 = 1$ und $1+b+b^2 = 0$ ist, folgt

$$(s_3s_2)^3(\langle(x,y,z)\rangle) = \langle(x,y,z)\rangle.$$

Also ist $(s_3s_2)^3 = 1$.

Wir wollen jetzt noch Eigenschaft (e) zeigen, also $s_i \in N_G(G_{q_2})$ für $i = 2,3,4$. Sei $a \in G_{q_2}$. Dann entspricht a in $SL_3(4)$ der Matrix

$$\begin{pmatrix} 1 & a_{12} & a_{13} \\ 0 & a_{22} & a_{23} \\ 0 & a_{32} & a_{33} \end{pmatrix}$$

mit $\det a = 1$.

Es ist

$$s_2as_2 = (q_2)(u)(v)(w)(\langle(x,y,z)\rangle, \langle(l, a_{22}^2y + a_{23}^2z, a_{32}^2y + a_{33}^2z)\rangle)$$

mit $\langle(x,y,z)\rangle \neq q_2$. Hierbei ist

$$\begin{aligned} l &= (x^2+yz)^2 + (a_{22}y^2 + a_{23}z^2)(a_{32}y^2 + a_{33}z^2) \\ &= x + y^2z^2 + a_{22}a_{32}y + a_{22}a_{33}y^2z^2 + a_{23}a_{32}z^2y^2 + a_{23}a_{33}z \\ &= x + a_{22}a_{32}y + a_{23}a_{33}z + (a_{22}a_{33} + a_{32}a_{32} + 1)z^2y^2 \\ &= x + a_{22}a_{32}y + a_{23}a_{33}z, \end{aligned}$$

da $a_{22}a_{33} + a_{32}a_{23} = \det a = 1$ ist.

Damit ist s_2as_2 die Matrix

$$\begin{pmatrix} 1 & a_{22}a_{32} & a_{32}a_{23} \\ 0 & a_{22}^2 & a_{23}^2 \\ 0 & a_{32}^2 & a_{33}^2 \end{pmatrix} = b$$

zugeordnet.

Es ist $\det b = a_{22}^2a_{33}^2 + a_{23}^2a_{32}^2 = (\det a)^2 = 1$. Somit ist $s_2as_2 \in G_{q_2}$. Genauso erhält man auch $s_3as_3, s_4as_4 \in G_{q_2}$.

Nun folgt die Behauptung mit Satz 5.2.2 und wegen $|PSL_3(4)| = 2^6 \cdot 3^2 \cdot 5 \cdot 7$. □

Ähnlich kann man auch M_{11} und M_{12} konstruieren, indem man mit einer Gruppe beginnt, die $PSL_2(9)$ vom Index zwei enthält. Dies wollen wir hier nicht vertiefen.

Interessant ist die Frage, ob man das Verfahren aus Satz 5.2.2 nicht weiter fortsetzen könnte, d. h. eine 6-fach transitive Gruppe M_{25} konstruieren könnte. Der nächste Satz gibt hierauf eine negative Antwort.

Satz 5.2.4. *Die Gruppe M_{24} besitzt keine transitive Erweiterung vom Grad 25.*

Beweis. Für einen Widerspruch wollen wir annehmen, dass G eine transitive Erweiterung von M_{24} sei. Dann ist $|G| = 25|M_{24}| = 2^{10} \cdot 3^3 \cdot 5^3 \cdot 7 \cdot 11 \cdot 23$ und G operiert 6-fach transitiv auf einer Menge Ω mit $|\Omega| = 25$.

Sei $g \in G$ mit $o(g) = 11$. Dann hat g mindestens 3 Fixpunkte auf Ω. Nach Lemma 1.1.28 sind diese Fixpunkte unter der Operation von $N_G(\langle g \rangle)$ konjugiert. Ist g ein 11-Zykel mit $|\operatorname{Fix}(g)| = 14$, so operiert wieder nach Lemma 1.1.28 $N_G(\langle g \rangle)$ 6-fach transitiv auf $\operatorname{Fix}(g)$. Dann ist aber $14 \cdot 13 \cdot 12 \cdot 11 \cdot 10 \cdot 9$ ein Teiler von $|N_G(\langle g \rangle)|$ und dann auch ein Teiler von $|G|$, ein Widerspruch.

Also können wir $g = (4, 5, 6, \ldots, 14)(15, 16, \ldots, 25)$ annehmen. Nun operiert $N_G(\langle g \rangle)$ 3-fach transitiv auf $\{1, 2, 3\}$. So gibt es ein $h \in N_G(\langle g \rangle)$, mit $h = (1, 2, 3)\tilde{h}$ und $\tilde{h} \in \Sigma_{\{4,\ldots,25\}}$. Dann gibt es eine Potenz h^t von h, so dass $o(h^t)$ eine 3-Potenz ist und $\operatorname{Fix}(h^t) \subseteq \{4, \ldots, 25\}$ ist. Wir können also annehmen, dass $o(h)$ eine 3-Potenz ist. Da 3 kein Teiler von $11 - 1$ ist, ist nach Lemma 1.4.4 $[g, h] = 1$. Weiter ist 3 auch kein Teiler von 25. Also ist $\operatorname{Fix}(h) \neq \emptyset$. Es operiert g auf $\operatorname{Fix}(h)$, was $|\operatorname{Fix}(h)| = 11$ oder 22 liefert. Ist $|\operatorname{Fix}(h)| = 11$, so operiert h auf den restlichen 14 Elementen fixpunktfrei, aber 3 ist kein Teiler von 14. Also ist $|\operatorname{Fix}(h)| = 22$. Somit ist $h = (1, 2, 3)$. Wegen der 3-fachen Transitivität von G, liegen jetzt alle 3-Zyklen in G. Also ist $\langle (1, 2, 3), (4, 5, 6), (7, 8, 9), (10, 11, 12) \rangle$ eine Untergruppe von G. Dies ist eine elementar abelsche Gruppe der Ordnung 3^4. Aber 3^4 ist kein Teiler von $|G|$. □

Bemerkung 5.2.5. Mit Hilfe der Klassifikation der endlichen einfachen Gruppen kann man zeigen:

Ist G eine k-fach transitive Gruppe auf einer Menge Ω, $|\Omega| = n$, mit $k \geq 4$, so ist $G \cong \Sigma_n, A_n, M_{11}, M_{12}, M_{23}$ oder M_{24}.

Satz 5.2.6. *Die Gruppen M_{22}, M_{23} und M_{24} sind einfach.*

Beweis. Sei $G = M_i$ mit $i = 22, 23$ oder 24, und sei H der Stabilisator eines Punktes. Dann ist $H = M_{i-1}$ bzw. $H = PSL_3(4)$ für $i = 22$. Nach Satz 5.1.6 ist $PSL_3(4)$ einfach. Per Induktion können wir somit annehmen, dass H einfach ist.

Sei $N \neq 1$ ein Normalteiler von G. Nach Satz 1.1.33 ist G primitiv. Also ist nach Satz 1.1.43 N transitiv und $G = HN$. Da H einfach ist, ist entweder $H \leq N$ und dann $N = G$ oder $H \cap N = 1$. Sei $H \cap N = 1$. Dann ist N regulär. Nach Satz 1.1.42 (b) ist N eine elementar abelsche 2-Gruppe. Aber $|N| = 22, 23$ oder 24, ein Widerspruch. □

Eine naheliegende Frage ist, ob man mit dem gleichen Verfahren, wie aus $PSL_3(4)$ die Gruppe M_{22} konstruiert wurde, mit anderen $PSL_n(q)$ weitere transitive Erweiterungen konstruieren kann.

Sei $H = PSL_n(q)$ als Permutationsgruppe auf den $\frac{q^n-1}{q-1}$ 1-dimensionalen Unterräumen des $V(n,q)$ dargestellt. Ist $(n,q) = (3,4)$, so haben wir mit M_{22} eine transitive Erweiterung von $H = PSL_n(q)$. Ist $(n,q) = (n,2)$, so haben wir immer eine transitive Erweiterung zur sogenannten affinen Gruppe, der Gruppe G aller Abbildungen $G_{A,w} : v \to Av + w$ von V mit $w \in V$ und $A \in SL_n(2)$. Es ist

$$G \cong E_{2^n} SL_n(2).$$

Für $n > 2$ sind dies alle möglichen transitiven Erweiterungen (siehe [37]).

Ist $PSL_2(p^f) \leq H \leq \mathrm{Aut}(PSL_2(p^f))$, so existiert eine transitive Erweiterung G von H nur für die folgenden Fälle (siehe [62]):

$$\begin{aligned} p^f &= 2, & G &\cong \Sigma_4 \\ p^f &= 3, & G &\cong A_5 \text{ oder } \Sigma_5 \\ p^f &= 4, & G &\cong A_6 \text{ oder } \Sigma_6 \\ p^f &= 9, & G &\cong M_{11} \end{aligned}$$

Nun haben wir eine 5-fach transitive Gruppe vom Grad 24 konstruiert und Mathieu hat dies 1873 getan. Wir wollen jetzt zeigen, dass dies die gleichen Gruppen sind. Dazu werden wir eine Struktur angeben, auf der die Gruppen als Automorphismengruppen operieren.

Wir betrachten dazu sogenannte Steinersysteme[2]. Gegeben ist eine Menge M mit n Elementen und eine Menge B von m-elementigen Teilmengen von M, genannt Blöcke. Dabei sollen je t Elemente aus M in genau einem Block aus B liegen. Ein solches System bezeichnen wir mit $S(t,m,n)$. Wir werden sehen, dass unsere Gruppen Automorphismengruppen von geeigneten Steinersystemen sind. Dabei ist ein Automorphismus eines solchen Systems eine Abbildung φ, die sowohl auf der Menge der Punkte als auch auf der Menge der Blöcke bijektiv ist. Weiter muss φ Punkt-Block Paare (x,B) mit $x \in B$ wieder auf solche abbilden, d. h. die Inzidenz erhalten.

Satz 5.2.7. *Seien Ω eine Menge, $|\Omega| = n$ und G eine t-fach transitive Gruppe auf Ω. Seien $\{x_1,\dots,x_t\}$ eine t-elementige Teilmenge von Ω und $U = G_{x_1,x_2,\dots,x_t}$. Es habe U einen Normalteiler H mit $m = |\,\mathrm{Fix}(H)| > t$. Gilt $H^G \cap U = H$ (d. h.: aus $H^g \leq U$ für $g \in G$ folgt stets $H^g = H$), so bildet die Menge Ω mit der Menge $\{\mathrm{Fix}(H^g), g \in G\}$ als Menge der Blöcke ein Steinersystem $S = S(t,m,n)$. Weiter ist $G \leq \mathrm{Aut}(S)$.*

2 Jakob Steiner, *18.3. 1796 Bern; †1.4. 1863 Bern. Professor in Berlin. Sein Hauptarbeitsgebiet war die Geometrie, zu der er wesentliche Beiträge leistete. Zu den sog. Steinersystemen, die eigentlich von Kirkman eingeführt wurden, verfasste er 1853 eine Arbeit von 2 Seiten.

Beweis. Sei $\Delta \subseteq \Omega$ mit $|\Delta| = t$. Da G auf Ω nach Voraussetzung t-fach transitiv ist, können wir $\Delta = \{x_1, x_2, \ldots, x_t\}$ annehmen. Also ist $\Delta \subseteq \mathrm{Fix}(H)$. Sei $\Delta \subseteq \mathrm{Fix}(H^g)$ für ein $g \in G$. Dann ist $H^g \subseteq U$ und somit $H = H^g$. Also gibt es genau einen Block, der Δ enthält. □

Wir wollen nun zeigen, dass unsere Gruppe M_{24} auf einem Steinersystem operiert.

Satz 5.2.8. *Es gibt ein Steinersystem* $S = S(5, 8, 24)$ *mit* $M_{24} = \mathrm{Aut}(S)$.

Beweis. Wir wollen Satz 5.2.7 anwenden. Wir übernehmen die Bezeichnungen aus der Konstruktion von $G = M_{24}$ im Beweis von Satz 5.2.3. Es ist

$$U = G_{q_1,q_2,\ldots,q_5} = \left\{ \begin{pmatrix} a & 0 & c \\ 0 & a^{-1} & d \\ 0 & 0 & 1 \end{pmatrix} \middle| \, a, c, d \in GF(4), a \neq 0 \right\}.$$

Somit ist $|G_{q_1,q_2,\ldots,q_5}| = 16 \cdot 3 = 48$. Es ist offenbar

$$H = \left\{ \begin{pmatrix} 1 & 0 & c \\ 0 & 1 & d \\ 0 & 0 & 1 \end{pmatrix} \middle| \, c, d \in GF(4) \right\}$$

ein Normalteiler von U. Da $|H| = 16$ ist, ist H eine Sylow-2-Untergruppe von U. Ist also $H^g \leq U$ für ein $g \in G$, so ist $H^g = H$.

Sei $1 \neq h \in H$ und $\langle (x, y, z) \rangle \in \mathrm{Fix}(h)$. Dann ist

$$\langle (x, y, z) \rangle = h(\langle (x, y, z) \rangle) = \langle (x + cz, y + dz, z) \rangle.$$

Also ist $z = 0$. Das liefert die Fixpunkte $\langle (1, 0, 0) \rangle$, $\langle (0, 1, 0) \rangle$, $\langle (1, 1, 0) \rangle$, $\langle (1, b, 0) \rangle$, $b \in GF(4) \setminus GF(2)$, q_3, q_4 und q_5. Somit ist $\mathrm{Fix}(h) = \mathrm{Fix}(H) = \Delta$ von der Ordnung 8. Wir können jetzt Satz 5.2.7 anwenden und erhalten die Existenz eines Steinersystems $S = S(5, 8, 24)$ auf Ω' mit $M_{24} \leq K = \mathrm{Aut}(S)$. Weiter ist H regulär auf $\Omega' \setminus \Delta$.

Nun gibt es genau

$$\binom{24}{5} \Big/ \binom{8}{5} = 23 \cdot 11 \cdot 3$$

viele Blöcke, auf denen M_{24} und dann auch $K = \mathrm{Aut}(S)$ transitiv ist.

Es ist $N_{M_{24}}(H)$ 5-fach transitiv auf Δ. Damit induziert $N_{M_{24}}(H)$ auf Δ eine Gruppe, deren Ordnung durch $8 \cdot 7 \cdot 6 \cdot 5 \cdot 4$ teilbar ist, also eine Untergruppe vom Index höchstens 6 in Σ_8. Da A_8 einfach ist, folgt nun, dass A_8 oder Σ_8 induziert wird. Es ist H der punktweise Stabilisator von Δ, also ist

$$N_{M_{24}}(H)/H \cong A_8 \text{ oder } \Sigma_8.$$

Da 2^{11} kein Teiler von $|M_{24}|$ ist, wird nur A_8 induziert. Somit gilt

$$N_{M_{24}}(H)/H \cong A_8.$$

Sei nun U der punktweise Stabilisator von Δ in $K = \mathrm{Aut}(S)$. Wir zeigen $U = H$. Wir wählen dazu $x \in \Omega' \setminus \Delta$ und bezeichnen mit A den Stabilisator von x in $N_{M_{24}}(H)$. Da H regulär auf $\Omega' \setminus \Delta$ ist, ist $A \cong A_8$. Weiter ist $A \leq N_K(U_x)$.

Sei $\Gamma \subseteq \Delta$ mit $|\Gamma| = 3$. Dann gibt es genau fünf Teilmengen Γ_i von Δ mit $\Gamma \subseteq \Gamma_i$ und $|\Gamma_i| = 4$. Zu jedem $\Gamma_i \cup \{x\}$ gibt es genau einen Block $\Gamma_i \cup \{x\} \cup \Omega_i$ mit $|\Omega_i| = 3$. Es ist $\Omega_i \cap \Delta = \emptyset$ und $\Omega_i \cap \Omega_j = \emptyset$, da sonst $\Gamma_i \cup \{x\} \cup \Omega_i$ und $\Gamma_j \cup \{x\} \cup \Omega_j$ jeweils fünf Punkte aus $\Gamma \cup \{x\} \cup (\Omega_i \cap \Omega_k)$ enthalten würden. Also ist

$$\Omega' = \Omega_1 \cup \Omega_2 \cup \Omega_3 \cup \Omega_4 \cup \Omega_5 \cup \{x\} \cup \Delta.$$

Offenbar sind alle Ω_i unter U_x invariant. Somit ist jedes Ω_i eine Vereinigung von U_x-Bahnen. Nun permutiert A die U_x-Bahnen auf $\Omega' \setminus (\Delta \cup \{x\})$. Die Operation von A auf Δ zeigt, dass es für je zwei Γ_j, Γ_i ein $g \in A$ mit $\Gamma_j^g = \Gamma_i$ gibt. Also ist das Gleiche auch für die Ω_i richtig. Somit ist die Bahnenzerlegung von U_x auf allen Ω_i gleich. Das bedeutet, dass wir in $\bigcup_{i=1}^5 \Omega_i$ genau fünf Bahnen der Länge 3, genau fünf Bahnen der Länge 2 und fünf Bahnen der Länge 1, oder genau 15 Bahnen der Länge 1 haben. Da A diese Bahnen permutiert, aber A_8 keine treue Permutationsdarstellung von Grad ≤ 5 hat, müssen alle Bahnen die Länge 1 haben. Dann ist $U_x = 1$, was

$$H = U$$

liefert.

Nun ist $K_\Delta / C_{K_\Delta} H)$ zu einer Untergruppe von Σ_8 isomorph. Da A einfach und $[A, H] \neq 1$ ist, ist $C_A(H) = 1$. Weiter ist H regulär auf $\Omega' \setminus \Delta$. Also ist $C(H) = XH$, wobei X trivial auf $\Omega' \setminus \Delta$ ist. Das liefert $C_{K_\Delta}(H) = H$ und $K_\Delta/H \cong A_8$ oder $K_\Delta/H \cong \Sigma_8$. Da H elementar abelsch von der Ordnung 16 ist, ist $\mathrm{Aut}(H) \cong GL_4(2)$. Aus $|GL_4(2)| = |A_8|$ folgt nun $N_K(H) = N_{M_{24}}(H) = K_\Delta$. Dann erhalten wir $|K : K_\Delta| = |M_{24} : K_\Delta|$, was $K = M_{24}$ liefert. □

Bemerkung 5.2.9.

(a) Der obige Beweis liefert in den letzten Zeilen auch einen Beweis für

$$A_8 \cong GL_4(2).$$

(b) E. Witt [74] hat gezeigt, dass es bis auf Isomorphie nur ein $S(5, 8, 24)$-Steinersystem gibt. Also sind unsere Gruppen in der Tat die gleichen Gruppen wie die von Mathieu gefundenen.

(c) Es gibt sehr viele verschiedene Beschreibungen von M_{24}. Hier eine andere als die oben angegebene [56]:
Dazu betrachten wir zunächst die Gruppe $PSL_2(23)$ als Gruppe von Abbildungen $x \to \frac{ax+b}{cx+d}$ mit $\det \left(\begin{smallmatrix} a & b \\ c & d \end{smallmatrix}\right) = 1$. Dann operiert $PSL_2(23)$ auf $GF(23) \cup \{\infty\}$. Sei $\{\infty, 0, 1, 2, 3, 5, 14, 17\} = B$. Wir betrachten alle Bilder von B unter der Gruppe $PSL_2(23)$. Dann bilden diese als Blöcke auf $\Omega = GF(23) \cup \{\infty\}$ ein Steinersystem $S(5, 8, 24)$.

Eine weitere Beschreibung [17] ist die folgende:
Sei wieder $\Omega = GF(23) \cup \{\infty\}$ und $P = \mathfrak{P}(\Omega)$ die Potenzmenge. Es sei $\tilde{\mathfrak{B}}$ eine Teilmenge von P, die invariant unter $PSL_2(23)$ und abgeschlossen unter symmetrischer Differenz ist. Schließlich sei $\{x^2 | x \in GF(23)\} \in \tilde{\mathfrak{B}}$. Sei nun $\mathfrak{B}$ unter allen diesen $\tilde{\mathfrak{B}}$ minimal. Für $n \in \mathbb{N}$ setze $\mathfrak{B}_n = \{Y \in \mathfrak{B} | |Y| = n\}$. Dann kann man zeigen, dass

$$\mathfrak{B} = \mathfrak{B}_0 \cup \mathfrak{B}_8 \cup \mathfrak{B}_{12} \cup \mathfrak{B}_{16} \cup \mathfrak{B}_{24}$$

ist. Weiter ist $(\Omega, \mathfrak{B}_8)$ ein Steinersystem $S(5, 8, 24)$.

(d) Sei $S = S(5, 8, 24)$ ein Steinersystem auf Ω und $t \in \Omega$. Dann ist $(M_{24})_t = M_{23}$. Wir betrachten nun $\Omega_t = \Omega \setminus \{t\}$ und betrachten die Blöcke B_t von S, die t enthalten. Dann ist S_t mit der Menge Ω_t und den Blöcken B_t ein $S(4, 7, 23)$-Steinersystem, auf dem M_{23} operiert.
Indem man noch einen Schritt weitergeht, also ein $s \in \Omega_t$ wählt und dann $M_{22} = (M_{23})_s$ setzt, erhält man ein $S(3, 6, 22)$-Steinersystem $S_{s,t}$ auf $\Omega_t \setminus \{s\}$. Die Blöcke sind genau diejenigen des Steinersystems S, die s und t enthalten. Hierauf operiert M_{22}.
Wir zeigen nun $|\operatorname{Aut}(S_{s,t}) : M_{22}| = 2$. Sei dazu B ein Block in $S_{s,t}$. Dann liegt dieser per Konstruktion in genau einem Block Δ von $S = S(5, 8, 24)$. Wie wir im Beweis von Satz 5.2.7 gesehen haben, ist der Stabilisator von Δ in M_{24} eine Erweiterung einer elementar abelschen Gruppe der Ordnung 16 durch A_8. Da M_{22} zwei Punkte in Δ festlässt, ist dann der Stabilisator von Δ in M_{22} eine Erweiterung einer elementar abelschen Gruppe H der Ordnung 16 mit A_6. Nun ist $|\operatorname{Fix}_{S_{s,t}}(H)| = 6$, da $|\operatorname{Fix}_S(H)| = 8$ war. In M_{24} wird auf $\operatorname{Fix}_{S_{s,t}}(H)$ die Gruppe Σ_6 induziert. Diese Gruppe operiert dann auch auf dem Steinersystem $S_{s,t}$, da sie $\{s, t\}$ als Menge invariant lässt. Insbesondere ist $\operatorname{Aut}(S_{s,t}) \cap M_{24} \neq M_{22}$ und $N_{\operatorname{Aut}(S_{s,t})}(H)/H \cong \Sigma_6$. Da M_{22} auf den Blöcken von $S_{s,t}$ transitiv ist, folgt $\operatorname{Aut}(S_{s,t}) = M_{22} \operatorname{Aut}(S_{s,t})_B = M_{22} N_{\operatorname{Aut}(S_{s,t})}(H)$. Das liefert nun

$$|\operatorname{Aut}(S_{s,t}) : M_{22}| = 2.$$

(e) Da wir es im nächsten Abschnitt benötigen, wollen wir nun ein $S(3, 6, 22)$-Steinersystem für M_{22} wie folgt beschreiben:

Sei $\Omega = \{\infty\} \cup \{\langle v \rangle | 0 \neq v \in V(3, 4)\}$. Wir definieren jetzt die Blöcke:
(1) Die Blöcke, die ∞ enthalten, sind $\{\infty\} \cup \{\langle v \rangle | 0 \neq v \in U, \dim U = 2\}$.
(2) Die Blöcke, die ∞ nicht enthalten, beschreiben wir wie folgt:
Wir wählen eine Basis $\{v_1, v_2, v_3\}$ von V und ein α mit $GF(4)^* = \langle \alpha \rangle$ und setzen

$$B = \{\langle v_1 \rangle, \langle v_2 \rangle, \langle v_3 \rangle, \langle v_1 + \alpha v_2 + \alpha^2 v_3 \rangle, \langle v_1 + \alpha^2 v_2 + \alpha v_3 \rangle, \langle v_1 + v_2 + v_3 \rangle\}.$$

Die Blöcke sind nun genau die Bilder B^g von B mit $g \in SL_3(4)$.

Wir zeigen, dass dies ein Steinersystem $S(3,6,22)$ bildet:

Da ein 2-dimensionaler Vektorraum genau fünf 1-dimensionale Unterräume hat, haben alle Blöcke 6 Elemente.
Wir zeigen jetzt, dass je drei Punkte in genau einem Block liegen. Diese seien zunächst ∞, $\langle w_1\rangle$ und $\langle w_2\rangle$. Dann ist $\langle w_1, w_2\rangle = U$ ein 2-dimensionaler Unterraum. Also gibt es genau einen Block vom Typ (1), der diese drei Punkte enthält.
Seien jetzt $\langle w_1\rangle, \langle w_2\rangle, \langle w_3\rangle$ drei verschiedene 1-dimensionale Unterräume. Sind $\langle w_1\rangle, \langle w_2\rangle, \langle w_3\rangle$ in einem 2-dimensionalen Unterraum U enthalten, so liegen sie in einem Block vom ersten Typ.
Bei den Blöcken vom zweiten Typ überzeugt man sich, dass je 3 Elemente V erzeugen. Sei also $V = \langle w_1, w_2, w_3\rangle$. Dann ist $\{w_1, w_2, w_3\}$ eine Basis von V. Somit gibt es ein $g \in GL_3(4)$ mit $v_i^g = w_i$. Sei $h \in GL_3(4)$ mit $v_1^h = t^{-1}v_1$, $v_2^h = v_2$ und $v_3^h = v_3$, wobei $t = \det g$ ist. Dann ist $\langle v_i\rangle^{hg} = \langle w_i\rangle, i = 1,2,3$, und $hg \in SL_3(4)$. Damit ist $\langle w_1\rangle, \langle w_2\rangle, \langle w_3\rangle \in B^{hg}$.

Für eine Anwendung im nächsten Abschnitt beweisen wir das folgende Lemma:

Lemma 5.2.10. *Sei S_1 das Steinersystem aus Bemerkung 5.2.9 (e). In $\mathrm{Aut}(S_1)$ gibt es eine Involution φ, die genau 8 Fixpunkte und 21 Fixblöcke hat.*

Beweis. Wir betrachten $V(3,4)$ als

$$\{(x_1, x_2, x_3) | x_i \in GF(4)\}.$$

Sei φ die Abbildung mit $\varphi : (x_1, x_2, x_3) \to (x_1^2, x_2^2, x_3^2)$ und $\varphi(\infty) = \infty$. Es ist offenbar $\varphi^2 = id$. Da das Quadrieren ein Automorphismus von $GF(4)$ ist, bildet φ die 1-dimensionalen Unterräume von $V(3,4)$ wieder auf 1-dimensionale Unterräume ab. Sei

$$(x_1^2, x_2^2, x_3^2) = (\lambda y_1^2, \lambda y_2^2, \lambda y_3^2) = (\lambda'^2 y_1^2, \lambda'^2 y_2^2, \lambda'^2 y_3^2),$$

so ist $\lambda' y_1 = x_1, \lambda' y_2 = x_2$ und $\lambda' y_3 = x_3$, also $\langle(x_1, x_2, x_3)\rangle = \langle(y_1, y_2, y_3)\rangle$, d. h. φ ist eine Permutation auf der Menge der 1-dimensionalen Unterräume von $V(3,4)$.

Da φ auch 2-dimensionale Unterräume auf 2-dimensionale abbildet, permutiert φ die Blöcke, die $\{\infty\}$ enthalten.

Seien $v_1 = (1,0,0), v_2 = (0,1,0)$ und $v_3 = (0,0,1)$. Dann ist

$$B = \{\langle v_1\rangle, \langle v_2\rangle, \langle v_3\rangle, \langle(1,1,1)\rangle, \langle(1,\alpha,\alpha^2)\rangle, \langle(1,\alpha^2,\alpha)\rangle\}$$

ein Block, der unter φ fest bleibt.

Sei $g \in PSL_3(4), g = (a_{ij})$. Dann ist $g^\varphi = (a_{ij}^2) \in PSL_3(4)$. Also normalisiert φ die Gruppe $PSL_3(4)$. Damit operiert φ auch auf $B^{PSL_3(4)}$ und dann auf der Menge der Blöcke. Es ist klar, dass φ inzidenzerhaltend ist. Somit ist $\varphi \in \mathrm{Aut}(S_1)$.

Wir zeigen, dass φ die gesuchte Abbildung ist. Sei dazu

$$\langle(x_1, x_2, x_3)\rangle = \langle(x_1, x_2, x_3)\rangle^{\varphi} = \langle(x_1^2, x_2^2, x_3^2)\rangle.$$

Wir nehmen zunächst einmal $x_1 \neq 0$ an. Dann können wir sogar $x_1 = 1$ annehmen. Somit ist $\langle(1, x_2, x_3)\rangle = \langle(1, x_2^2, x_3^2)\rangle$. Das liefert nun $x_2^2 = x_2$ und $x_3^2 = x_3$ und dann $x_2, x_3 \in \{0, 1\}$. Entsprechendes gilt für $x_2 \neq 0$ und $x_3 \neq 0$.

Somit sind die $\langle(x_1, x_2, x_3)\rangle \neq \langle(0, 0, 0)\rangle$ mit $x_i \in \{0, 1\}$ und ∞ die Fixpunkte im φ, d. h. φ hat genau 8 Fixpunkte.

Wir bestimmen nun die Fixblöcke von φ. Wir haben zunächst, dass φ auf den Punkten von S_1 genau 7 Zyklen der Länge 2 induziert. Damit hat φ negatives Signum auf den Punkten von S_1. Insbesondere ist $\varphi \notin A_{22}$. Da nach Satz 5.2.6 M_{22} einfach ist, ist $\varphi \notin M_{22}$. Sei nun B ein Fixblock von φ. Dann ist $\mathrm{Aut}(S_1)_B \cap M_{22} \cong HA_6$, da $\mathrm{Aut}(S_1)_B \cong H\Sigma_6$ (siehe Bemerkung 5.2.9 (d)) ist. Da φ nicht in HA_6 ist, induziert φ auf B ein Element aus $\Sigma_6 \setminus A_6$, also ist φ entweder zu (1,2) oder (1,2)(3,4)(5,6) konjugiert. Damit hat φ auf einem Fixblock entweder vier Fixpunkte oder keinen.

Insbesondere enthält jeder Fixblock ein Paar a, b von Punkten mit $\varphi(a) = b$ und $\varphi(b) = a$. Da φ in der Operation auf den Punkten von S_1 genau sieben 2-Zyklen hat, gibt es genau sieben solche Paare. Jedes Paar zusammen mit einem Fixpunkt liefert genau einen Fixblock, der dann wieder vier Fixpunkte von φ enthält. Wir erhalten damit also $7 \cdot 8/4 = 14$ Fixblöcke. Damit haben wir alle Blöcke gezählt, die einen Fixpunkt von φ enthalten.

Wir wollen nun noch die Fixblöcke abzählen, die keine Fixpunkte enthalten. Zu jedem Paar gibt es genau $20/4 = 5$ Blöcke, die dieses Paar enthalten. Hierauf operiert φ. Davon gibt es nach obiger Konstruktion genau zwei, die Fixpunkte enthalten. Auf den drei anderen operiert φ. Also gibt es zunächst zu jedem Paar mindestens einen Fixblock, der keine Fixpunkte enthält. Da aber je zwei Paare den Block, der beide enthält, eindeutig bestimmen, gibt es hiervon höchstens $\binom{7}{2} = 21$ Fixblöcke. In jedem Fixblock liegen aber drei Paare, d. h. wir haben ihn eben dreimal gezählt. Also haben wir höchstens $21/3 = 7$ solche Fixblöcke und mindestens einen. Wir zeigen nun, dass wir hiervon genau sieben haben. Es ist $C_{SL_3(4)}(\varphi)$ die Menge der Matrizen mit Einträgen in $GF(2)$, also isomorph zu $SL_3(2)$. Da $|SL_3(2)| = 2^3 \cdot 3 \cdot 7$ ist, zentralisiert φ ein Element $\nu \in SL_3(4)$ mit $o(\nu) = 7$. Nun operiert ν auf der Menge der Fixblöcke von φ, die keine Fixpunkte enthalten. Sei B ein solcher. Dann hatten wir $|\mathrm{Aut}(S_1)_B| = 2^8 \cdot 3^2 \cdot 5$. Also kann ν keinen Fixblock festlassen. Damit gibt es mindestens sieben solche und dann genau sieben. Insgesamt haben wir 21 Fixblöcke für φ. □

5.3 Die Gruppe HiS

In diesem Abschnitt wollen wir eine sporadische einfache Gruppe konstruieren, die HiS-Gruppe, benannt nach den Entdeckern D. Higman[3] und C. Sims[4].

Sei S ein $S(3,6,22)$-Steinersystem und $H = \mathrm{Aut}(S)$. Wie wir in Bemerkung 5.2.9 (d) gesehen haben, hat H einen zu M_{22} isomorphen Normalteiler vom Index 2.

Wir benutzen die Beschreibung von S aus Bemerkung 5.2.9 (e). Wir wollen die 22 Punkte von S mit Δ bezeichnen, die Blöcke mit Φ. Da je 3 Punkte in genau einem Block liegen, ist die Anzahl der Blöcke gleich

$$\binom{22}{3}\Big/\binom{6}{3} = \frac{22 \cdot 21 \cdot 20}{6 \cdot 5 \cdot 4} = 77.$$

Wir setzen $\Omega = \{\alpha\} \cup \Delta \cup \Phi$. Es ist $|\Omega| = 100$. Auf Ω wollen wir jetzt einen Graphen Γ definieren, dessen Eckenmenge gerade Ω ist.

Wir definieren nun die Kanten. Es wird α mit jeder Ecke in Δ verbunden. Seien $x \in \Delta$ und $B \in \Phi$. Dann wird x mit B verbunden, falls $x \in B$ ist.

Die Anzahl der B mit $x \in B$ ist genau

$$\binom{21}{2}\Big/\binom{5}{2} = \frac{21 \cdot 20}{5 \cdot 4} = 21.$$

Also haben α und x genau 22 Nachbarn.

Sind $B_1, B_2 \in \Phi$, so werden B_1 und B_2 miteinander verbunden, falls $B_1 \cap B_2 = \emptyset$ ist.

Wir wollen die B_2 zählen, die zu B_1 disjunkt sind. Wir betrachten dazu einen Block $B \neq B_1$ mit $B \cap B_1 \neq \emptyset$. Da je drei Punkte in genau einem Block liegen, ist dann $|B \cap B_1| \leq 2$.

Da $\mathrm{Aut}(S)$ transitiv auf der Menge der Blöcke ist, können wir annehmen, dass

$$B = \{\infty\} \cup \{\langle v\rangle \mid v \in U, \dim U = 2\}$$

ist. Da $\mathrm{Aut}(S)$ auf B die Gruppe Σ_6 induziert (siehe Bemerkung 5.2.9 (d)), also transitiv auf B ist, können wir weiter annehmen, dass $\infty \in B_1 \cap B$ ist. Da sich je zwei zweidimensionale Unterräume nicht trivial schneiden, ist dann $|B \cap B_1| = 2$.

---

3 Donald Higman, *20.9.1928 Vancouver; †13.2.2006 Ann Arbor. Professor an der University of Michigan, Ann Arbor. Seine Hauptarbeitsgebiete waren Gruppentheorie, Darstellungstheorie, algebraische Kombinatorik und Geometrie. Er begründete die Theorie der Rang-3-Gruppen. Zusammen mit C. Sims entdeckte er am 3.9.1967 die sporadische Higman-Sims-Gruppe.

4 Charles Sims, *1938. Er war bis 2007 Professor an der Rutgers University, New Brunswick. C. Sims gilt als Pionier der algorithmischen Gruppentheorie. Er bewies mit von ihm entwickelter Software die Existenz einiger einfacher sporadischer Gruppen, der Lyonsgruppe, der O'Nan-Gruppe und des Babymonsters F_2.

In B_1 gibt es 15 2-Mengen. Für jede feste 2-Menge gibt es genau $22 - 6$ viele 3-Mengen, die diese 2-Menge enthalten und nicht in B_1 liegen. Da davon immer vier in dem gleichen Block liegen, gibt es also genau vier Blöcke, die B_1 in der vorgegebenen 2-Menge schneiden. Somit haben wir $15 \cdot 4 = 60$ Blöcke B mit $|B_1 \cap B| = 2$. Damit haben wir $77 - 60 - 1 = 16$ Blöcke B_2 mit $B_2 \cap B_1 = \emptyset$. Also ist B_1 mit 16 Elementen in Φ und 6 Elementen in Δ inzident. Wir haben somit einen Graphen der Valenz 22.

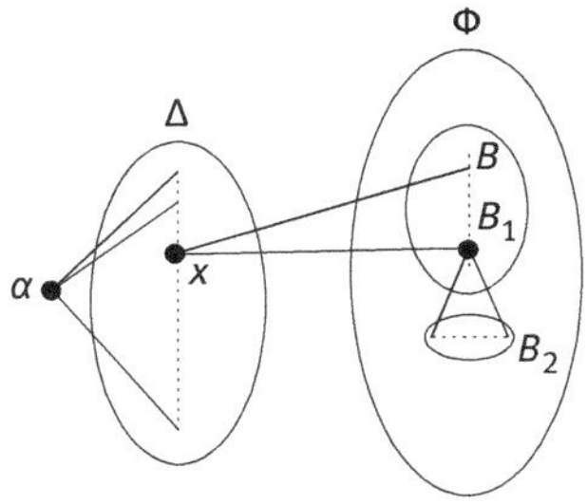

Offenbar operiert $\mathrm{Aut}(S)$ auf Γ und $\mathrm{Aut}(S) \subseteq \mathrm{Aut}(\Gamma)_\alpha$, dem Stabilisator von α.

Umgekehrt operiert $\mathrm{Aut}(\Gamma)_\alpha$ auf Δ und Φ und respektiert die Inzidenz zwischen Δ und Φ. Somit operiert $\mathrm{Aut}(\Gamma)_\alpha$ auf S. Das liefert

$$\mathrm{Aut}(S) = \mathrm{Aut}(\Gamma)_\alpha.$$

Sei $K = (M_{22})_\infty = PSL_3(4)$. Auf $\Delta \setminus \{\infty\}$ operiert K genauso wie auf der Menge der 1-dimensionalen Unterräume des $V(3,4)$, insbesondere ist K transitiv. Auf Φ hat K zwei Bahnen Λ_1 und Λ_2. Dabei ist Λ_1 die Menge der Blöcke, die ∞ enthalten. Es ist $|\Lambda_1| = 21$, also gleich der Anzahl der 2-dimensionalen Unterräume des $V(3,4)$. Die zweite Bahn kommt von Tripeln $\langle v_1\rangle, \langle v_2\rangle, \langle v_3\rangle$, für die $\{v_1, v_2, v_3\}$ eine Basis ist. Per Definition ist K auf der Menge der zugehörigen Blöcke transitiv. Also ist $|\Lambda_2| = 56$.

Wie bei der Konstruktion von S auf Seite 153 wählen wir ein α mit $\langle\alpha\rangle = GF(4)^*$. Das liefert dann den Block $B \in \Lambda_2$ mit

$$B = \{\langle v_1\rangle, \langle v_2\rangle, \langle v_3\rangle, \langle v_1 + v_2 + v_3\rangle, \langle v_1 + \alpha v_2 + \alpha^2 v_3\rangle, \langle v_1 + \alpha^2 v_2 + \alpha v_3\rangle\}.$$

Sei nun weiter

$$x = \begin{pmatrix} \alpha & 0 & 0 \\ 0 & 1 & 0 \\ 0 & 0 & 1 \end{pmatrix} \in GL_3(4).$$

Dann ist $x \notin SL_3(4)$. Es ist

$$\begin{aligned} x(B) &= \{\langle v_1\rangle, \langle v_2\rangle, \langle v_3\rangle, \langle \alpha v_1 + v_2 + v_3\rangle, \langle \alpha v_1 + \alpha v_2 + \alpha^2 v_3\rangle, \langle \alpha v_1 + \alpha^2 v_2 + \alpha v_3\rangle\} \\ &= \{\langle v_1\rangle, \langle v_2\rangle, \langle v_3\rangle, \langle v_1 + \alpha^2 v_2 + \alpha^2 v_3\rangle, \langle v_1 + v_2 + \alpha v_3\rangle, \langle v_1 + \alpha v_2 + v_3\rangle\}. \end{aligned}$$

Da $\langle v_1\rangle, \langle v_2\rangle, \langle v_3\rangle \in x(B)$ sind und es für je drei Punkte nur genau einen Block aus Φ gibt, der diese drei Punkte enthält, ist $x(B) \notin \Lambda_2$.

Wir setzen nun

$$\mathcal{O} = \Lambda_2 \cup x(\Lambda_2) \cup x^2(\Lambda_2).$$

Da K von x normalisiert wird, besitzt K auf $\mathcal{O}$ drei Bahnen der Länge 56.

Wie man sich leicht überlegt, gilt:

$(*)$ $\mathcal{O}$ ist die Menge der Mengen von sechs 1-dimensionalen Unterräumen, so dass je drei $V(3,4)$ erzeugen.

Wir betrachten nun die Dualität, also einen Automorphismus $\tilde{\beta}$, der 1-dimensionale Unterräume auf 2-dimensionale Unterräume abbildet. Hiermit definieren wir eine Operation β auf $\mathcal{O}$:

Sei $B \in \mathcal{O}$. Dann ist $\tilde{\beta}(B) = \{\tilde{\beta}(t) | t \in B\}$ eine Menge von sechs 2-dimensionalen Unterräumen von $V(3,4)$. Je zwei dieser Räume schneiden sich in einem 1-dimensionalen Raum. Da je drei der 1-dimensionalen Unterräume von B den Raum $V(3,4)$ erzeugen, haben per Dualität jeweils drei der 2-dimensionalen Unterräume in $\tilde{\beta}(B)$ den Durchschnitt Null. Damit erhalten wir genau $\binom{6}{2} = 15$ 1-dimensionale Räume, die Durchschnitte von 2-dimensionalen Räumen in $\tilde{\beta}(B)$ sind. Es bleiben also sechs 1-dimensionale Räume $t_1, t_2, \ldots, t_6$ übrig, die keine Durchschnitte sind. Wir setzen

$$\beta(B) = \{t_1, t_2, \ldots, t_6\}.$$

Wir zeigen, dass $\beta(B)$ in $\mathcal{O}$ liegt. Seien dazu $\tilde{\beta}(B) = \{b_1, b_2, \ldots, b_6\}$ und $\langle v \rangle$, $\langle w \rangle$, $\langle u \rangle$ drei verschiedene Elemente in $\beta(B)$. Es ist $\langle v, w \rangle \cap b_i \neq 0$ für alle i. Nun enthält $\langle v, w \rangle$ genau fünf 1-dimensionale Unterräume. Auch jedes b_i enthält genau fünf 1-dimensionale Unterräume.

Ist also $\langle t \rangle \leq b_i$, so ist $\langle t \rangle = b_i \cap b_j$ für ein geeignetes j. Jedes $\langle h \rangle \leq \langle v, w \rangle$ ist höchstens in zwei der b_i enthalten, da der Durchschnitt über drei b_i gleich Null ist. Da $\langle v \rangle$ und $\langle w \rangle$ per Konstruktion in keinem der b_i liegen, sind die restlichen drei 1-dimensionalen Unterräume von $\langle v, w \rangle$ in genau zwei der b_i enthalten, also Durchschnitte. Insbesondere ist $u \notin \langle v, w \rangle$, d. h. $V(3,4) = \langle v, w, u \rangle$. Die anderen Elemente in $\beta(B)$ sind dann von Linearkombinationen der Vektoren v, w, u erzeugte 1-dimensionale Unterräume. Das charakterisiert aber gerade die Elemente aus $\mathcal{O}$. Somit haben wir

$$\beta(B) \in \mathcal{O}.$$

Da $\tilde{\beta}$ die Gruppe K normalisiert, permutiert β die drei Bahnen $\mathcal{O}_1, \mathcal{O}_2, \mathcal{O}_3$ von K auf $\mathcal{O}$. Da $\tilde{\beta}^2 = 1$ ist, muss β eine dieser Bahnen invariant lassen. Indem wir notfalls die Bezeichnungen ändern, also als Startblock $x(B)$ oder $x^2(B)$ wählen, können wir annehmen, dass β die Bahn Λ_2 invariant lässt.

Wir definieren als Nächstes eine Operation von β auf $\Lambda_1 \cup (\Delta \setminus \{\infty\})$. Für jedes $a \in \Delta \setminus \{\infty\}$ setzen wir

$$\beta(a) = \{\infty\} \cup \{\langle t \rangle | \langle t \rangle \leq \tilde{\beta}(a)\}.$$

Ist $B = \{\infty\} \cup \{\langle t \rangle | \langle t \rangle \leq U, \dim U = 2\}$, so setzen wir

$$\beta(B) = \tilde{\beta}(U).$$

Wir definieren zuletzt $\beta(\infty) = \alpha$ und $\beta(\alpha) = \infty$.

Damit ist β eine Permutation von Ω. Wir wollen nun noch zeigen, dass β ein Automorphismus von Γ ist, d. h. die Nachbarschaften erhält.

Es ist ∞ benachbart mit α und offenbar auch $\beta(\infty)$ benachbart mit $\beta(\alpha)$.

Ist $b \in \Delta$, so ist b benachbart mit α. Es ist $\beta(\alpha) = \infty$ und $\beta(b)$ ein Block, der ∞ enthält und zu ∞ benachbart ist.

Sei $B \in \Lambda_1$. Dann ist $\beta(B) \in \Delta \setminus \{\infty\}$, also ist $\beta(\infty)$ benachbart zu $\beta(B)$.

Für $a \in \Delta \setminus \{\infty\}$ betrachten wir nun die benachbarten Blöcke. Wir wählen zunächst einen Block $B \in \Lambda_1$ mit $a \in B$. Dann sind $\beta(a) = \{\infty\} \cup \{\langle t\rangle \mid \langle t\rangle \le \tilde{\beta}(a)\}$ und $B = \{\infty\} \cup \{\langle t\rangle \le U, \dim U = 2\}$. Insbesondere ist $a \le U$. Somit ist $\tilde{\beta}(U) \le \tilde{\beta}(a)$. Da $\beta(B) = \tilde{\beta}(U)$ ist, ist also $\beta(a)$ mit $\beta(B)$ benachbart.

Sei jetzt $B \in \Lambda_2$ mit $a \in B$. Hieraus folgt $\tilde{\beta}(a) \in \tilde{\beta}(B)$, was $\beta(a) \cap \beta(B) = \emptyset$ liefert. Damit ist $\beta(a)$ benachbart mit $\beta(B)$.

Seien $B \in \Lambda_1$ und $\tilde{B} \in \Lambda_2$ mit $B \cap \tilde{B} = \emptyset$. Dann ist $\beta(B) \in \Delta \setminus \{\infty\}$ ein 1-dimensionaler Unterraum, der in keinem 2-dimensionalen Unterraum von $\tilde{\beta}(\tilde{B})$ liegt. Dies sind aber gerade die Punkte von $\beta(\tilde{B})$, also sind $\beta(B)$ und $\beta(\tilde{B})$ benachbart.

Wir zeigen schließlich, dass $\beta(B) \cap \beta(\tilde{B}) = \emptyset$ für B und $\tilde{B}$ in Λ_2 mit $B \cap \tilde{B} = \emptyset$ ist. Jeder 1-dimensionale Unterraum x, der in einem 2-dimensionalen Unterraum U von $\tilde{\beta}(\tilde{B})$ liegt und in einem 2-dimensionalen W von $\tilde{\beta}(B)$, kommt in genau zwei solchen Teilräumen W vor. Da es nur sechs Elemente in $\tilde{\beta}(B)$ gibt und der Durchschnitt von je dreien davon gleich Null ist, kommen genau zwei 1-dimensionale Unterräume von U in keinem Raum von $\tilde{\beta}(B)$ vor. Das liefert zwölf solche 1-dimensionale Unterräume. Da jeder dieser Unterräume in genau zwei Unterräumen von $\tilde{\beta}(\tilde{B})$ liegt, erhalten wir genau sechs 1-dimensionale Unterräume dieser Art. Die 1-dimensionalen Unterräume, die in keinem Unterraum von $\tilde{\beta}(B)$ liegen, bilden aber gerade $\beta(B)$, also liegen diese alle in den Durchschnitten der Räume aus $\tilde{\beta}(\tilde{B})$, was

$$\beta(B) \cap \beta(\tilde{B}) = \emptyset$$

liefert. Somit sind auch $\beta(B)$ und $\beta(\tilde{B})$ benachbart. Dies zeigt $\beta \in \mathrm{Aut}(\Gamma)$.

Lemma 5.3.1. *Wir setzen $G = \langle H, \beta\rangle \le \mathrm{Aut}(\Gamma)$. Dann ist $|G| = 2^{10} \cdot 3^2 \cdot 5^3 \cdot 7 \cdot 11$ mit $G_\alpha = \mathrm{Aut}(S)$.*

Beweis. Wie wir gesehen haben, ist $\mathrm{Aut}(S) \le G_\alpha \le \mathrm{Aut}(\Gamma)_\alpha = \mathrm{Aut}(S)$. Also ist $\mathrm{Aut}(S) = G_\alpha$. Da offenbar G transitiv auf der Eckenmenge von Γ operiert, ist

$$|G| = 100 \cdot |\mathrm{Aut}(S)| = 2^{10} \cdot 3^2 \cdot 5^3 \cdot 7 \cdot 11. \qquad \square$$

Satz 5.3.2. *Sei $G = \langle H, \beta\rangle \le \mathrm{Aut}(\Gamma)$. Dann hat G eine Untergruppe $\tilde{G}$ vom Index 2. Es ist $\tilde{G}$ einfach und $\tilde{G}_\alpha \cong M_{22}$.*

Beweis. Nach Lemma 5.2.10 gibt es in $\mathrm{Aut}(S)$ eine Involution φ, die auf der Eckenmenge von Γ genau 30 Fixpunkte hat, also aus 35 Transpositionen besteht. Damit ist $\varphi \notin A_{100}$. Es ist also $\tilde{G} = G \cap A_{100}$ von Index zwei in G und $\mathrm{Aut}(S) \cap \tilde{G} \cong M_{22}$.

Wir zeigen nun, dass $\tilde{G}$ einfach ist. Sei dazu $1 \ne N$ ein Normalteiler von $\tilde{G}$. Nach Satz 5.2.6 ist M_{22} eine einfache Gruppe. Also ist $N \cap \tilde{G}_\alpha = 1$ oder $\tilde{G}_\alpha \le N$.

Da $\tilde{G}$ transitiv ist, ist $\tilde{G}_\alpha \neq N$. Also gilt für $U = \tilde{G}_\alpha N$, dass $\tilde{G}_\alpha$ echt in U enthalten ist. Das liefert $|\alpha^U| > 1$. Da G_α Bahnen der Länge 1, 22 und 77 hat, erhalten wir $|\alpha^U| = 23, 78$ oder 100. Andererseits ist $|U : \tilde{G}_\alpha|$ ein Teiler von $|\tilde{G} : \tilde{G}_\alpha| = 100$. Das liefert, dass U transitiv ist. Ist also $\tilde{G}_\alpha \leq N$, so ist $N = U = \tilde{G}$. Ist $\tilde{G}_\alpha \cap N = 1$, so ist $U = \tilde{G}$ und $|N| = 100$.

Wir haben damit gezeigt:

$$\text{Ist } N \text{ normal in } \tilde{G} \text{ und } 1 \neq N \neq \tilde{G}, \text{ so ist } |N| = 100. \qquad (*)$$

Sei nun $N \neq G$ und sei S eine Sylow-5-Untergruppe von N. Mit dem Frattini-Argument (Lemma 1.1.26) erhalten wir $\tilde{G} = N_{\tilde{G}}(S)N$. Nach dem Satz von Sylow und $(*)$ ist aber S normal in N. Das liefert, dass S normal in G ist, was $(*)$ widerspricht, da $25 \neq 100$ ist. □

Bemerkung 5.3.3. Die Gruppe $\tilde{G}$ aus Satz 5.3.2 nennt man nach ihren Entdeckern die Higman-Sims-Gruppe.

Da G_α drei Bahnen auf Ω hat, ist diese im Sinne der Definition 1.1.35 eine Rang-drei-Gruppe. Mit ähnlichen Methoden wurden weitere Rang-drei-Gruppen konstruiert (zur Notation siehe Abschn. 5.4.), z. B.:

McL (McLaughlin): $G_\alpha \cong PSU_4(3)$, die Bahnen haben die Längen 1, 112, 162.
Suz (Suzuki): $G_\alpha \cong G_2(4)$, die Bahnen haben die Längen 1, 416, 1365.
Rud (Rudvalis): $G_\alpha \cong {}^2F_4(2)$, die Bahnen haben die Längen 1, 1755, 2304.
J_2 (Janko): $G_\alpha \cong U_3(3)$, die Bahnen haben die Längen 1, 36, 63.

Auf die letzte Gruppe werden wir im nächsten Abschnitt noch einmal zurück kommen.

5.4 Die Chevalley- und Steinberg-Gruppen

Die in diesem Abschnitt behandelten Gruppen kann man nur in einem größeren Gesamtzusammenhang wirklich verstehen. Dies würde aber den Rahmen des Buches sprengen. Wir wollen uns deshalb auf das Wesentlichste beschränken.

Ende des 19. Jahrhunderts bestimmten Cartan [15] und Killing[5] [45] alle einfachen Lie-Algebren über $\mathbb{C}$. Diese sind vier unendliche Serien A_n, B_n, C_n, D_n und 5 Ausnahmealgebren G_2, F_4, E_6, E_7, E_8 von den Dimensionen 14, 52, 78, 123 und 244.

5 Wilhelm Killing, *10.5.1847 Burbach; †11.2.1923 Münster. Von 1873 bis 1892 war Killing Mathematiklehrer an verschiedenen Gymnasien in Berlin, Brilon und Braunsberg. Während dieser Zeit verfasste er bereits mathematische Arbeiten. Killing wurde 1892 Professor für Mathematik an der Universität Münster, deren Rektor er 1897/98 war. Killing arbeitete auf dem Gebiet der Lie-Algebren. Die Notation der Wurzelsysteme geht auf ihn zurück. Mit der Klassifikation der halbeinfachen Lie-Algebren gelang ihm die Lösung des ersten großen algebraischen Klassifikationsproblems. Dabei entdeckte er auch die Ausnahmealgebren. Seine Klassifikation wurde später von E. Cartan vereinfacht, ergänzt und erweitert, z. B. um die konkrete Darstellung der Ausnahmegruppen.

Jeder dieser Algebren lässt sich eine sogenannte analytische Gruppe zuordnen, also z. B.:

$$A_n \to PGL_{n+1}(\mathbb{C}), B_n \to PO_{2n+1}(\mathbb{C}), C_n \to PSp_{2n}(\mathbb{C}), D_n \to PO_{2n}^+(\mathbb{C}).$$

L. Dickson zeigte 1901 und 1905 [19], [21], dass man ein Analogon zu $G_2(\mathbb{C})$ über jedem Körper definieren kann. Dabei geht er von dem Analogon $PO_{2n+1}(k)$ zu $PO_{2n+1}(\mathbb{C})$ aus. E. Cartan[6] hatte gezeigt, dass G_2 in B_3 enthalten ist. Dies nutzte Dickson aus, um eine Gruppe von 7×7 -Matrizen zu definieren, die in $PO_7(k)$ enthalten ist. Dies wollen wir jetzt beschreiben.

Seien $k = GF(q)$, $V = V(7, q)$ und $v = (x_{-3}, x_{-2}, x_{-1}, x_0, x_1, x_2, x_3) \in V$. Weiter sei f die folgende quadratische Form auf V:

$$f(v) = x_0^2 + x_1x_{-1} + x_2x_{-2} + x_3x_{-3}.$$

Es sei $G_2(q)$ die Menge aller Matrizen X, die f invariant lassen, Determinante 1 haben und die folgenden Formen invariant lassen:

$$x_0y_i - x_iy_0 + x_{-i'}y_{-i''} - x_{i''}y_{-i'} = 0,$$

wobei $(x_{-3}, x_{-2}, x_{-1}, x_0, x_1, x_2, x_3)$ und $(y_{-3}, y_{-2}, y_{-1}, y_0, y_1, y_2, y_3)$ in V sind, und (i, i', i'') eine gerade Permutation von $\{1, 2, 3\}$ bzw. $\{-1, -2, -3\}$ ist.

Dickson zeigte, dass diese außer für $q = 2$ einfache Gruppen sind. Für $q = 2$ ist $G_2(2)'$ eine Untergruppe vom Index zwei in $G_2(2)$. Es ist $G_2(2)' \cong PSU_3(3)$, also ist $G_2(2)'$ zu einer bereits bekannten einfachen Gruppe isomorph.

Dickson schrieb 1901 und 1908 zwei Arbeiten über eine Gruppe, die von 78 Parametern abhängt ($\dim_{\mathbb{C}} E_6 = 78$). Siehe hierzu [20]. Er konstruiert hier auch eine 27-dimensionale Darstellung dieser Gruppe. Allerdings bestimmt er im Wesentlichen nur die Ordnung und eine Permutationsdarstellung. Dies sind die Gruppen, die wir heute mit $E_6(q)$ bezeichnen würden.

Somit waren also 1910 die alternierenden Gruppen, die klassischen Gruppen, die Mathieu-Gruppen und die Dickson-Gruppen $G_2(q)$ und $E_6(q)$ bekannt. In der Entwicklung der Theorie der einfachen Gruppen kam es dann bis ca. 1950 zu einem Stillstand.

In der Mitte der 30er-Jahre kam es vorübergehend zu einer starken Verschmelzung von endlicher Gruppentheorie (also der klassischen Permutationsgruppentheorie) und der Theorie der unendlichen Gruppen. Dadurch traten andere Fragestellungen in den Vordergrund. So gibt es aus dieser Zeit viele Arbeiten, die Erzeugende und

---

6 Élie Joseph Cartan, *9.4.1869 Dolomieu; †6.5.1951 Paris. Professor in Nancy und ab 1912 an der Sorbonne in Paris. Sein Hauptarbeitsgebiet war die Theorie der Lie-Gruppen und Lie-Algebren. Er führte das Konzept einer algebraischen Gruppe ein. Darüber hinaus leistete er wichtige Beiträge zu partiellen Differentialgleichungen und Differentialformen.

Relationen für die bekannten Gruppen angeben und diese dann auch dadurch kennzeichnen. Diese Arbeiten wurde später Basis für die Entwicklung der ersten Computeralgebra-Systeme im Bereich der Gruppentheorie.

Ein weiteres wichtiges Gebiet, das sich aus der Theorie der Permutationsgruppen entwickelte, war die Darstellungstheorie (klassisch) und nach 1940 durch R. Brauer die sogenannte modulare Darstellungstheorie.

Aber auch die Theorie der Darstellung endlicher Gruppen auf endlichen Geometrien war ein sehr wichtiger Bestandteil der Gruppentheorie. So ist z. B. ca. 1/3 des Buches von Carmichael [14] von 1937 den endlichen Geometrien gewidmet. Auch der Wittsche Satz über die Mathieu-Gruppen stammt aus dieser Zeit. Selbst das Gruppentheoriebuch von M. Hall [33] aus dem Jahre 1959 enthält einige Kapitel über projektive Ebenen.

Schließlich gab es Nichteinfachheitsbeweise für Gruppen, deren Ordnung einen gewissen Typ hat (z. B. pqr, p, q, r Primzahlen). Wesentlich neue Impulse erhielt die Theorie der einfachen Gruppen erst in den 50er-Jahren des 20. Jahrhunderts. Es waren zwei wichtige Ereignisse, die den Grundstein für die heutige Klassifikation legten und auf die wir jetzt kurz eingehen wollen.

C. Chevalley[7] entdeckte 1955 [16], dass man genauso, wie Cartan aus den Lie-Algebren Gruppen über $\mathbb{C}$ konstruiert hatte, dieses Verfahren für beliebige algebraisch abgeschlossene Körper k anwenden kann und somit zu Gruppen $G(k)$ kommt. Chevalley entdeckte, dass die zugehörigen Lie-Algebren eine ganz spezielle Basis haben (heute wird diese Chevalley-Basis genannt), so dass die Strukturkonstanten, also die Koeffizienten der Basisdarstellungen der Produkte der Basisvektoren, ganzzahlig sind. Dies erlaubt es dann, die Konstruktion von Cartan über beliebigem algebraisch abgeschlossenem Körper vorzunehmen.

Es ist klar, dass $GL_n(\mathbb{R})$ in $GL_n(\mathbb{C})$ enthalten ist. Man erhält diese Inklusion, indem man den Koeffizientenbereich einschränkt. Macht man dasselbe bei den Gruppen $G(k)$, so erhält man Gruppen $G(q)$ über dem Körper mit q Elementen. Ausgenommen die schon seit Dickson bekannten Fälle, sind die Gruppen $G(q)'/Z(G(q))$ stets einfach.

Das liefert die sogenannte Chevalley-Gruppen:

$$A_n(q), B_n(q), C_n(q), D_n(q), G_2(q), F_4(q), E_6(q), E_7(q) \text{ und } E_8(q),$$

wobei die Bezeichnung die zugehörige Lie-Algebra beschreibt.

---

7 Claude Chevalley, *11.2. 1909 Johannesburg; †28.6. 1984 Paris. Chevalley war 1934 einer der Begründer des Bourbaki-Kreises. Er ging 1938 an das Institute for Advanced Studies in Princeton, wo er während des Krieges blieb. Von 1949 bis 1957 war er Professor an der Columbia University in New York. Er wurde 1957 Professor an der Universität Paris VII. Einen Lehrstuhl an der Sorbonne konnte er nicht erhalten, da er mittlerweile amerikanischer Staatsbürger war. Er leistete wichtige Beiträge zur Algebra, algebraischen Geometrie und Zahlentheorie. Er algebraisierte durch die Einführung der Adele die Klassenkörpertheorie.

Dabei haben wir Isomorphismen zu bereits bekannten Gruppen:

$$A_n(q) \cong PSL_{n-1}(q), B_n(q) \cong PSO_{2n+1}(q),$$
$$C_n(q) \cong PSp_{2n}(q), \; D_n(q) \cong PSO^+_{2n}(q).$$

Nun kommt hierbei die klassische unitäre Gruppe nicht vor. Wir betrachten das Verfahren, wie man von $GL_n(\mathbb{C})$ zu $GU_n(\mathbb{C})$ kommt. Da haben wir zunächst den Körperautomorphismus α von $\mathbb{C}$, nämlich die komplexe Konjugation. Diesen können wir zu einem Automorphismus von $GL_n(\mathbb{C})$, fortsetzen, indem wir einfach die Einträge in den Matrizen durch das konjugiert Komplexe ersetzen. Das Bilden der Transponierten ist bekanntlich kein Automorphismus, sondern ein Antiautomorphismus. Das Gleiche gilt für das Bilden der Inversen. Führt man aber beides hintereinander aus, so erhält man einen Automorphismus τ von $GL_n(\mathbb{C})$. Die unitären Matrizen sind nun genau die Matrizen $A = (a_{ij})$ mit $A = (\overline{a_{ji}})^{-1}$, also die Fixpunkte unter dem Automorphismus $\mu = \alpha\tau$.

R. Steinberg zeigte 1959 [58] mit Methoden der algebraischen Gruppentheorie, dass man ein ähnliches Verfahren auf die Gruppen $A_n(q^2)$, $D_n(q^2)$, $E_6(q^2)$ und $D_4(q^3)$ anwenden kann. Das liefert die Gruppen ${}^2A_n(q)$, ${}^2D_n(q)$, ${}^2E_6(q)$ und ${}^3D_4(q)$. Hierbei sind ${}^2D_n(q) \cong PSO^-_{2n}(q)$ und $PGU_n(q^2) \cong {}^2A_{n-1}(q)$.

Unabhängig davon hat J. Tits[8] [70] das gleiche Resultat im Rahmen der Klassifikation der sphärischen Gebäude vom Rang mindestens drei mit Methoden der Geometrie erhalten.

Wir wollen die Idee, die dahinter steckt, kurz beschreiben. Dazu müssen wir noch einmal zu Chevalley zurückkehren. Die wesentliche Feststellung bei Chevalley war die, dass sich die meisten Argumente bei Cartan und Killing schon in $\mathbb{Z}$ abspielten. So wird z. B. jeder einfachen Lie-Algebra ein $\mathbb{Z}$-Gitter Γ zugeordnet, das sich in einen euklidischen $\mathbb{R}$-Vektorraum V einbetten lässt.

---

8 Jacques Tits, *12.8 1930 Uccle, Belgien. J. Tits war 1956 bis 1962 Assistent und dann von 1962 bis 1964 Professor an der Université Libre de Bruxelles, danach war er bis 1974 Professor an der Universität Bonn. Bis zu seiner Emeritierung 2000 war er dann Professor am Collège de France in Paris. Danach war er der erste Vallée-Poussin-Gastprofessor an der Universität Löwen. Tits arbeitet auf dem Gebiet der algebraischen Gruppen. Er entwickelte die Theorie der Gebäude, kombinatorische Strukturen, die die Idee der projektiven Geometrie verallgemeinern. Tits untersuchte diese ursprünglich, um Verallgemeinerungen von einfachen Lie-Gruppen über beliebigen Körpern zu untersuchen. Gebäude haben Anwendungen in algebraischer Geometrie und Zahlentheorie. Tits klassifizierte irreduzible sphärische Gebäude vom Rang größer oder gleich 3. Damit wurde die Theorie der Chevalley-Steinberg-Gruppen auf ein geometrisches Fundament gestellt. Durch neuere Arbeiten zu sogenannten Zwillingsgebäuden ergeben sich Beziehungen zu Kac-Mood-Gruppen. Die einfache Gruppe ${}^2F_4(2)'$ ist nach ihm benannt. J. Tits hat für sein mathematisches Werk viele Auszeichnungen erhalten, unter anderem den Wolf-Preis und die Georg-Cantor-Medaille der DMV. Er erhielt 2008 den Abel-Preis und 2009 das Große Bundesverdienstkreuz.

Seien $\{p_1, \ldots, p_n\}$ eine Basis von Γ und $(\,,\,)$ das Standardskalarprodukt in V. Wir definieren jetzt

$$n_{ij} = \frac{2(p_i, p_j)}{(p_i, p_i)} \cdot \frac{2(p_j, p_i)}{(p_j, p_j)} = 4\cos^2 \Theta_{ij},$$

wobei Θ_{ij} der Winkel zwischen p_i und p_j ist. Chevalley konnte dann zeigen, dass

$$n_{ij} \in \{0, 1, 2, 3\}$$

ist.

Wir ordnen nun jeder Algebra ein Diagramm zu, das sogenannte Dynkin[9]-Diagramm.

Die Ecken sind die Elemente $p_1, \ldots, p_n$ und p_i wird mit p_j genau n_{ij}-fach verbunden. Das liefert die folgenden Diagramme:

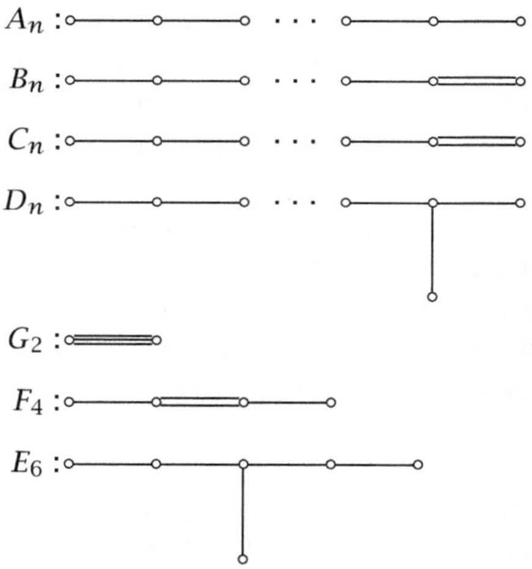

9 Eugene B. Dynkin, *11.5. 1924 Leningrad. Jüdischer Abstammung und politisch belastet, konnte Dynkin nur unter großen Problemen studieren. Ohne seinen Förderer Komolgorow wäre dies nicht möglich gewesen. Erst nach dem Tod Stalins und der Fürsprache Komolgorows erhielt er 1953 einen Lehrstuhl. 1968 wurde er gezwungen, an das Institut für Ökonomie und Mathematik der Russischen Akademie der Wissenschaften zu wechseln. Aufgrund starken politischen Drucks emigrierte er 1976 in die USA und ist dort Professor an der Cornell Universität. In den 40er-Jahren arbeitete Dynkin auf dem Gebiet der Lie-Gruppen, für die er die Dynkin-Diagramme entwickelte. Unter dem Einfluss von Komolgorow wechselte er zur Wahrscheinlichkeitstheorie, wo er sich den Markov-Ketten zuwandte. In der Maßtheorie sind die Dynkin-Systeme bekannt.

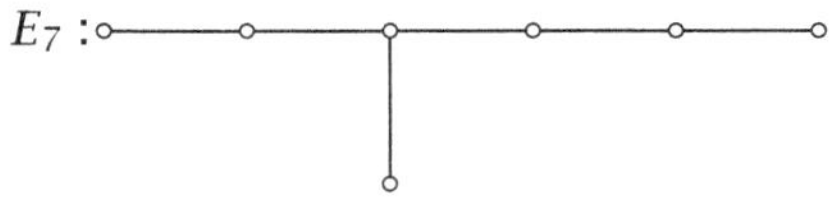

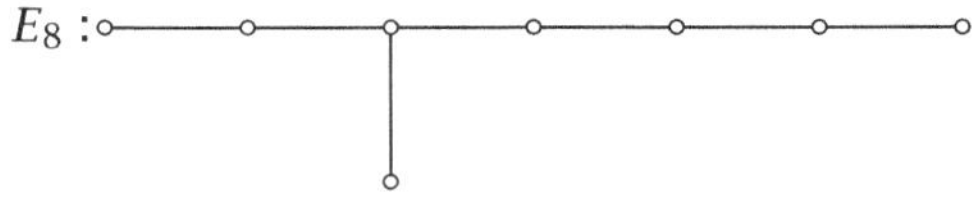

Betrachten wir das Diagram vom Typ A_n. Dann kann man nachrechnen, dass τ hierauf einen Automorphismus induziert, der einer Spiegelung an der Mitte des Diagrams entspricht. Betrachten wir nun erst einmal Diagramme, die nur einfache Verbindun-

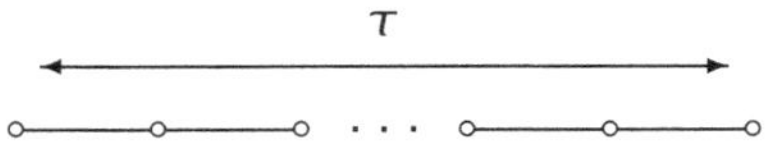

gen haben. Dann haben alle p_i die gleiche Länge $\sqrt{(p_1, p_1)}$. Somit induziert jede Permutation der p_i, die das Diagramm invariant lässt, einen Automorphismus auf der zugehörigen Gruppe.

Sei α der Körperautomorphismus von $GF(q^2)$

$$\alpha : x \to x^q$$

und τ die oben angegebene Permutation, so ist der Automorphismus $\alpha\tau$ in der Tat der, dessen Fixpunkte die unitären Matritzen über $GF(q^2)$ sind.

Aber auch die folgenden Diagramme haben eine solche Symmetrie:

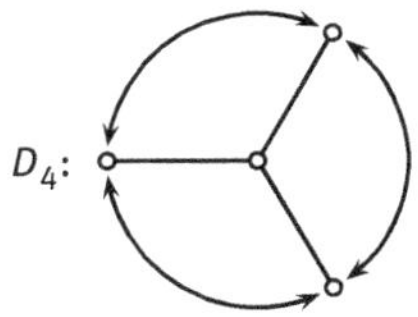

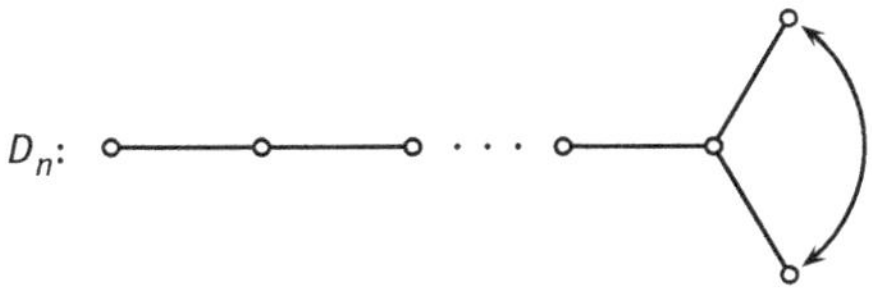

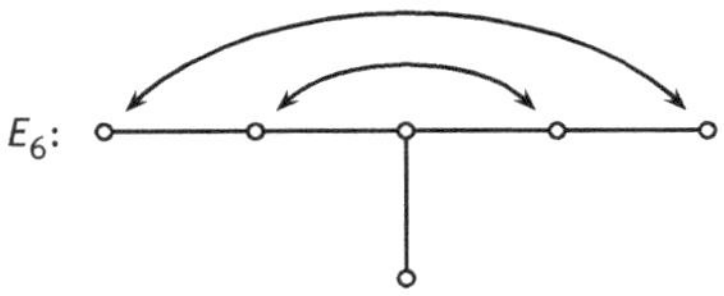

Dann ist $\mu = \alpha\tau$ der Automorphismus, der zu ${}^3D_4(q), {}^2D_n(q), {}^2E_6(q)$ führt. Diese Gruppen nennt man die Steinberg-[10]Gruppen.

Solche Permutationen τ kann es also höchstens für symmetrische Diagramme geben. Aber auch die Diagramme

B_2 :  , C_2 :  , G_2 :  und F_4 :

sind symmetrisch. Allerdings kann man eine Permutation nicht einfach auf die p_i fortsetzen, da das p_i links von der Doppelbindung $\sqrt{2}$-mal so lang ist wie das rechts bzw. bei G_2 sogar $\sqrt{3}$-mal so lang. Da aber τ die Längen invariant lassen muss, kann man τ nicht fortsetzen.

Damit kennen wir alle einfachen Gruppen, die 1959 bekannt waren. Die Vermutung war, dass dies alle sind.

Das zweite wichtige Ereignis war ein Vortrag 1954 von R. Brauer auf dem Mathematikerkongress in Amsterdam. Er ging von der folgenden Fragestellung aus: Sei G eine endliche Gruppe und sei $|G|$ gerade. Dann enthält G offensichtlich Involutionen. R. Brauer glaubte an die Richtigkeit der Burnsideschen Vermutung, dass jede nicht abelsche einfache Gruppe gerade Ordnung hat. Also muss ein Zusammenhang zwischen der Einfachheit der Gruppe und den Involutionen bestehen.

Brauer bewies, was wir als Korollar 4.1.4 bereits gesehen haben:

Es gibt nur endlich viele einfache Gruppen G, die eine Involution j enthalten, so dass $C_G(j)$ zu einer gegebenen Gruppe isomorph ist.

Es stellt sich nun die Frage, ob man in der Lage ist, bei gegebenem Zentralisator diese Gruppen zu bestimmen. R. Brauer zeigte [12], dass M_{11} und $PSL_3(3)$ durch den Zentralisator $C_G(i) \cong GL_2(3)$ einer Involution i bestimmt sind. Damit war die Idee geboren, nach der im Prinzip die Klassifikation der endlichen einfachen Gruppen durchgeführt wurde. In den folgenden Jahren gab es im Wesentlichen zwei Richtungen:

(1) Es wurden Sätze bewiesen, die zeigten, dass gewisse Gruppen ungerader Ordnung nicht einfach sind. Diese Richtung wurde 1963 mit der berühmten Arbeit von W. Feit und J. Thompson (siehe [22]) abgeschlossen, die zeigten, dass Gruppen ungerader Ordnung auflösbar sind.

(2) Es wurden Klassifikationssätze bewiesen, die Gruppen durch Zentralisatoren von Involutionen kennzeichneten.

---

10 Robert Steinberg, *25.5 1922 Soroki, Rumänien. Steinberg war bis 1992 Professor an der University of California, Los Angeles. Er leistete wesentliche Beiträge zur Gruppentheorie, insbesondere zur Theorie der algebraischen Gruppen.

Hier war zunächst M. Suzuki[11] besonders aktiv. Um 1960 versuchte er alle einfachen Gruppen zu kennzeichnen, in denen die Zentralisatoren von Involutionen 2-Gruppen sind. Dies ist unter anderem in $PSL_2(2^n)$ richtig. Aber beim Beweis kam er an eine Stelle, wo es plötzlich keine Widersprüche gab. Er vermutete, dass es eine neue Serie von einfachen Gruppen geben muss.

In der Tat konnte er eine unendliche Serie einfacher Gruppe von 4×4-Matrizen über $GF(2^n)$, n ungerade, angeben, die die gewünschten Eigenschaften hatten (siehe [61]). Diese Gruppen heißen heute Suzukigruppen oder $Sz(q)$ und haben die Ordnung $q^2(q-1)(q^2+1)$.

Diese Gruppen haben noch eine bemerkenswerte Eigenschaft. Offensichtlich ist immer 3 ein Teiler von q^2-1, $q=2^n$. Also ist 3 kein Teiler von q^2+1. Da $q=2^n$ mit n ungerade ist, ist 3 kein Teiler von $q-1$. Also wird $|Sz(q)|$ nicht von 3 geteilt. Wir wissen, dass nicht abelsche einfache Gruppen immer eine durch 2 teilbare Ordnung haben. Ein analoges Resultat für die Primzahl 3 kann es nicht geben, wie die Existenz dieser Gruppen zeigt. Allerdings konnte J. Thompson in [69] zeigen, dass $Sz(q)$ die einzigen nicht abelschen einfachen Gruppen mit dieser Eigenschaft sind.

Suzuki benutzte zu seiner Konstruktion einen Automorphismus Θ von $GF(q)$ mit $\Theta^2 = 2$, den es nur für $q=2^n$, n ungerade, gibt. Zur gleichen Zeit stellte R. Ree fest, dass die Permutation τ des Diagramms von B_2, die p_1 und p_2 vertauscht,

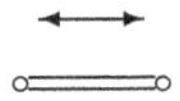

zwar kein Automorphismus ist, aber $\mu = \tau\Theta$ ein Automorphismus von $B_2(q)$ ist. Die Fixpunktgruppe von μ ist $Sz(q)$, nun auch ${}^2B_2(q)$ genannt. R. Ree erkannte, dass man das gleiche Spiel mit F_4 und G_2 [53], [54] machen konnte, wobei $\Theta^2 = 2$ bzw. $\Theta^2 = 3$ ist. Das lieferte die sogenannten Ree-Gruppen ${}^2F_4(2^{2n+1})$ und ${}^2G_2(3^{2n+1})$.

Die Gruppen $Sz(q), q \geq 8$, ${}^2F_4(q)$, $q \geq 8$ und ${}^2G_2(3^{2n+1})$, $n \geq 1$, sind einfach. Die Gruppe ${}^2F_4(2)$ ist nicht einfach. Aber ${}^2F_4(2)'$ ist eine einfache Untergruppe vom Index zwei in ${}^2F_4(2)$. Genauso ist die Gruppe ${}^2G_2(3)'$ eine einfache Untergruppe vom Index 3 in ${}^2G_2(3)$. Sie ist zu der bereits bekannten Gruppe $L_2(8)$ isomorph.

Die hier beschriebenen Gruppen nennt man Gruppen vom Lie-Typ. Es lässt sich nun zeigen, dass man mit diesen Methoden keine weiteren einfachen Gruppen finden kann. Somit herrschte einige Zeit die Meinung, dass man alle endlichen einfachen Gruppen kennt, man müsse es nur noch beweisen. Dies wurde auch durch den monumentalen Beweis (250 Seiten) des Satzes von Feit-Thompson unterstützt, der eine neue Dimension in die Gestalt von Beweisen in der Gruppentheorie einbrachte.

---

11 Michio Suzuki, *2.10. 1926 Chiba, Japan; †31.5. 1998 Mitaka, Japan. Von 1953 bis zu seinem Tod war er Professor an der University of Illinois at Urbana. Er lieferte wichtige Beiträge zur Theorie der endlichen Gruppen und war der erste, der systematisch versuchte, die Burnside-Vermutung, dass nicht abelsche einfache Gruppen gerade Ordnung haben, zu beweisen.

Die bekannten einfachen Gruppen waren also (siehe nachfolgende Tabelle) 1961 die alternierenden Gruppen A_n, $n \geq 5$, die Gruppen vom Lie-Typ und die fünf Mathieu-Gruppen. Man musste die Vollständigkeit der Liste nur noch beweisen. Das Hilfsmittel dafür war durch R. Brauer gegeben. Die Strategie war, die endlichen einfachen Gruppen durch die Vorgabe des Zentralisators einer jeweiligen Involution zu kennzeichnen. Im Prinzip ist dies die Strategie geblieben, mit der die endlichen einfachen Gruppen letztendlich auch klassifiziert wurden.

Aufbauend auf die Resultate von Brauer versuchte J. Thompson die Ree-Gruppen ${}^2G_2(3^{2n+1})$ zu kennzeichnen. Dazu musste man den Zentralisator einer Involution betrachten und zunächst einmal zeigen, dass dieser so aussehen muss wie in ${}^2G_2(q)$. Der Zentralisator ist ein direktes Produkt einer Gruppe der Ordnung zwei mit $L_2(q)$, wobei noch beachtet werden muss, dass die Sylow-2-Untergruppe die Ordnung 8 hat, was $q \equiv 3, 5 \pmod 8$ liefert.

Da die Ree-Gruppen nur für 3-Potenzen q existieren, lag es nahe, zu versuchen, den folgenden Satz zu beweisen:

„Satz“ 5.4.1. *Ist G eine einfache Gruppe, die eine Involution t besitzt, für die $C_G(t)$ zu einer Gruppe $\langle t\rangle \times L_2(q)$ für ein q mit $q \equiv 3, 5 \pmod 8$ isomorph ist, so ist $q = 3^{2n+1}$.*

Dieser Satz konnte so aber nicht bewiesen werden. Es gibt nämlich noch die Möglichkeit $q = 5$. Dies entdeckte Z. Janko (1965), was dann zu der Gruppe J_1 führte [42], der ersten sporadischen einfachen Gruppe seit Mathieu (1873). Allerdings war noch immer die Meinung vorherrschend, dass ähnlich wie bei den Suzuki-Gruppen auch hier nur ein Weg gefunden werden musste, um diese Gruppe, und dann natürlich auch eine ganze Serie, von den Gruppen vom Lie-Typ ausgehend zu konstruieren. In dem Gruppentheorie Buch von D. Gorenstein (1968)[31] finden wir die Gruppe als $J(11)$, was signalisiert, dass sie über $GF(11)$ konstruiert wurde, es aber ähnliche Gruppen über anderen Körpern geben könnte. In der Tat konstruierte Z. Janko[12] seine Gruppe als Gruppe von 7×7-Matrizen über $GF(11)$. Die Gruppe ist eine Untergruppe von $G_2(11)$. Wenn man bedenkt, dass Dickson schon 1901 die Gruppe $G_2(11)$ kannte, so kann man nur spekulieren, welche Entwicklung die Gruppentheorie genommen hätte, hätte Dickson die Untergruppenstruktur von $G_2(q)$ untersucht. Hätte er J_1 gefunden?

---

12 Zvonimir Janko, *26.7.1932 Bjelovar, Kroatien. Er studierte in Zagreb und wurde zunächst Gymnasiallehrer, dann promovierte er 1960 an der Universität in Zagreb. Aus politischen Gründen konnte er keine Anstellung an einer Universität in Jugoslawien finden. Er ging 1962 nach Australien an die Universität in Canberra und später an die Monash University, 1968/69 an das Institute for Advanced Study in Princeton und war bis 1972 Professor an der Ohio State University in Columbus. Ab 1972 bis zur Emeritierung 2000 war er Professor an der Universität Heidelberg. Janko endeckte 90 Jahre nach Mathieu die erste neue sporadische einfache Gruppe J_1, danach 1968 die Gruppen J_2 und J_3 und 1976 die letzte sporadische einfache Gruppe J_4. Seit 2000 arbeitet Z. Janko erfolgreich auf dem Gebiet der p-Gruppen.

Tabelle der 1961 bekannten einfache Gruppen $G/Z(G)$, $(|Z(G)| = d)$

G	**Ordnung von G**	d
$A_n(q)$	$q^{n(n+1)/2}\prod_{i=1}^{n}(q^{i+1}-1)$	$(n+1,q-1)$
$^2A_n(q)(n>1)$	$q^{n(n+1)/2}\prod_{i=1}^{n}(q^{i+1}-(-1)^{i+1})$	$(n+1,q+1)$
$B_n(q)(n>1)$	$q^{n^2}\prod_{i=1}^{n}(q^{2i}-1)$	$(2,q-1)$
$^2B_2(q)$,	$q^2(q^2+1)(q-1)$	1
$q=2^{2n+1}, n\geq 1$		
$C_n(q)(n>2)$	$q^{n^2}\prod_{i=1}^{n}(q^{2i}-1)$	$(2,q-1)$
$D_n(q)(n>3)$	$q^{n(n-1)}(q^n-1)\prod_{i=1}^{n-1}(q^{2i}-1)$	$(4,q^n-1)$
$^2D_n(q)(n>3)$	$q^{n(n-1)}(q^n+1)\prod_{i=1}^{n-1}(q^{2i}-1)$	$(4,q^n+1)$
$^3D_4(q)$	$q^{12}(q^8+q^4+1)(q^6-1)(q^2-1)$	1
$G_2(q)$	$q^6(q^6-1)(q^2-1)$	1
$^2G_2(q)$,	$q^3(q^3+1)(q-1)$	1
$q=3^{2m+1}, m\geq 1$		
$F_4(q)$	$q^{24}(q^{12}-1)(q^8-1)(q^6-1)(q^2-1)$	1
$^2F_4(q)$,	$q^{12}(q^6+1)(q^4-1)(q^3+1)(q-1)$	1
$q=2^{2n+1}, n\geq 1$		
$^2F_4(2)'$	$2^{11}(2^6+1)(2^4-1)(2^3+1)$	1
$E_6(q)$	$q^{36}(q^{12}-1)(q^9-1)(q^8-1)(q^6-1)(q^5-1)(q^2-1)$	$(3,q-1)$
$^2E_6(q)$	$q^{36}(q^{12}-1)(q^9+1)(q^8-1)(q^6-1)(q^5+1)(q^2-1)$	$(3,q+1)$
$E_7(q)$	$q^{63}(q^{18}-1)(q^{14}-1)(q^{12}-1)(q^{10}-1)(q^8-1)$ $(q^6-1)(q^2-1)$	$(2,q-1)$
$E_8(q)$	$q^{120}(q^{30}-1)(q^{24}-1)(q^{20}-1)(q^{18}-1)(q^{14}-1)$ $(q^{12}-1)(q^8-1)(q^2-1)$	1
$A_n(n>4)$	$n!/2$	1
M_{11}	$2^4\cdot 3^2\cdot 5\cdot 11$	1
M_{12}	$2^6\cdot 3^3\cdot 5\cdot 11$	1
M_{22}	$2^7\cdot 3^2\cdot 5\cdot 7\cdot 11$	1
M_{23}	$2^7\cdot 3^2\cdot 5\cdot 7\cdot 11\cdot 23$	1
M_{24}	$2^{10}\cdot 3^3\cdot 5\cdot 7\cdot 11\cdot 23$	1
Ausnahmen:		
$S_4\cong A_1(3)$	$G'\cong A_4$ nicht einfach	
$A_1(2)\cong S_3$	$G'\cong Z_3$	
$^2A_2(2)$	ist auflösbar von der Ordnung 72	
$B_2(2)\cong S_6$	$G'\cong A_6$ ist einfach	
$G_2(2)'\cong {}^2A_2(3)$	ist einfach	

Sporadische Gruppen

	Entdecker	Ordnung
M_{11}	Mathieu	$2^4 \cdot 3^2 \cdot 5 \cdot 11$
M_{12}	Mathieu	$2^6 \cdot 3^3 \cdot 5 \cdot 11$
M_{22}	Mathieu	$2^7 \cdot 3^2 \cdot 5 \cdot 7 \cdot 11$
M_{23}	Mathieu	$2^7 \cdot 3^2 \cdot 5 \cdot 7 \cdot 11 \cdot 23$
M_{24}	Mathieu	$2^{10} \cdot 3^3 \cdot 5 \cdot 7 \cdot 11 \cdot 23$
J_1	Janko	$2^3 \cdot 3 \cdot 5 \cdot 7 \cdot 11 \cdot 19$
J_2	Janko	$2^7 \cdot 3^3 \cdot 5^2 \cdot 7$
J_3	Janko	$2^7 \cdot 3^5 \cdot 5 \cdot 17 \cdot 19$
J_4	Janko	$2^{21} \cdot 3^3 \cdot 5 \cdot 7 \cdot 11^3 \cdot 23 \cdot 29 \cdot 31 \cdot 37 \cdot 37 \cdot 43$
HiS	Higman/Sims	$2^9 \cdot 3^2 \cdot 5^3 \cdot 7 \cdot 11$
He	Held	$2^{10} \cdot 3^3 \cdot 5^2 \cdot 7^3 \cdot 17$
LyS	Lyons	$2^8 \cdot 3^7 \cdot 5^6 \cdot 7 \cdot 11 \cdot 31 \cdot 37 \cdot 67$
Suz	Suzuki	$2^{13} \cdot 3^7 \cdot 5^2 \cdot 7 \cdot 11 \cdot 13$
McL	McLaughlin	$2^7 \cdot 3^6 \cdot 5^3 \cdot 7 \cdot 11$
Ru	Rudvalis	$2^{14} \cdot 3^3 \cdot 5^3 \cdot 7 \cdot 13 \cdot 29$
Co_1	Conway	$2^{21} \cdot 3^9 \cdot 5^4 \cdot 7^2 \cdot 11 \cdot 13 \cdot 23$
Co_2	Conway	$2^{18} \cdot 3^6 \cdot 5^3 \cdot 7 \cdot 11 \cdot 23$
Co_3	Conway	$2^{10} \cdot 3^7 \cdot 5^3 \cdot 7 \cdot 11 \cdot 23$
$M(22)$	Fischer	$2^{17} \cdot 3^9 \cdot 5^2 \cdot 7 \cdot 11 \cdot 13$
$M(23)$	Fischer	$2^{18} \cdot 3^{13} \cdot 5^2 \cdot 7 \cdot 11 \cdot 13 \cdot 17 \cdot 23$
$M(24)'$	Fischer	$2^{21} \cdot 3^{16} \cdot 5^2 \cdot 7^3 \cdot 11 \cdot 13 \cdot 17 \cdot 23 \cdot 29$
F_1	Fischer	$2^{46} \cdot 3^{20} \cdot 5^9 \cdot 7^6 \cdot 11^2 \cdot 13^3 \cdot 17 \cdot 19 \cdot 23 \cdot 29 \cdot 31 \cdot 41 \cdot 47 \cdot 59 \cdot 71$
F_2	Fischer	$2^{41} \cdot 3^{13} \cdot 5^6 \cdot 7^2 \cdot 11 \cdot 13 \cdot 17 \cdot 19 \cdot 23 \cdot 31 \cdot 47$
F_3	Thompson	$2^{15} \cdot 3^{10} \cdot 5^3 \cdot 7^2 \cdot 13 \cdot 19 \cdot 31$
F_5	Harada	$2^{14} \cdot 3^6 \cdot 5^6 \cdot 7 \cdot 11 \cdot 19$
$O'N$	O'Nan	$2^9 \cdot 3^4 \cdot 5 \cdot 7^3 \cdot 11 \cdot 19 \cdot 31$

Die Art, wie J_1 gefunden wurde, machte klar, dass die Idee, Zentralisatoren von Involutionen zu betrachten, nicht nur zur Kennzeichnung von Gruppen gut ist, sondern auch, um neue Gruppen zu finden. Janko benutzte dies dann, um zwei weitere Gruppen zu finden J_2 und J_3 [43].

Nur war man jetzt mit der Annahme gestartet, dass es eine einfache Gruppe G mit einem bestimmten Zentralisator einer Involution gibt. Unter dieser Annahme wurden dann Eigenschaften der Gruppe G bis hin zu ihrer Ordnung bewiesen. Da es keinen Widerspruch gab, glaubte man, dass es eine solche einfache Gruppe gibt. Die Existenz musste dann aber noch bewiesen werden. Eine Methode war, eine Geometrie zu finden, auf der G als Automorphismengruppe operiert.

Janko hatte bewiesen, dass J_2 eine Untergruppe vom Index 100 enthält, die zu $U_3(3)$ isomorph ist. Mit dieser Information konstruierte M. Hall einen Graphen auf 100 Punkten, auf dem J_2 operiert [34]. Damit war die Existenz bewiesen. Dieses Verfahren haben wir bei der Konstruktion von HiS in Abschn. 5.3 gesehen. Ürigens waren bei einem Vortrag von M. Hall über die Konstruktion von J_2 in Oxford auch D. Higman und C. Sims unter den Zuhören. Sie erkannten, dass man ähnlich wie mit $U_3(3)$ auch mit M_{22} einen Graphen auf 100 Punkten betrachten kann. Innerhalb einer Nacht konstruierten sie dann, so wie wir es in Abschn. 5.3 gemacht haben, die Gruppe HiS. Die Existenz von J_3 wurde mit dem Computer gezeigt. Dies benutzt Methoden, auf die wir hier nicht eingehen können.

Bis 1974 hatte man schließlich 26 sporadische Gruppen gefunden. Es dauerte dann noch bis 2004, bis die Klassifikation der endlichen einfachen Gruppen beendet war, eine Arbeit von ca. 100 Beteiligten, ein Beweis von ca. 20000 Seiten. Der Klassifikationssatz lautet:

Satz 5.4.2. *Sei G eine endliche einfache Gruppe. Dann ist G eine der folgenden:*
(a) *zyklisch von Primzahlordnung,*
(b) $A_n, n \geq 5$,
(c) *eine Gruppe vom Lie-Typ oder*
(d) *eine von 26 sporadischen einfachen Gruppen.*

5.5 Übungen

1. Sei $G = GL_n(2)$. Sind a, b Transvektionen in G, so ist $o(ab) \leq 4$. Ist $o(ab) = 4$, so ist $(ab)^2$ auch eine Transvektion.
2. Sei $G = GL_n(p^m)$.
   (a) Ist $g = (a_{ij}) \in G$ mit $a_{ii} = 1$ für $i = 1, ..., n$ und $a_{ij} = 0$ für $i > j$, so ist $o(g)$ eine p-Potenz.
   (b) Sei P die Menge aller Matrizen aus (a). Zeige: P ist eine Sylow-p-Untergruppe von G.

3. Sei V ein n-dimensionaler Vektorraum über $GF(2)$. Zeige:
   (a) Sind $x, y \in GL_n(2)$ Involutionen, ist $o(xy)$ ungerade und gilt
   $$|V : C_V(x)| \leq 2^m,$$
   so ist $\langle x, y\rangle$ zu einer Untergruppe von $GL_{2m}(2)$ isomorph.
   (b) Ist $G \leq GL_n(2), G \cong A_5$, so enthält G keine Transvektionen.
4. Sei $G = VR$ mit einem elementar abelschen 2-Normalteiler $V \neq 1$ und $R \cong \Sigma_5$. Weiter sei $C_V(R) = 1$. In R gebe es eine nicht triviale elementar abelsche Untergruppe A mit $|V : C_V(A)| \leq |A|$. Zeige $|V| = 16$.
5. Sei K ein Körper ungerader Charakteristik. Ist $t \in SL_3(K)$ eine Involution, so hat t bezüglich einer geeigneten Basis die Matrix $\begin{pmatrix} -1 & & \\ & -1 & \\ & & 1 \end{pmatrix}$.
6. Seien K ein endlicher Körper ungerader Charakteristik und $G < GL_3(K)$ die Gruppe folgender Matrizen:
   $$G = \left\{ \begin{pmatrix} \alpha & \beta & 0 \\ \gamma & \delta & 0 \\ \lambda_1 & \lambda_2 & 1 \end{pmatrix} \middle| \begin{pmatrix} \alpha & \beta \\ \gamma & \delta \end{pmatrix} \in GL_2(K), \lambda_1, \lambda_2 \in K \right\}.$$
   Weiter seien A die Menge der Matrizen aus G mit $\alpha = \delta = 1$ und $\beta = \gamma = 0$ und H die Menge der Matrizen aus G mit $\alpha = \delta = 1$, $\beta = 0$ und $\gamma \in K$. Zeige:
   (a) $C_G\left(\begin{pmatrix} -1 & & \\ & -1 & \\ & & 1 \end{pmatrix}\right)$ ist ein Komplement von A in G.
   (b) Alle Komplemente von A in G sind zueinander konjugiert.
   (c) Die Matrizen $\left\{ \begin{pmatrix} 1 & & \\ \lambda & 1 & \\ 0 & \lambda & 1 \end{pmatrix} \middle| \lambda \in K \right\}$ bilden ein Komplement von A in H, welches in keinem Komplement von A in G liegt.
7. Zeige, dass $PSL_4(2)$ nicht zu $PSL_3(4)$ isomorph ist. (Hinweis: Betrachte die Sylow-2-Untergruppen.)
8. Sei φ das Element aus Lemma 5.2.10. Bestimme $C_{M_{22}}(\varphi)$.

Die folgenden Aufgaben stammen aus [17]. Wir halten dafür einige Definitionen fest:

Seien $\mathbf{F} = GF(23)$ und $\Omega = \mathbf{F} \cup \{\infty\}$. Seien weiter $Q = \{x^2 | x \in \mathbf{F}\}$, $N = \Omega \setminus Q$, $N_i = \{n - i | n \in N\}$ für alle $i \in \mathbf{F}$ und $N_\infty = \Omega$. Bezüglich der Addition
$$A + B = (A \setminus B) \cup (B \setminus A) \quad (A, B \subseteq \Omega)$$
wird die Potenzmenge $\mathscr{P}(\Omega)$ zu einem 24-dimensionalen Vektorraum über $GF(2)$. Der Golay-Code $\mathscr{C}$ ist der Unterraum von $\mathscr{P}(\Omega)$, der von den N_i $(i \in \Omega)$ aufgespannt wird.

Sei $G = \langle\alpha, \beta, \gamma\rangle$ die durch folgende Permutationen erzeugte Untergruppe der Σ_Ω:

$$\alpha = (\infty)(0\;1\;2\;3\;4\;5\;6\;7\;8\;9\;10\;11\;12\;13\;14\;15\;16\;17\;18\;19\;20\;21\;22)$$
$$\beta = (\infty)(0)(1\;2\;4\;8\;16\;9\;18\;13\;3\;6\;12)(5\;10\;20\;17\;11\;22\;21\;19\;15\;7\;14)$$
$$\gamma = (\infty\;0)(3\;15)(1\;17\;6\;14\;2\;22\;4\;19\;18\;11)(5\;8\;7\;12\;10\;9\;20\;13\;21\;16).$$

9. Zeige, dass G 5-fach transitiv auf Ω ist. (Betrachte die Zykelzerlegungen z. B. der Elemente $\alpha, \beta, \gamma^{-2}\alpha^2, \gamma^2, (\alpha^{13}\gamma)^3, (\gamma^2\alpha^{-1})^3$. Zeige damit:
   (a) G operiert 4-fach transitiv.
   (b) G operiert transitiv auf der Menge der Mengen der Größe 5.
   (c) Der Stabilisator einer Menge der Größe 5 enthält einen 5-Zyklus und eine Transposition.
   (d) Der Stabilisator einer Menge der Größe 5 induziert Σ_5 auf dieser Menge. Folgere, dass G 5-fach transitiv operiert.)
10. Es gilt $\dim \mathscr{C} = 12$. Zeige dazu:
   (a) Die Vektoren $N_\infty, N_{-2-i} + N_{-i} + N_{2-i} + N_{3-i}$ $(i = 0, .., 10)$ sind linear unabhängig.
   (b) Auf $\mathscr{P}(\Omega)$ wird wie folgt ein Skalarprodukt definiert:
   $$(A, B) = |A \cap B| \pmod 2.$$
   Bezüglich dieses Skalarprodukts gilt $\mathscr{C} \subseteq \mathscr{C}^\perp$.
11. Die durch die Operation von G auf Ω induzierte Operation auf $\mathscr{P}(\Omega)$ lässt $\mathscr{C}$ invariant. Zeige dazu:
   (a) $N_i\alpha = N_{i-1}, N_i\beta = N_{2i}$ für alle $i \in \Omega$.
   (b) $N_0\gamma = N_\infty, N_1\gamma = N_{\{-1,0,1,3\}}, N_{-1}\gamma = N_{\{3,12,21\}}$.
   (c) $N_{2i}\gamma = N_i\beta\gamma = N_i\gamma\beta^2$. Folgere $N_i\gamma \in \mathscr{C}$ für alle i.
12. Sei $\mathscr{B}$ die Menge der Elemente von $\mathscr{C}$, die (aufgefasst als Teilmengen von Ω) genau acht Elemente enthalten. Zeige:
   (a) $\{0, 1, 2, 3, 4, 7, 10, 12\} \in \mathscr{C}$.
   (b) Jede 5-elementige Teilmenge von Ω liegt in einem $B \in \mathscr{B}$.
   (c) Gibt es eine $\mathscr{C}$-Menge, die weniger als 5 Elemente enthält, so auch eine, die nur zwei Elemente enthält.
   (d) Die 2-elementigen Teilmengen spannen einen 23-dimensionalen Unterraum von $\mathscr{P}(\Omega)$ auf.
   (e) Es gibt kein Element in $\mathscr{C}$, das weniger als acht Elemente enthält.
   (f) Jede 5-elementige Teilmenge von Ω liegt in genau einem $B \in \mathscr{B}$.
13. Zeige $G \cong M_{24}$. (Benutze Übung 11 und Übung 12.)

Literaturverzeichnis

[1] J. Alperin, Sylow intersections and fusion, *J. Algebra* **6** (1967), 222–241.
[2] J. Alperin und R. Lyons, On Conjugacy Classes of p-Elements, *J. Algebra* **19** (1973), 536–537.
[3] E. Artin, The orders of the classical simple groups, *Comm. Pure Appl. Math.* **8** (1955), 455–472.
[4] M. Aschbacher, *Finite Group Theory*, Cambridge Univ. Press, Cambridge 1968.
[5] M. Aschbacher, R. Lyons, S. Smith und R. Solomon, *The classification of finite simple groups*, Math Surveys and Monographs 172, AMS 2011.
[6] R. Baer, Engelsche Elemente Noetherscher Gruppen, *Math. Ann.* **133** (1957), 256–276.
[7] H. Bender, Über den größten p'-Normalteiler in p-auflösbaren Gruppen, *Archiv d. Math.* **18** (1967), 15–16.
[8] H. Bender, On groups with abelian Sylow 2-subgroups, *Math. Z.* **117** (1970), 164–176.
[9] H. Bender, Transitive Gruppen gerader Ordnung, in denen jede Involution genau einen Punkt fest läßt, *J. Algebra* **17** (1971), 527–554.
[10] H. Bender, Finite groups with large subgroups, *Ill. J. Math.* **18** (1974), 223–228.
[11] A. Brandis, Verschränkte Homomorphismen endlicher Gruppen, *Math. Z.* **162** (1978), 205–217.
[12] R, Brauer, On the structure of groups of finite order, in: *Proc. Int. Congress of Math., Amsterdam*, Vol I, 209–217, 1954.
[13] R. Brauer und K. A. Fowler, On groups of even order, *Ann. of Math.* **62** (1955), 565–583.
[14] P. D. Carmichael, *Groups of finite order*, Ginn & Co, Boston 1937.
[15] E. Cartan, *Sur la structure des groupes de transformations finis et continus*, Thesis, Nony, Paris 1894.
[16] C. Chevalley, Sur certain groups simples, *Tôhoku Math. J.* **7** (1955), 14–66.
[17] J. Conway, Three lectures on exceptional groups (second lecture), in: M.B. Powel, G. Higman (eds.) *Finite simple groups*, S. 223–234, 1971.
[18] D. Craven, *The Theory of Fusion Systems*, Cambridge Univ. Press, Cambridge 2011.
[19] L. E. Dickson, A new system of simple groups, *Math. Ann.* **60** (1905), 137–150.
[20] L. E. Dickson, A class of groups in an arbitrary realm connected with the configuration of the 27 lines in a cubic surface, *Quart. J. Pure Appl. Math.* **33** (1901), 145–173; **39** (1908), 205–209.
[21] L. E. Dickson, *Linear groups with an exposition of the Galois field theory*, Teubner (Teubners Sammlung Nr. VI), Leipzig 1901, Nachdruck: Dover Publications, Inc, New York 1958.
[22] W. Feit und J. Thompson, Solvability of groups of odd order, *Pacific J. Math.* **13** (1963), 775–1029.
[23] H. Fitting, Beiträge zur Theorie der endlichen Gruppen, *Jahresbericht DMV* **48** (1938), 77-141.
[24] G. Frattini, Intorno alla generazione dei gruppi di operazioni, *Rend. Atti. Acad. Lincei* **1** (1885), 281–285, 455-477.
[25] G. Frobenius, Über auflösbare Gruppen V, *Sitzungsberichte der königl. Preuß. Akad. d. Wiss. zu Berlin* **193** (1901), 1324–1329.
[26] W. Gaschütz, Zur Erweiterungstheorie der endlichen Gruppen, *J. Reine Angew. Math.* **190** (1952), 93–107.
[27] G. Glauberman, Fixed points in groups with operators, *Math. Z.* **84** (1964), 120–125.
[28] G. Glauberman, A characteristic subgroup of a p-stable group, *Canad. J. Math.* **20** (1968), 1101–1135.
[29] G. Glauberman, A sufficient condition for p-stability, *Prof. London Math. Soc.* **25** (1972), 2253–287.
[30] D. Goldschmidt, A conjugation family for finite groups, *J. Algebra* **16** (1970), 138–142.
[31] D. Gorenstein, *Finite groups*, Harper & Row, New York 1968.
[32] D. Gorenstein, *The classification of finite simple groups 1*, Plenum Press, New York 1983.
[33] M. Hall, *The theory of groups*, Macmillan, New York 1959.
[34] M. Hall und D. Wales, The simple group of order 604800, *J. Algebra* **9** (1968), 417–450.

[35] P. Hall, A characteristic property of soluble groups, *J. London Math. Soc.* **12** (1937) 188–200.

[36] O. Hölder, Zurückführung einer beliebigen algebraischen Gleichung auf eine Kette von Gleichungen, *Math. Ann.* **34** (1889), 26–56.

[37] D. Hughes, Extensions of designs and groups:projective, symplectic and certain affine groups, *Math. Z.* **89** (1965), 199–205.

[38] B. Huppert, *Endliche Gruppen I*, Springer, Berlin 1967.

[39] M. Isaacs, An alternate proof of the Thompson replacement theorem, *J. Algebra* **15** (1970), 139–150.

[40] N. Ito, Note on (LM)-groups of finite order. *Kodai Math. Seminar Report* (1951), 1–6.

[41] K. Iwasawa, Über die Einfachheit der speziellen projektiven Gruppen, *Proc. Imp. Acad. Tokyo* **17** (1941), 57–59.

[42] Z. Janko, A new finite simple groups with abelian 2-Sylow subgroups, *Proc. Nat. Acad. Sci.* **53** (1965), 657–658.

[43] Z. Janko, Some new simple groups of finite order, *Symp. Math.* **1** (1968), 25–64.

[44] C. Jordan, *Traité des substitutions et dés equationes álgébriques*, Paris 1870.

[45] W. Killing, Die Zusammensetzung der stetigen endlichen Transformationsgruppen, *Math. Ann.* **31** (1888), 252–290; **33** (1888), 1-48; **34** (1889), 57–122 und **36** (1890), 161–189.

[46] E. I. Khukhro, *Nilpotent groups and their automorphisms*, De Gruyter Expositions in Mathematics 8, De Gruyter, Berlin 1993.

[47] H. Kurzweil und B. Stellmacher, *The theory of finite groups. An introduction*, Springer, Heidelberg, New York, Berlin 2004.

[48] U. Martin, Almost all p-groups have automorphism group a p-group, *Bull. Amer. Math. Soc.* **15** (1968), 78–82.

[49] H. Maschke, Über den arithmetischen Charakter der Coeffizienten der Substitutionen endlicher Gruppen, *Math. Ann.* **50** (1898), 482–498.

[50] E. Mathieu, Menoire sur le nombre de valeurs que peut acquerir une fonction quand on y permut ses variables de toute les manières possible, *Crelle J.* **5** (1860), 9–42.

[51] E. Mathieu, Memoire sur l'étude des fonctions de plusieures quantités, sur la manière de les formes et sur les substitutions qui les lassent invariables, *Crelle J.* **6** (1861), 241–323.

[52] E. Mathieu, Sur la fonction cinq fois transitive des 24 quantités, *Crelle J.* **18** (1873), 25–46.

[53] R. Ree, A family of simple groups associated with the simple Lie algebra of type F_4, *Amer. J. Math.* **83** (1961), 401–420.

[54] R. Ree, A family of simple groups associated with the simple Lie algebra of type G_4, *Amer. J. Math.* **83** (1961), 432–462.

[55] I. Schur, Untersuchungen über die Darstellungen der endlichen Gruppen durch gebrochene lineare Substitutionen, *J. Reine Angew. Math.* **132** (1907), 85–137.

[56] J. Seguier, Sur certain groups de Mathieu, *Bull. Soc. Math. de france* **32** (1904), 116–124.

[57] R. Solomon, On finite simple groups and their classification, *Notices AMS* **42** (1995) 231–239.

[58] R. Steinberg, Variations on a theme of Chevalley, *Pacific J. Math.* **9** (1959), 875–891.

[59] G. Stroth, *Elementare Algebra und Zahlentheorie*, Birkhäuser, Basel 2011.

[60] G. Stroth, *Algebra*, De Gruyter, Berlin 1998.

[61] M. Suzuki, A new type of simple groups of finite order, *Proc. Nat. Axad. Sci. US* **46** (1960), 868–870.

[62] M. Suzuki, Transitive extensions of a class of doubly transitive groups, *Nagoya Math. J.* **27** (1966), 159–169.

[63] M. Suzuki, *Group Theory II*, Springer 1985.

[64] J. Thompson, Finite groups with fixed-point-free automorphisms of prime order, *Proc. Nat. Acad. Sci. USA* **45** (1959), 578–581.

[65] J. Thompson, Normal p-complements for finte groups, *Math. Z.* **72** (1960), 332–354.

[66] J. Thompson, Normal p-complements for finte groups, *J. Algebra* **1** (1964), 43–46.

[67] J. Thompson, Nonsolvable finite groups all of whose local subgroups are solvable, I, *Bull. Amer. Math. Soc.* **74** (1968), 383–437.

[68] J. Thompson, A replacement theorem for p-groups and a conjecture, *J. Algebra* **13** (1969), 149–151.

[69] J. Thompson, *Simple groups of order prime to 3* (unpublished: cf. in Symposia Math. XIII, 517-530, 1974.)

[70] J. Tits, *Buildings of spherical type and finite BN-pairs*, Springer Lecture Notes 286, Heidelberg, New York, Berlin 1974.

[71] H. Wielandt, Beziehungen zwischen den Fixpunktzahlen von Automorphismengruppen einer endlichen Gruppe, *Math Z.* **73** (1960), 146–158.

[72] R. Wilson, *The finite simple groups*, Springer, London 2009.

[73] E. Witt, Die 5-fach transitiven Gruppen von Mathieu, *Abh. Math. Sem. Univ. Hamburg* **12** (1938), 256–264.

[74] E. Witt, Über Steinersche Systeme, *Abh. Math. Sem. Univ. Hamburg* **12** (1938), 265–275.

[75] E. Witt, Treue Darstellung Liescher Ringe, *J. Reine Angew. Math.* **177** (1938), 152–160.

[76] H. Zassenhaus, *Lehrbuch der Gruppentheorie*, Leipzig 1937.

Index

A
$[A, \underbrace{B, \ldots, B}_{n}]$ 108
A-
– einfach 39
– invariant 36, 38
– Kompositionsreihe 39
A^G, $A^G \cap U$ 12
$A \times B$-Lemma 76, 80
$\mathscr{A}(P)$ 105
abelsch 32, 34, 75
– elementar 27
abgeschlossen
– schwach 96
$\mho(G)$ 55
$AGL_2(p)$ 118
Alperin
– Fusions-Lemma 101
Alperin, J. 98
äquivalent 9
Äquivalenz 7, 16
Ausnahme
– -algebra 160
– -isomorphismusx 140
Automorphismus 59, 71, 78, 79, 121
– innerer 21

B
Baer, R. 103
Bahn 2
Bahnenzerlegung 5
Bender
– Ordnungsformel 130
Bender, H. 80, 102
Brauer, R. 91, 134, 162, 166, 168
Burnside
– Vermutung 166
Burnside, W. 67

C
$C_G(g)$ 5
Cartan, E. 161–163
Cayley, A. 7
charakteristisch 21, 40
Chevalley
– Basis 162
– Gruppe 162
Chevalley, C. 162
$\mathrm{Comp}(G)$ 49
$\mathrm{Core}_G(H)$ 7

D
Darstellung
– als Permutationsgruppe 2
Dickson, L. 119
Dickson-Gruppen 161
Diedergruppe 124, 129
direktes Produkt 26
Drei-Untergruppen-Lemma 20
Dynkin, E. 164
Dynkin-Diagram 164

E
$E(G)$ 49, 51, 125
$E_6(q)$ 161
einfach 39
– Gruppe 135, 169
– Lie-Algebra 160
elementar abelsch 27
Erweiterung
– einer Gruppe 30
– transitive 144
– zerfallende 30

F
$F(G)$ 45, 59
$F^*(G)$ 51
Feit, W. 125
Fitting, H. 46
Fittinggruppe 46, 59
– verallgemeinerte 51
$\mathrm{Fix}(K)$ 12
Fixpunkt 5, 12, 68, 82, 121, 154
Fixpunktformel 82
– Brauer 91, 134
– Wielandt 87
Frattini
– Argument 11
– -gruppe 52, 70
Frattini, G. 11
Fusion 96, 98, 102
Fusions-Lemma
– Alperin 101

G
$G_2(q)$ 161
G_a 3
Gaschütz, W. 60
Gebäude
– sphärische 163
$GL_n(q)$ 135
Glauberman, G. 68, 109
Glauberman-Replacement 109
Golay-Code 172
Goldschmidt, D. 102
Grad
– einer Permutationsgruppe 2
Graph
– Higman-Sims- 157
Gruppe
– abelsche 32, 34, 75
– A-invariante 36, 38
– Chevalley- 162
– Dickson- 161
– Dieder- 124
– einfache 135, 169
– Erweiterung 30
– Fitting- 46, 59
– Frattini- 52, 70
– Higman-Sims- 159, 160
– Janko- 171
– Kommutator- 18
– Lie-Typ 167
– lineare 135
– Mathieu 143, 146, 147, 162, 168, 173
– McLaughlin- 160
– nilpotente 40, 44, 54, 55, 121
– orthogonale- 141
– p-constrained 77
– perfekte 24
– Permutations 1, 6, 144, 162
– quasieinfache 49
– Quaternionen 58, 64, 79
– Rang-drei 160
– Ree- 167
– Rudvalis- 160
– Semidieder- 124
– sporadische 171
– Steinberg- 166
– subnormale 49
– Suzuki 160, 167
– symmetrische 1
– symplektische 141
– unitäre 141, 163
– zyklische 33
Gruppenring 87
$GU_n(r)$ 141

H
Hall
– π-Gruppe 66, 92
Hall, M. 171
Hall, P. 66
Hall-Janko-Gruppe 171
Higman, D. 156
Higman-Sims
– Graph 157
– Gruppe 135, 160
HiS 159, 171
Hölder, O. 39

I
$I(G)$ 125
imprimitiv 10
Imprimitivitätssystem 10
$\mathrm{Inn}(G)$ 21
invariant 10, 36, 38
Involution 92, 97, 125, 127, 166
Inzidenz 150
irreduzibel 39
Iwasawa, K. 25

J
$J(P)$ 105
J_1, J_2, J_3 171
Janko, Z. 168
Janko-Gruppen 171
Jordan, C. 39

K
$K_i(G)$ 41
Killing, W. 160, 163
Klasse 43
– Konjugierten- 5
Klassengleichung 5
Klassifikation
– endliche abelsche Gruppen 34
– endliche einfache Gruppen 127, 149, 171
– zyklische Gruppen 33
Kommutator 18, 136
– Gruppe 18
Komplement 30, 59, 60, 64
– normales 97, 102, 119

Komponente 49
Kompositionsreihe 39
Konjugation 4, 5
konjugiert 5
Konjugiertenklasse 5, 125, 137
Konstituent 9

L
Lie-Algebra 160
lineare Gruppe 135

M
Maschke,H. 82
Mathieu, E. 143
Mathieu-Gruppen 143, 146, 147, 162, 168, 173
McL 160
Modul
– quadratischer 105

N
$N_G(A)$ 4
nilpotent 40, 44, 48, 54, 55, 121
Nilpotenzklasse 43
normales
– p-Komplement 97, 102, 119, 123
Normalisator 4
Normalreihe 36
Normalteiler
– minimaler 27, 29
– regulärer 16

O
$O^\pi(G)$ 96
$O_n^\pm(q)$ 141
$O^p(G)$ 96
$O_\pi(G)$ 48
$O_{\pi_1,\dots,\pi_r}(G)$ 48
$O_p(G)$ 48
$O_{p'}(G)$ 48
$\Omega_n^\pm(q)$ 142
Operation 1, 36
– Konjugation 4
– koprime 73, 78, 79
– quadratische 105, 106, 111
Orbit 15
Ordnungsformel 128
– Bender- 130
– Thompson 128, 134
Orthogonale Gruppe 141

P
$p^a q^b$-Satz 68
Partition 10
– G-invariant 10
p-constrained 77
perfekt 24
Permutations
– grad 2
– gruppe 1, 6, 144, 162
– rang 15
Permutationsdarstellung 2, 6, 8
– reguläre 15
p-Gruppe 5, 24, 29, 44, 59, 71, 79
$\phi(G)$ 52
π, π' 48
– Hall 66, 92
p-Komplement
– normales 97, 102, 119, 123
primitiv 10, 14, 17, 25
Produkt
– direktes 26
– semidirektes 30–32, 56
$PSp_{2m}(q)$ 141
p-stabil 112, 114
$PSU_n(r)$ 141

Q
quadratisch
– Modul 105
– Operation 105, 106, 111
quasieinfach 49
Quaternionengruppe 58, 64, 79

R
$R \to Q$ 99
$\mathrm{rang}(G)$ 15
Ree, R. 167
Ree-Gruppen 167, 168
reelle Elemente 125
regulär 15, 16
– semi 15
Reihe
– A-invariante 36
Replacement
– Glauberman- 109
– Thompson- 107
Rud 160

S
$S(3, 6, 22)$ 154

$S(5, 8, 24)$ 153
$S(t, m, n)$ 150
$S_r(G)$ 125
Satz von
– Baer 103
– Brauer-Fowler 126
– Burnside 67
– Cayley 7
– Feit-Thompson 66, 166, 167
– Frobenius 102, 123
– Gaschütz 60, 64, 92
– Glauberman 112
– Glauberman-Thompson 119
– Hall 66
– Iwasawa 25, 140
– Jordan-Hölder 39
– Maschke-Schur 82
– Schur-Zassenhaus 64
– Thompson 121
– Wielandt 87, 122
– Witt 144, 162
Schur, I. 64
schwach
– abgeschlossen 96
semi
– -direkt 30–32, 56
– -regulär 15
Semidiedergruppe 124
Σ_Ω, Σ_n 1
Sims, C. 156
$\mathrm{Soc}(G)$ 29
$Sp_{2m}(q)$ 141
sporadische Gruppe 171
Stabilisator 3
stark
– p-eingebettet 102
– reell 125
Steinberg, R. 163, 166
Steinberg-Gruppen 166
Steinersystem 150–153
subnormal 37, 49
Supplement 53
Suz 160
Suzuki, M. 167
Suzukigruppe 167
symmetrische Gruppe 1
Symplektische Gruppe 141
$Sz(q)$ 167

T
Thompson
– Ordnungsformel 128, 134
– Replacement 107
– Transfer-Lemma 97
– -Untergruppe 105
Thompson, J. 97, 167, 168
Tits, J. 163
Transfer 93
Transfer-Lemma
– Thompson- 97
transitiv 2, 17
– Erweiterung 144
– t-fach 13, 14, 16, 146
Transvektion 136, 138
TS^{-1} 59
t-transitiv 13, 14, 16

U
Unitäre Gruppe 141

V
$V_{G\to A}$ 93
Verlagerung 93

W
Wielandt, H. 82
Witt, E. 20, 152
Wittsche Identität 20

X
$[x, \underbrace{y, \dots, y}_{n}]$ 108
$x \sim y, x \not\sim y$ 5
$[x_1, \dots, x_n]$ 20

Z
$\mathbb{Z}[A]$ 87
$Z_i(G)$ 40
Zassenhaus, H. 64, 68
Zentralisator 125
Zentralreihe 42
– absteigende 42
– aufsteigende 40
Zentrum 6
zerfallend 30
$Z(G)$ 5
ZJ-Satz 112
zyklisch 33

Weitere empfehlenswerte Titel

Differenzengleichungen und diskrete dynamische Systeme
Eine Einführung in Theorie und Anwendungen
Ulrich Krause, Tim Nesemann, 2. Aufl., 2012
ISBN 978-3-11-025038-1, e-ISBN 978-3-11-025039-8

Elemente der diskreten Mathematik
Anwendungen, Algebra und Kryptographie
Volker Diekert, Manfred Kufleitner, Gerhard Rosenberger, 2013
ISBN 978-3-11-027767-8, e-ISBN 978-3-11-027816-3

Finite Geometries, Groups, and Computation
Proceedings of the Conference 'Finite Geometries, Groups, and Computation', Pingree Park, Colorado, USA, September 4–9, 2004
Alexander Hulpke, Robert Liebler, Tim Penttila, Akos Seress (Eds.), 2006
ISBN 978-3-11-018220-0, e-ISBN 978-3-11-019974-1, Set-ISBN 978-3-11-915995-1

Finite Groups
Proceedings of the Gainesville Conference on Finite Groups, March 6–12, 2003
Chat Yin Ho, Peter Sin, Pham Huu Tiep, Alexandre Turull (Eds.), 2004
ISBN 978-3-11-017447-2, e-ISBN 978-3-11-019812-6, Set-ISBN 978-3-11-916634-8

Journal of Group Theory
John S. Wilson (Editor-in-Chief)
ISSN 1433-5883, e-ISSN 1435-4446

www.ingramcontent.com/pod-product-compliance
Lightning Source LLC
Chambersburg PA
CBHW080917200326
41458CB00058B/6945
* 9 7 8 3 1 1 0 2 9 1 5 7 5 *